建设工程施工质量验收规范要点解析

钢结构工程

赵晓伟　主编

中国铁道出版社

2012年·北　京

内 容 提 要

本书是《建设工程施工质量验收规范要点解析》系列丛书之《钢结构工程》，共有九章，内容包括：钢结构焊接工程、紧固件连接工程、钢零件及钢部件加工工程、钢构件组装与预拼装工程、单层钢结构安装工程、多层及高层钢结构安装工程、钢网架结构安装工程、压型金属板工程、钢结构涂装工程。本书内容丰富，层次清晰，可供相关专业人员参考学习。

图书在版编目(CIP)数据

钢结构工程/赵晓伟主编．—北京：中国铁道出版社，2012.9
(建设工程施工质量验收规范要点解析)
ISBN 978-7-113-14482-1

Ⅰ．①钢… Ⅱ．①赵… Ⅲ．①钢结构—建筑工程—工程验收—建筑规范—中国 Ⅳ．①TU391.03-65

中国版本图书馆 CIP 数据核字(2012)第 061477 号

书　　名：建设工程施工质量验收规范要点解析
钢结构工程
作　　者：赵晓伟

策划编辑：江新锡　徐　艳
责任编辑：曹艳芳　陈小刚　　**电话**：010－51873193
助理编辑：曹　旭
封面设计：郑春鹏
责任校对：孙　玫
责任印制：郭向伟

出版发行：中国铁道出版社(100054，北京市西城区右安门西街 8 号)
网　　址：http://www.tdpress.com
印　　刷：北京市昌平百善印刷厂
版　　次：2012 年 9 月第 1 版　2012 年 9 月第 1 次印刷
开　　本：787mm×1092mm　1/16　印张：16.75　字数：416 千
书　　号：ISBN 978-7-113-14482-1
定　　价：39.00 元

前　言

近年来，住房和城乡建设部相继对专业工程施工质量验收规范进行了修订，工程建设质量有了新的统一标准，规范对工程施工质量提出验收标准，以"验收"为手段来监督工程施工质量。为提高工程质量水平，增强对施工验收规范的理解和应用，进一步学习和掌握国家有关的质量管理、监督文件精神，掌握质量规范和验收的知识、标准，以及各类工程的操作规程，我们特组织编写了《建设工程施工质量验收规范要点解析》系列丛书。

工程质量在施工中占有重要的位置，随着经济的发展，我国建筑施工队伍也在不断的发展壮大，但不少施工企业，特别是中小型施工企业，技术力量相对较弱，对建设工程施工验收规范缺乏了解，导致单位工程竣工质量评定度低。本丛书的编写目的就是为提高企业施工质量，提高企业质量管理人员以及施工管理人员的技术水平，从而保证工程质量。

本丛书主要以"施工质量验收规范"为主线，对规范中每个分项工程进行解析。对验收标准中的验收条文、施工材料要求、施工机械要求和施工工艺的要求进行详细的阐述，模块化编写，方便阅读，容易理解。

本丛书分为：

1.《建筑地基与基础工程》；

2.《砌体工程和木结构工程》；

3.《混凝土结构工程》；

4.《安装工程》；

5.《钢结构工程》；

6.《建筑地面工程》；

7.《防水工程》；

8.《建筑给水排水及采暖工程》；

9.《建筑装饰装修工程》。

本丛书可作为监理和施工单位参考用书，也可作为大中专院校建设工程专业师生的教学参考用书。

由于编者水平有限，错误疏漏之处在所难免，请批评指正。

编　者

2012 年 5 月

目　录

第一章　钢结构焊接工程

第一节　钢构件焊接工程

一、验收条文

钢构件焊接工程的验收标准，见表1－1。

表1－1　钢构件焊接工程验收标准

项目	内　　容
主控项目	(1)焊条、焊丝、焊剂、电渣焊熔嘴等焊接材料与母材的匹配应符合设计要求及国家现行行业标准《建筑钢结构焊接技术规程》(JGJ 81—2002)的规定。焊条、焊剂、药芯焊丝、熔嘴等在使用前，应按其产品说明书及焊接工艺文件的规定进行烘焙和存放。 检查数量：全数检查。 检验方法：检查质量证明书和烘焙记录。 (2)焊工必须经考试合格并取得合格证书。持证焊工必须在其考试合格项目及其认可范围内施焊。 检查数量：全数检查。 检验方法：检查焊工合格证及其认可范围、有效期。 (3)施工单位对其首次采用的钢材、焊接材料、焊接方法、焊后热处理等，应进行焊接工艺评定，并应根据评定报告确定焊接工艺。 检查数量：全数检查。 检验方法：检查焊接工艺评定报告。 (4)设计要求全焊透的一、二级焊缝应采用超声波探伤进行内部缺陷的检验，超声波探伤不能对缺陷作出判断时，应采用射线探伤，其内部缺陷分级及探伤方法应符合现行国家标准《钢焊缝手工超声波探伤方法和探伤结果分级》(GB/T 11345—1989)或《金属熔化焊焊接接头射线照相》(GB/T 3323—2005)的规定。 焊接球节点网架焊缝、螺栓球节点网架焊缝及圆管T、K、Y形节点相关线焊缝，其内部缺陷分级及探伤方法应分别符合国家现行标准《钢结构超声波探伤及质量分级法》(JG/T 203—2007)、《建筑钢结构焊接技术规程》(JGJ 81—2002)的规定。 一级、二级焊缝的质量等级及缺陷分级见表1－2。 检查数量：全数检查。 检验方法：检查超声波或射线探伤记录。 (5)T形接头、十字接头、角接接头等要求熔透的对接和角对接组合焊缝，其焊脚尺寸不应小于$t/4$，如图1－1(a)、(b)、(c)所示；设计有疲劳验算要求的吊车梁或类似构件的腹板与上翼缘连接焊缝的焊脚尺寸为$t/2$，如图1－1(d)所示，且不应大于10 mm。焊脚尺寸的允许偏差为0～4 mm。

续上表

项目	内　　容
主控项目	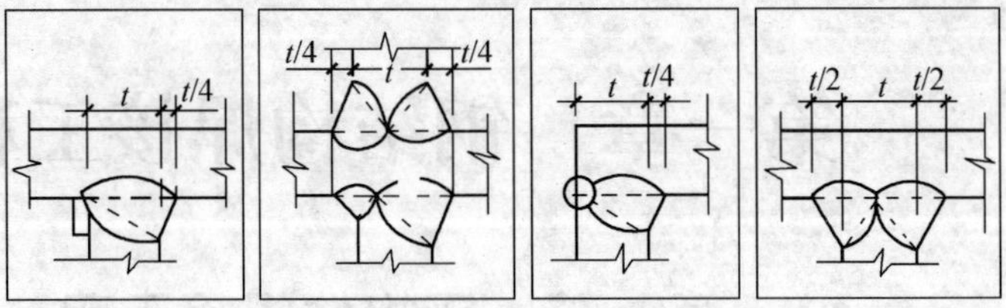 (a)　(b)　(c)　(d) 图 1－1　焊脚尺寸 检查数量：资料全数检查；同类焊缝抽查 10%，且不应少于 3 条。 检验方法：观察检查，用焊缝量规抽查测量。 (6)焊缝表面不得有裂纹、焊瘤等缺陷。一级、二级焊缝不得有表面气孔、夹渣、弧坑裂纹、电弧擦伤等缺陷。且一级焊缝不得有咬边、未焊满、根部收缩等缺陷。 检查数量：每批同类构件抽查 10%，且不应少于 3 件；被抽查构件中，每一类型焊缝按条数抽查 5%，且不应少于 1 条；每条检查 1 处，总抽查数不应少于 10 处。 检验方法：观察检查或使用放大镜、焊缝量规和钢尺检查，当存在疑义时，采用渗透或磁粉探伤检查
一般项目	(1)对于需要进行焊前预热或焊后热处理的焊缝，其预热温度或后热温度应符合国家现行有关标准的规定或通过工艺试验确定。预热区在焊道两侧，每侧宽度均应大于焊件厚度的 1.5 倍以上，且不应小于 100 mm；焊后热处理应在焊后立即进行，保温时间应根据板厚按每 25 mm 板厚 1 h 确定。 检查数量：全数检查。 检验方法：检查预、后热施工记录和工艺试验报告。 (2)二级、三级焊缝外观质量标准应符合《钢结构工程施工质量验收规范》(GB 50205—2001)附录 A 中表 A.0.1 的规定。三级对接焊缝应按二级焊缝标准进行外观质量检验。 检查数量：每批同类构件抽查 10%，且不应少于 3 件；被抽查构件中，每一类型焊缝按条数抽查 5%，且不应少于 1 条；每条检查 1 处，总抽查数不应少于 10 处。 检验方法：观察检查或使用放大镜、焊缝量规和钢尺检查。 (3)焊缝尺寸允许偏差应符合《钢结构工程施工质量验收规范》(GB 50205—2001)附录 A 中表 A.0.2 的规定。 检查数量：每批同类构件抽查 10%，且不应少于 3 件；被抽查构件中，每种焊缝按条数各抽查 5%，但不应少于 1 条；每条检查 1 处，总抽查数不应少于 10 处。 检验方法：用焊缝量规检查。 (4)焊成凹形的角焊缝，焊缝金属与母材间应平缓过渡；加工成凹形的角焊缝，不得在其表面留下切痕。 检查数量：每批同类构件抽查 10%，且不应少于 3 件。 检验方法：观察检查。 (5)焊缝感观应达到：外形均匀、成型较好，焊道与焊道、焊道与基本金属间过渡较平滑，焊渣和飞溅物基本清除干净。 检查数量：每批同类构件抽查 10%，且不应少于 3 件；抽查构件中，每种焊缝按数量各抽查 5%，总抽查处不应少于 5 处。 检验方法：观察检查

表 1－2　一、二级焊缝质量等级及缺陷分级

焊缝质量等级		一级	二级
内部缺陷超声波探伤	评定等级	Ⅱ	Ⅲ
	检验等级	B级	B级
	探伤比例	100%	20%
内部缺陷射线探伤	评定等级	Ⅱ	Ⅲ
	检验等级	AB级	AB级
	探伤比例	100%	20%

注：探伤比例的计数方法应按以下原则确定：

1. 对工厂制作焊缝，应按每条焊缝计算百分比，且探伤长度应不小于 200 mm，当焊缝长度不足 200 mm时，应对整条焊缝进行探伤；
2. 对现场安装焊缝，应按同一类型、同一施焊条件的焊缝条数计算百分比，探伤长度应不小于 200 mm，并应不少于 1 条焊缝。

二、施工材料要求

建筑钢结构不同焊接方法的材料选用

(1)手工电弧焊的焊接材料，见表 1－3。

表 1－3　手工电弧焊的焊接材料

项目	内　容
焊接材料的质量控制	(1)焊条、焊丝、焊剂等焊接材料与母材的匹配应符合设计要求。 (2)如采用非设计规定的钢材或焊接材料时，必须经设计单位同意，同时应有可靠的试验资料和相应的工艺文件方可施焊。 (3)在使用焊接材料之前应仔细进行检查，凡发现有药皮脱落、污损、变质吸湿、结块和生锈的焊条、焊丝、焊剂等均不得使用。实芯焊丝及熔嘴导管应无油污、锈蚀，镀铜层应完好无损。焊接材料的烘焙条件见表 1－4；焊条在使用过程中反复烘焙次数不宜过多，否则将导致药皮酥松和使药皮中的合金元素氧化及有机物烧损，影响使用性能。一般允许反复烘焙次数见表 1－5。 (4)对于受潮、药皮变色、焊芯生锈的焊条须经烘干后进行质量评定。确认各项性能符合要求方可入库。 (5)库存期超过规定的焊条、焊剂，需经有关部门复验合格后方可发放使用。复验时原则上以考核焊接材料是否产生可能影响焊接质量的缺陷为主，一般仅限于外观及工艺性能试验，但对焊接材料的使用性能有怀疑时，可增加必要的检验项目。 焊接材料规定保存期限自出厂日期始，可按下述确定： ①焊接材料质量证明书或说明书推荐的期限； ②酸性焊接材料及防潮包装密封良好的低氢型焊接材料为两年，其他材料为一年

续上表

项目	内　　容
焊条的选用	(1)低碳结构钢用焊条的选择。 低碳钢含碳量低(≤0.25%),产生焊接裂纹的倾向小,焊接性能较好。一般按焊缝金属与母材等强度的原则选择焊条,可选用E43系列中各种型号的焊条,常用焊条牌号为E4313、E4316、E4315。在实际工程中,可根据下列具体情况选用焊条。 ①如钢材S、P等杂质含量较高,为避免产生结晶裂纹,应优先选用抗裂性能较好的低氢型的E4316和E4315的焊条,以及高氧化铁型E4320焊条。 ②对一般结构,对接可按钢板厚度、角接可按焊脚的大小来选用焊条: 当板厚不大于6 mm或焊脚不大于4 mm时,应优先选用E4313焊条; 当板厚在8～24 mm或焊脚4～8 mm时,优先选用E4303和E4301焊条; 当板厚大于25 mm时,宜优先选用E4316、E4315或铁粉低氢型焊条; 当焊脚大于8 mm时,宜优先选用E4323焊条。 常用低碳钢焊条的性能特点见表1－6,供选用时参考。 (2)低合金高强度结构用钢焊条的选择。 ①对于建筑钢结构来说,一般均应选用低氢型焊条。 ②选用的原则应使焊缝金属的机械性能与母材基本相同。为保证结构安全使用,必须强调焊缝金属应有优良的塑性、韧性和抗裂性。为此,不宜使焊缝金属的实际强度过高,一般不宜比钢材的实际抗拉强度高出50 MPa以上。 ③对厚板和约束度较大的结构,宜优先选用超低氢型焊条。 ④对屈服强度不大于440 MPa的低合金钢,在保证焊缝性能相同的条件下,应优先选用工艺性能良好的交流低氢或超低氢型焊条。在通风不良的环境内施焊时,应优先选用低尘低毒焊条。 ⑤为了提高劳动生产率,对立角焊缝选用立向下行焊条;对大口径管接头选用全位置的下行焊条;对小口径管接头选用低层焊条;对中厚板选用铁粉焊条
不同焊缝焊条用量	钢结构不同形状焊缝所需焊条用量见表1－7。已知焊缝形状、高度及焊缝长度,即可直接查表求得该种焊缝单位长度所需用焊条重量,乘以焊缝长度,即为求得所需用焊条总重量

表1－4　焊条不同烘焙条件

项目		烘焙温度(℃)	烘干时间	备注
焊条	一般焊条	100～150	1～2	恒温箱贮存温度80℃～100℃
	低氢型焊条	300～400	1～2	

表1－5　一般允许的焊条反复烘焙次数

类别	用途	允许反复烘焙次数
纤维素型焊条	焊接低碳钢和低合金钢	≤3
除纤维素型外的非低氢型焊条	焊接低碳钢和低合金钢	≤5

续上表

类别	用途	允许反复烘焙次数
低氢型焊条	焊接低碳钢和 $\sigma_b = 500 \sim 600$ MPa 级低合金钢	≤3
	焊接 $\sigma_b > 600$ MPa 级低合金钢	≤2

注：1. 制造厂的焊接车间或工段应有焊接材料管理人员，负责从贮存库中领出焊接材料，进行按规定的烘焙后，然后向焊工发放。对于从低温保温箱中取出向焊工发放的焊条，一般每次发放量不应超过4 h的使用量。

2. 经烘焙干燥的焊条和焊剂，放置在空气中仍然会受潮，因此在建筑钢结构的焊接施工中要求每名焊工必须配备焊条保温筒。

3. 国内的焊条保温筒有开盖式和单根自动送条式两种。由于开盖式焊条保温筒每取一根焊条，都需开启一次上盖，这种保温筒的密封性能不良，当空气湿度很大时，多次开盖后焊条仍有可能吸潮。

4. 单根自动送条式焊条保温筒如 YJ-H 系列电焊条保温筒，在取焊条时不需掀开筒盖，防潮效果好。

表 1－6　常用低碳钢焊条的性能特点

项目		酸性焊条					碱性焊条	
药皮类型		高钛钾型	钛钙型	钛铁矿型	高氧化铁型	高纤维素钠型	低氢钾型	低氢钠型
焊条牌号		E4313	E4303	E4301	E4320	E4311	E4315	E4316
焊接工艺性能	全位置焊接性能	好	良好	立焊较差其余均好	平焊为主立、仰焊困难	好	良好	
	飞溅	少	少	一般	较多	多	一般	
	脱渣性能	好(但深坡口较差)	良好	良好	良好	良好	坡口内较差，一般尚可	
	焊缝成形	易堆高	易堆高	凹形，角焊缝尤其明显，不易堆高	一般	易堆高	—	
	抗气孔性	一般	好	一般	好	好	—	
	电弧长度	长弧	长短弧均可	长短弧均可	长短弧均可	宜短弧	—	
	电弧稳定性	最好	较好	一般	一般	较差	一般	—

续上表

项目			酸性焊条					碱性焊条	
药皮类型			高钛钾型	钛钙型	钛铁矿型	高氧化铁型	高纤维素钠型	低氢钾型	低氢钠型
焊条牌号			E4313	E4303	E4301	E4320	E4311	E4315	E4316
直流					使用电源				交直流两用
焊接金属性能	机械性能（一般试验结果）	σ_b（MPa）	450～530	430～510	430～490	430～490	430～570	450～530	450～530
		σ_K（J/cm²）	78～118	98～157	98～157	88～147	78～137	225～345	225～345
	主要成分（%）	Mn	0.3～0.6	0.3～0.6	0.35～0.60	0.50～0.90	0.3～0.6	0.5～0.8	0.5～0.8
		Si	≤0.35	≤0.25	≤0.20	≤0.15	<0.25	≤0.5	≤0.50
	S(%),≤		0.035	0.035	0.035	0.035	<0.035	0.035	0.035
	P(%),≤		0.040	0.040	0.040	0.040	<0.040	0.040	0.040
	[O](%)		0.06～0.08	0.06～0.1	0.07～0.11	0.10～0.12	0.06～0.1	0.025～0.35	0.025～0.035
	[H](mL/100 g)		25～30	25～30	25～30	25～30	30～40	3～8	3～7
	抗热裂性		较差，适宜于薄板	较好	较好	较好厚板最佳	较好	好	好

表 1－7　焊条用量参考表

项次	5 kg 焊条能焊成焊缝长度(m)	1 m 长焊缝需用焊条(kg)	焊缝截面形状	项次	5 kg 焊条能焊成焊缝长度(m)	1 m 长焊缝需用焊条(kg)	焊缝截面形状
1	11.521	0.434	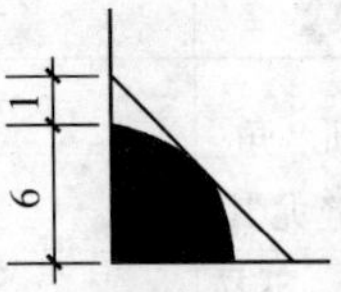 6	4	2.703	1.850	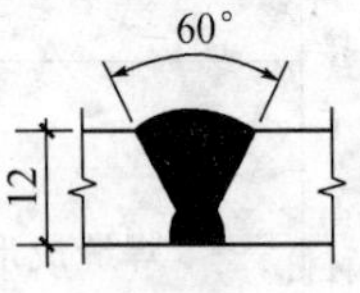 60° 12
2	6.863	0.727	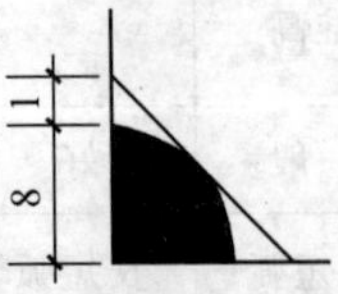 8	5	2.076	2.400	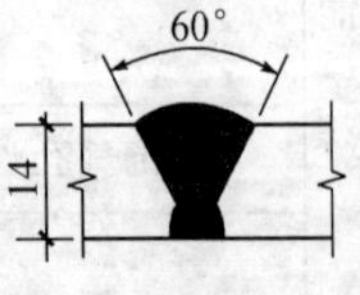 60° 14
3	4.562	1.096	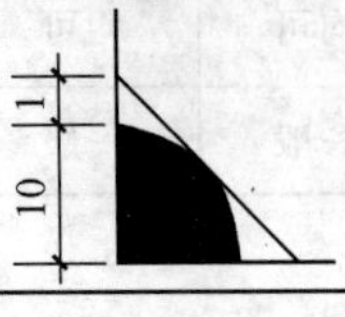 10	6	3.918	1.276	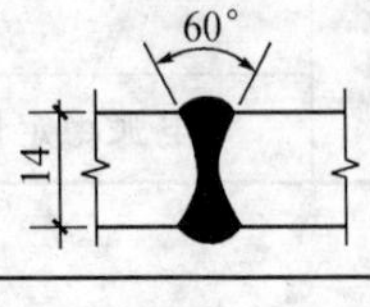 60° 14

续上表

项次	5 kg 焊条能焊成焊缝长度(m)	1 m 长焊缝需用焊条(kg)	焊缝截面形状	项次	5 kg 焊条能焊成焊缝长度(m)	1 m 长焊缝需用焊条(kg)	焊缝截面形状
7	3.255	1.536		15	1.660	3.012	
8	2.445	2.045		16	3.100	1.610	
9	1.902	2.629		17	2.070	2.415	
10	7.874	0.635		18	1.745	2.866	
11	6.203	0.961		19	1.481	3.377	
12	3.671	1.302		20	1.372	3.644	
13	0.976	5.122		21	0.379	13.482	
14	0.563	8.887					

(2)埋弧自动焊的焊接材料,见表1—8。

表1—8 埋弧自动焊的焊接材料

项目	内容
埋弧焊用碳钢焊丝和焊剂	1. 焊丝 (1)焊丝的化学成分见表1—9。 (2)焊丝尺寸见表1—10。 (3)焊丝表面质量。 ①焊丝表面应光滑,无毛刺、凹陷、裂纹、折痕、氧化皮等缺陷或其他不利于焊接操作以及对焊缝金属性能有不利影响的外来物质。 ②焊丝表面允许有不超出直径允许偏差1/2的划伤及不超出直径偏差的局部缺陷存在。 ③根据供需双方协议,焊丝表面可采用镀铜,其镀层表面应光滑,不得有肉眼可见的裂纹、麻点、锈蚀及镀层脱落等。 2. 焊剂 (1)焊剂为颗粒状,焊剂能自由地通过标准焊接设备的焊剂供给管道、阀门和喷嘴。焊剂的颗粒度见表1—11,需双方协议的要求,可以制造其他尺寸的焊剂。 (2)焊剂含水量不大于0.10%。 (3)焊剂中机械夹杂物(碳粒、铁屑、原材料颗粒、铁合金凝珠及其他杂物)的质量百分含量不大于0.30%。 (4)焊剂的硫、磷含量。 焊剂的硫含量不大于0.060%,磷含量不大于0.080%。根据供需双方协议,也可以制造硫、磷含量更低的焊剂。 (5)焊剂焊接时焊道应整齐,成形美观,脱渣容易。焊道与焊道之间、焊道与母材之间过渡平滑,不应产生较严重的咬边现象。 3. 熔敷金属力学性能 (1)熔敷金属冲击试验结果见表1—12。 (2)熔敷金属拉伸试验结果见表1—13
埋弧焊用低合金钢焊丝和焊剂	1. 焊丝 (1)焊丝的化学成分见表1—14。 (2)尺寸。 ①焊丝尺寸应见表1—15。 ②焊丝的不圆度不大于直径公差的1/2。 (3)焊丝表面质量。 ①焊丝表面应光滑,无毛刺、凹陷、裂纹、折痕及氧化皮等缺陷或其他不利于焊接操作以及对焊缝金属性能有不利影响的外来物质。 ②焊丝表面允许有不超出直径允许偏差的1/2划伤及不超出直径偏差的局缺陷存在。 ③根据供需双方协议,焊丝表面可镀铜,其镀层表面应光滑,不得有肉眼可见的裂纹、麻点、锈蚀及镀层脱落等。 2. 焊剂 (1)焊剂为颗粒状,焊剂能自由地通过标准焊接设备的焊剂供给管道、阀门和喷嘴。焊剂的颗粒度见表1—11,但根据供需双方协议,也可以制造其他尺寸的焊剂。

续上表

项目	内　容
埋弧焊用低合金钢焊丝和焊剂	(2)焊剂含水量不大于0.10%。 (3)焊剂中机械夹杂物(碳粒、铁屑、原材料颗粒、铁合金凝珠及其他杂物)不大于0.30%。 (4)焊剂的硫、磷含量。 焊剂的硫含量不大于0.060%,磷含量不大于0.080%。根据供需双方协议,也可制造硫、磷含量更低的焊剂。 (5)焊剂焊接时焊道应整齐、成型美观,脱渣容易。焊道与焊道之间、焊道与母材之间过渡平滑,不应产生较严重的咬边现象。 (6)熔敷金属力学性能。 ①熔敷金属拉伸试验结果见表1－16。 ②熔敷金属冲击实验结果见表1－17。 (7)熔敷金属扩散氢含量。 熔敷金属中扩散氢含量见表1－18

表1－9　碳钢焊丝化学成分　(%)

<table>
<tr><th>焊丝牌号</th><th>C</th><th>Mn</th><th>Si</th><th>Cr</th><th>Ni</th><th>Cu</th><th>S</th><th>P</th></tr>
<tr><td>H08A</td><td rowspan="3">≤0.10</td><td rowspan="3">0.30～0.60</td><td rowspan="4">≤0.03</td><td rowspan="2">≤0.20</td><td rowspan="2">≤0.30</td><td rowspan="4">≤0.20</td><td>≤0.030</td><td>≤0.030</td></tr>
<tr><td>H08E</td><td>≤0.020</td><td>≤0.020</td></tr>
<tr><td>H08C</td><td>≤0.10</td><td>≤0.10</td><td>≤0.015</td><td>≤0.015</td></tr>
<tr><td>H15A</td><td>0.11～0.18</td><td>0.35～0.65</td><td>≤0.20</td><td>≤0.30</td><td>≤0.030</td><td>≤0.030</td></tr>
<tr><td colspan="9">中锰焊丝</td></tr>
<tr><td>H08MnA</td><td>≤0.10</td><td rowspan="2">0.80～1.10</td><td>≤0.07</td><td rowspan="2">≤0.20</td><td rowspan="2">≤0.30</td><td rowspan="2">≤0.20</td><td>≤0.030</td><td>≤0.030</td></tr>
<tr><td>H15Mn</td><td>0.11～0.18</td><td>≤0.03</td><td>≤0.035</td><td>0.035</td></tr>
<tr><td colspan="9">高锰焊丝</td></tr>
<tr><td>H10Mn2</td><td>≤0.12</td><td>1.50～1.90</td><td>≤0.07</td><td rowspan="3">≤0.20</td><td rowspan="3">≤0.30</td><td rowspan="3">≤0.20</td><td rowspan="2">≤0.035</td><td rowspan="2">≤0.035</td></tr>
<tr><td>H08Mn2Si</td><td rowspan="2">≤0.11</td><td>1.70～2.10</td><td rowspan="2">0.65～0.95</td></tr>
<tr><td>H08Mn2SiA</td><td>1.80～2.10</td><td>≤0.030</td><td>≤0.030</td></tr>
</table>

注:1. 如存在其他元素,则这些元素的总量不得超过0.5%。

2. 当焊丝表面镀铜时,铜含量应不大于0.35%。

3. 根据供需双方协议,也可生产其他牌号的焊丝。

4. 根据供需双方协议,H08A、H08E、H08C非沸腾钢允许硅含量不大于0.10%。

5. H08A、H08E、H08C焊丝中锰含量按《焊接用钢盘条》(GB/T 3429—2002)确定。

表 1—10 碳钢焊丝尺寸 (单位:mm)

公称直径	极限偏差
1.6,2.0,2.6	0 −0.10
3.2,4.0,5.0,6.0	0 −0.12

表 1—11 碳钢焊剂颗粒度要求

普通颗粒度		细颗粒度	
<0.450 mm(40 目)	≤5%	<0.280 mm(60 目)	≤5%
>2.50 mm(8 目)	≤2%	<2.00 mm(10 目)	≤2%

表 1—12 碳钢焊剂冲击试验

焊剂型号	冲击吸收功(J)	试验温度(℃)
F××0-H×××	≥27	0
F××2-H×××		−20
F××3-H×××		−30
F××4-H×××		−40
F××5-H×××		−50
F××6-H×××		−60

表 1—13 碳钢焊剂拉伸试验

焊剂型号	抗拉强度 σ_b(MPa)	屈服强度 σ_s(MPa)	伸长率 δ_5(%)
F4××-H×××	415~550	≥330	≥22
F5××-H×××	480~650	≥400	≥22

表 1—14 低合金钢焊丝化学成分

序号	焊丝牌号	化学成分(质量分数)(%)									
		C	Mn	Si	Cr	Ni	Cu	Mo	V、Ti、Zr、Al	S	P
										≤	
1	H08MnA	≤0.10	0.80~1.10	≤0.07	≤0.20	≤0.30	≤0.20	—	—	0.030	0.030

续上表

序号	焊丝牌号	化学成分(质量分数)(%)									
		C	Mn	Si	Cr	Ni	Cu	Mo	V、Ti、Zr、Al	S	P
										≤	
2	H15Mn	0.11～0.18	0.80～1.10	≤0.03	≤0.20	≤0.30	≤0.20	—	—	0.035	0.035
3	H05SiCrMoA[a]	≤0.05	0.40～0.70	0.40～0.70	1.20～1.50	≤0.20	≤0.20	0.40～0.65	—	0.025	0.025
4	H05SiCr2MoA[a]	≤0.05	0.40～0.70	0.40～0.70	2.30～2.70	≤0.20	≤0.20	0.90～1.20	—	0.025	0.025
5	H05Mn2Ni2MoA[a]	≤0.08	1.25～1.80	0.20～0.50	≤0.30	1.40～2.10	≤0.20	0.25～0.55	V≤0.05 Ti≤0.10 Zr≤0.10 Al≤0.10	0.010	0.010
6	H05Mn2Ni2MoA[a]	≤0.09	1.40～1.80	0.20～0.55	≤0.50	1.90～2.60	≤0.20	0.25～0.55	V≤0.04 Ti≤0.10 Zr≤0.10 Al≤0.10	0.010	0.010
7	H08CrMoA	≤0.10	0.40～0.70	0.15～0.35	0.80～1.10	≤0.30	≤0.20	0.40～0.60	—	0.030	0.030
8	H08MnMoA	≤0.10	1.20～1.60	≤0.25	≤0.20	≤0.30	≤0.20	0.30～0.50	Ti:0.15 (加入量)	0.030	0.030
9	H08CrMoVA	≤0.10	0.40～0.70	0.15～0.35	1.00～1.30	≤0.30	≤0.20	0.50～0.70	V: 0.15～0.35	0.030	0.030
10	H08Mn2Ni3MoA	≤0.10	1.40～1.80	0.25～0.60	≤0.60	2.00～2.80	≤0.20	0.30～0.65	V≤0.03 Ti≤0.10 Zr≤0.10 Al≤0.10	0.010	0.010
11	H08CrNi2MoA	0.05～0.10	0.50～0.85	0.10～0.30	0.70～1.00	1.40～1.80	≤0.20	0.20～0.40	—	0.025	0.030
12	H08Mn2MoA	0.06～0.11	1.60～1.90	≤0.25	≤0.20	≤0.30	≤0.20	0.50～0.70	Ti:0.15 (加入量)	0.030	0.030
13	H08Mn2MoVA	0.06～0.11	1.60～1.90	≤0.25	≤0.20	≤0.30	≤0.20	0.50～0.70	V:0.06～0.12 Ti:0.15 (加入量)	0.030	0.030

续上表

序号	焊丝牌号	化学成分(质量分数)(%)									
		C	Mn	Si	Cr	Ni	Cu	Mo	V、Ti、Zr、Al	S	P
										≤	
14	H10MoCrA	≤0.12	0.40～0.70	0.15～0.35	0.45～0.65	≤0.30	≤0.20	0.40～0.60	—	0.030	0.030
15	H10Mn2	≤0.12	1.50～1.90	≤0.07	≤0.20	≤0.30	≤0.20	—	—	0.035	0.035
16	H10Mn2NiMoCuA[a]	≤0.12	1.25～1.80	0.20～0.60	≤0.30	0.80～1.25	0.35～0.65	0.20～0.55	V≤0.05 Ti≤0.10 Zr≤0.10 Al≤0.10	0.010	0.010
17	H10Mn2MoA	0.80～0.13	1.70～2.00	≤0.40	≤0.20	≤0.30	≤0.20	0.60～0.80	Ti:0.15 (加入量)	0.030	0.030
18	H10Mn2MoVA	0.08～0.13	1.70～2.00	≤0.40	≤0.20	≤0.30	≤0.20	0.60～0.80	V:0.06～0.12 Ti:0.15 (加入量)	0.030	0.030
19	H10Mn2A	≤0.17	1.80～2.20	≤0.05	≤0.20	≤0.30	—	—	—	0.030	0.030
20	H13CrMoA	0.11～0.16	0.40～0.70	0.15～0.35	0.80～1.10	≤0.30	≤0.20	0.40～0.60	—	0.030	0.030
21	H18CrMoA	0.15～0.22	0.40～0.70	0.15～0.35	0.80～1.10	≤0.30	≤0.20	0.15～0.25	—	0.025	0.030

注:1. 当焊丝镀铜时,除 H10Mn2NiMoCuA 外,其余牌号铜含量应不大于 0.35%。

2. 根据供需双方协议,也可生产使用其他牌号的焊丝。

3. 这些焊丝中残余元素 Cr、Ni、Mo、V 总量应不大于 0.50%。

表 1-15 低合金钢焊丝尺寸 (单位:mm)

焊丝直径	极限偏差
0.8,0.9,1.0,1.2,1.4	+0.02 -0.05
1.6,1.8,2.0,2.4,2.8	+0.02 -0.06
3.0,3.2,4.0	+0.02 -0.07

表 1－16 低合金钢拉伸试验

焊剂型号	抗拉强度 σ_b(MPa)	屈服强度 $\sigma_{0.2}$ 或 σ_s(MPa)	伸长率如 δ_5(%)
F48××-H×××	480～660	400	22
F55××-H×××	550～700	470	20
F62××-H×××	620～760	540	17
F69××-H×××	690～830	610	16
F76××-H×××	760～900	680	15
F83××-H×××	830～970	740	14

注：表中单值均为最小值。

表 1－17 低合金钢冲击试验

焊剂型号	冲击吸收功 A_{kV}(J)	试验温度(℃)
F×××0-H×××	≥27	0
F×××2-H×××		－20
F×××3-H×××		－30
F×××4-H×××		－40
F×××5-H×××		－50
F×××6-H×××		－60
F×××7-H×××		－70
F×××10-H×××		－100
F×××Z-H×××	不要求	

表 1－18 熔敷金属中扩散氢含量

焊剂型号	扩散氢含量(mL/100 g)
F×××-H×××-H16	16.0
F×××-H×××-H8	8.0
F×××-H×××-H4	4.0
F×××-H×××-H2	2.0

注：1. 表中单值均为最大值。

2. 此分类代号为可选择的附加性代号。

3. 如标注熔敷金属扩散氢含量代号时，应注明采用的测定方法。

(3)CO_2 气体保护焊的焊接材料，见表 1－19。

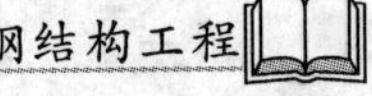

表 1－19　CO_2 气体保护焊的焊接材料

项目	内　容
实芯焊丝	近年来 CO_2 气体保护焊实芯焊丝不断改进，主要是力求提高熔敷金属性能和改善焊接工艺性能。国内常用的实芯焊丝牌号和成分见表 1－20。表 1－21 是一组在无 Ni、Cr 的 C-Mn-Si 系焊丝中加入 Mo 和 Ti 成分的焊丝；这种焊丝适用于(σ_b＝690～790 MPa)高强度钢。Mo 和 Ti 的加入能够改善焊接状态或消除应力退火状态下的熔敷金属韧性。表 1－22 为这组焊丝焊接时的熔敷金属机械性能
药芯焊丝	CO_2 气体保护焊采用的药芯焊丝克服了 CO_2 焊实芯焊丝飞溅较多和在大电流下全位置施焊较困难的缺点，具有生产效率高、工艺性能好，焊缝质量优良和适应各类焊接电源等优点。常用药芯焊丝的截面形状有如图 1－2 所示的几种类型。 图 1－2　常用药芯焊丝的截面形状 药芯焊丝的作用有如下几个方面： (1)起稳弧作用，减少飞溅，使熔滴呈细熔滴形态过渡； (2)起保护作用，与外加 CO_2 一起构成对液态金属的气渣联合保护； (3)改善全位置施焊性能和焊缝成形； (4)起冶金处理作用，在药芯中一般加有 Mn、Si、Ti 等合金元素，起脱氧作用和掺合金作用。熔渣对液态金属可起精炼作用。 选择 CO_2 焊焊丝时必须根据各种焊丝的特点进行选择，采用实芯焊丝或药芯焊丝，其焊接工艺性能及特点见表 1－23。 由于 CO_2 焊药芯焊丝加工制作比较复杂，目前我国 CO_2 焊药芯焊丝尚未形成系列化产品，国外已生产不同强度级别和不同渣系，包括钛型及低氢型的 CO_2 焊药芯焊丝，并发展应用于立焊、横焊、角焊及全位置焊接的各种专用产品。如日本各材料生产厂已生产了几十种牌号的 CO_2 焊药芯焊丝。表 1－24 为国内几种主要的 CO_2 焊药芯焊丝的牌号及性能

表 1－20　CO_2 气体保护焊常用焊丝牌号和成分　(%)

牌号	C	Si	Mn	Ti	Al	S	P
H10MnSi	≤0.14	0.06～0.90	0.80～1.10	—	—	≤0.03	≤0.04
H08MnSi	≤0.10	0.70～1.0	1.00～1.30	—	—	≤0.03	≤0.04
H08MnSiA	≤0.10	0.60～0.85	1.40～1.70	—	—	≤0.03	≤0.030
H08Mn2SiA	≤0.11	0.65～0.95	1.80～2.10	—	—	≤0.03	≤0.030
H04Mn2SiTiA	≤0.04	0.70～1.10	1.80～2.20	0.2～0.4	—	≤0.25	≤0.025
H04 MnSiAlTiA	≤0.04	0.40～0.80	1.40～1.80	0.35～0.65	0.20～0.40	≤0.25	≤0.025

表 1－21 含 Ti、Mo 焊丝的成分 （%）

焊丝号	C	Mn	Si	Mo	Ti	S	P
A	0.09	1.89	0.68	0.45	0.002	0.016	0.019
B	0.11	1.94	0.70	0.50	0.008	0.007	0.016
C	0.10	1.90	0.70	0.48	0.006	0.010	0.017

表 1－22 CO_2 气体保护焊的熔敷金属机械性能①

焊丝号	σ_b (MPa)	$\sigma_{0.2}$ (MPa)	δ(%)	ϕ(%)	A_{kV}(J)				
					－18℃	－29℃	－46℃	－60℃	－73℃
A	696	555	21.8	59.0	21	14	—	—	—
B	721	636	24.0	65.3	104	92	84	74	54
C	732	627	21.9	57.6	81	68	54	51	32

①此表数据是采用 A、B、C 焊丝，在 CO_2 保护气体中焊接，焊丝直径 ϕ1.6 mm，焊接电流 385～400 A，电压 32 V，焊速 43.2 cm/min，气体流量 1.27～1.4 m^3/h 状态下测得的。

表 1－23 各种焊丝 CO_2 焊性能特点

焊接方法种类		使用实芯焊丝方法		使用药芯焊丝方法	
焊丝		粗直径焊丝(mm)	细直径焊丝(mm)	粗直径焊丝(mm)	细直径焊丝(mm)
		2.4,3.2	1.2,1.6,2.0	2.4,3.2	1.2,1.6,2.0
最大焊接电流		500 A 左右	250 A 左右	500 A 左右	250 A 左右
焊接工艺性	电弧状态	颗粒过渡	短路过渡	颗粒过渡	短路过渡
	飞溅	稍多	少而颗粒小	少	非常少
	焊缝外观	焊缝稍粗	美观	光滑美观	非常美观
	熔深	很深	浅	稍浅	很深
	焊接位置	平焊、横焊	全位置	平焊、横焊	全位置
效率	焊接速度	高	低	比实芯焊丝低	低
	熔敷效率	90%～95%	95%左右	70%左右	95%左右
电源极性		直流反接	直流反接	直流反接	直流反接
适用板厚		4.5 mm 以上（气电自动焊等板厚达 20 mm 左右）	以 0.8 mm 以上的薄板、中板为主	3.2 mm（气电自动焊等，板厚达 20 mm 左右）	以 0.8 mm 以上的薄板、中板为主

表 1－24 国内 CO_2 气体保护焊药芯焊丝的牌号及性能

牌号	截面形状	直径(mm)	熔敷金属机械性能					适用范围
			σ_s (MPa)	σ_b (MPa)	δ (%)	ϕ (%)	A_{kV} (J/cm²)	
PK-YJ502	O 型	1.6 2.0	—	490	≥22	—	－20℃ ≥28	低碳钢及相应级别的普低钢
PK-YJ507	O 型	1.6 2.0	—	490	≥22	—	－40℃ ≥47	低碳钢及相应级别的普低钢

续上表

牌号	截面形状	直径(mm)	熔敷金属机械性能					适用范围
			σ_s (MPa)	σ_b (MPa)	δ (%)	ϕ (%)	A_{kV} (J/cm²)	
PK-YJ707	O型	1.6 2.0	590	690	≥15	—	−30℃ ≥27	15MnMoVN 14MnMoVB 8MrlMoVb
ZS-50A	E型	2.8	402	510	33.5	72.8	—	低碳钢 σ_b≤490 MPa 低合金钢
管结501-1	O型	1.6 2.1	—	520	28.67	—	−40℃ 114	相应级别的低合金钢
YB102	O型	1.6	—	550	≥35	—	—	不锈钢

(4)熔嘴电渣焊的焊接材料，见表1－25。

表1－25　熔嘴电渣焊的焊接材料

项目	内　容
钢材	工业与民用建筑和一般构筑物工程中，箱形构件壁板厚度大于或等于10 mm的碳素结构钢和低合金高强度结构钢，可采用电渣焊施工
熔嘴	表1－26所示为目前常用的熔嘴的型号及性能
焊丝	表1－27为常用的熔嘴电渣焊焊丝
焊剂	在熔嘴电渣焊中，焊剂的性质是非常重要的。焊剂的化学成分、高温时的电导率以及高温黏度决定了焊剂在焊接时的特性。 用于熔嘴电渣焊的焊剂见表1－28
焊接材料的匹配	使用于熔嘴电渣焊的焊接材料，根据所需焊接的钢的品种，采用合适的匹配，才能获取良好的结果，其匹配实例见表1－29

表1－26　熔嘴一览表

型号	药皮厚度(mm)	熔嘴直径(mm)	熔嘴长度(mm)
KOB	3.3～3.8	8～12	1 000
BIC	—	8 10 12	550 700 1 200
DIA	—	10	550～1 000

续上表

型号	药皮厚度(mm)	熔嘴直径(mm)	熔嘴长度(mm)
CP-1	2	8 10 12	500 700 1 000 1 200
CP-1B	1		
SES-15A	1～2	8 10 12	500 700 1 000 1 200
SES-15B	0.4～1	8 10 12	500 700 1 000 1 200
SE-15E	3	8 10 12	500 700 1 000 1 200
SES-15F			
KU-1 000	—	10	1 000

表 1－27 熔嘴电渣焊用焊丝

型号	成分系	焊丝直径(mm)	焊丝化学成分(%)					适用钢种
			C	Si	Mn	Mo	其他	
ES-50	Mn-Si-Mo	2.0,2.4,3.2	0.07	0.30	1.70	0.15	—	低碳钢及 50 kg 级钢
US-49	Mn-Mo	2.4,3.2	0.10	0.03	1.50	0.50	—	50 kg 级及 58 kg 级高强度钢
US-40	Mn-Mo	2.4,3.2	0.13	0.03	1.95	0.50	—	
ES-65	Mn-Mo-Ni-Cr	2.4,3.2	0.08	0.03	1.50	0.55	Cr-0.6Q Ni-1.60	58～70 kg 级高强度钢
Y-CS	Mn-Si	2.4,3.2	0.07	0.30	1.30	—	—	低碳钢
Y-CM	Mn-Mo	2.4,3.2	0.08	0.04	1.67	0.48	—	50 kg 级及 58 kg 级高强度钢
Y-DM	Mn-Mo	2.4,3,2	0.14	0.05	1.90	0.53	—	
Y-461	Mn-Ni-Mo	2.4,3.2	0.07	0.07	1.17	0.49	Ni-1.38	
Y-462	Mn-Ni-Mo	2.4,3.2	0.06	0.33	1.20	0.51	Ni-2.08	
YM-18	Mn-Si-Mo	2.4,3.2	0.06	0.68	1.92	0.48	—	
W-30	Mn-Si	2.4,3.2	0.09	0.10	1.03	—	—	低碳钢及 50 kg 级钢
W-60	Mn-Mo	2.4,3.2	0.07	0.06	1.61	0.40	—	58 kg 级钢

表 1－28 焊剂的型号及性能

型号	化学成分(%)								粒度
	SiO_2	MnO	Al_2O_3	CaO	MgO	CaF_2	TiO_2	其他	
MF-38	38.6	21.36	1.70	18.63	3.68	9.96	3.07	—	12×65,20×D
YF-15	41.5	17.4	—	13.4	13.0	—	—	9.4	20×D
CPF-1	38.1	12.4	5.0	24.6	9.4	10.0	6.2	—	20×20D

表 1－29 焊接材料匹配实例

焊接方法	焊接材料匹配				适用钢种
	熔嘴	焊剂	焊丝	其他	
BIC法(神钢)	BIC熔嘴	MF-38	ES-50	BIC-38,BIC夹子	低碳钢,50 kg高强度钢
			US-49		50 kg高强度钢
			US-40		50～58 kg高强度钢
			US-49	BIC-38W,BIC夹子	50 kg耐大气腐蚀高强度钢
			ES-65	BIC-38,BIC夹子	58～70 kg高强度钢
SES法(日铁熔接)	SES-15A SES-15B SES-15E SES-15F	YF-15	Y-CS	SES熔嘴夹子	低碳钢
			Y-CM	SES熔嘴夹子	50 kg高强度钢
			Y-DM	SES熔嘴夹子	50 kg高强度钢
			Y-461	SES熔嘴夹子	50 kg耐大气腐蚀高强度钢
			Y-462	SES熔嘴夹子	58 kg高强度钢
			YM-18	SES熔嘴夹子	50 kg高强度钢
FN-CP法(日铁熔接)	CP-1 CP-1B	CPF-1	W-30	FN-43Bar	低碳钢
			W-30	FN-50Bar	50 kg高强度钢
			W-60	FN-60Bar	58 kg高强度钢
			W-30	FN-50CBar	50 kg耐大气腐蚀高强度钢
			W-60	FN-60CBar	58 kg高强度钢

三、施工机械要求

1. 手工电弧焊的施工机械

手工电弧焊的施工机械,见表1－30。

表 1－30　手工电弧焊的施工机械

<table>
<tr><th>项目</th><th>内　容</th></tr>
<tr><td>常用的施工机具设备</td><td>(1)焊接用机具主要有焊接电源、电动空压机、柴油发电机、直流焊机、交流焊机、焊条烘干箱、翼缘矫正机。
(2)工厂加工检验机具主要有超声波探伤仪、数字温度仪、数字钳形电流表、温湿度仪、焊缝检验尺、磁粉探伤仪、游标卡尺、钢卷尺</td></tr>
<tr><td>施工机具设备的选用</td><td>1. 电弧焊电源
(1)电弧焊电源分类及特点。
电弧焊电源是各种电弧焊必不可少的设备。电弧焊电源主要有直流弧焊电源和交流弧电源(亦称弧焊变压器)两种；这两种电源根据其原理和结构特点又可分为多种形式如图1－3所示。 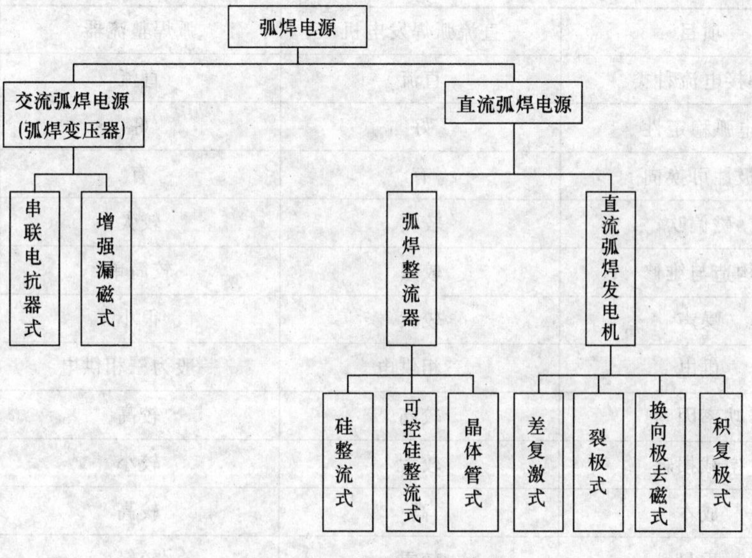
弧焊电源
交流弧焊电源(弧焊变压器)：串联电抗器式、增强漏磁式
直流弧焊电源：弧焊整流器（硅整流式、可控硅整流式、晶体管式）、直流弧焊发电机（差复激式、裂极式、换向极去磁式、积复极式）
图 1－3　电弧焊电源分类
弧焊电源对焊接质量有极其重要的影响。直流弧焊发电机、弧焊整流器和弧焊变压器三种电源在结构、制造、使用等方面各有优缺点，见表 1－31。在选用电源时，要根据技术要求、经济效益、施工条件以及焊接施工的实际情况等因素全面衡量决定。
(2)直流弧焊发电机。
直流弧焊发电机是一种特殊形式的发电机。它除了能发电之外，还具有能满足焊接过程要求的性能。例如具有下降的外特性；在保证发电机空载电压变化不大的条件下，电流能在较大范围内调节；良好的动特性等。
(3)弧焊整流器。
弧焊整流器是一种将交流电通过变压和整流，变为直流电的弧焊电源，一般为三相供电(个别为交直流两用的单相输入)。根据外特性不同，可分为下降外特性、平外特性及多用外特性等三种类型。
弧焊整流器还可按外特性调节机构的作用原理分类，见表 1－32。</td></tr>
</table>

续上表

项目	内容
施工机具设备的选用	(4)弧焊变压器。 弧焊变压器是一种交流弧焊电源。它由初、次级圈相隔离的主变压器及所需的调节和指示装置等组成。可将电网的交流电变成适于弧焊的交流电。这种变压器一般为单相供电，适用于一般结构手弧焊，铝合金的钨极氩弧焊和埋弧焊等。表1－33为国产常用弧焊变压器的分类及主要型号举例。 2. 手工弧焊常用工具 (1)电焊钳。除特殊要求外，一般选用300 A、500 A两种常用规格，见表1－34。 (2)面罩及护目玻璃。面罩的规格见表1－35，护目玻璃的规格见表1－36

表1－31　各类弧焊电源的特点比较

项目	直流弧焊发电机	弧焊整流器	弧焊变压器
焊接电流种类	直流	直流	交流
电弧稳定性	好	好	较差
极性可换向	有	有	无
磁偏吹	较大	较大	很小
构造与维修	较繁	较简单	简单
噪声	较大	很小	较小
供电	三相供电	一般为三相供电	一般为单相供电
功率因素	较高	较高	较低
空载损耗	较大	较小	较小
成本	高	较高	较低
重量	较重	较轻	轻
触电危险性	较小	较小	较大
适用范围	较重要结构的手工电弧焊	各种埋弧焊、气体保护焊	一般结构的手工电弧焊、埋弧焊等

表1－32　弧焊整流器的分类

项次	型式	特性	特点及应用范围	国产部分型号
1	动铁芯式	下降特性	由动铁芯式主变压器和硅元件组成。三相动铁芯式制造比较复杂，很难做到三相磁分路对称，国内尚无统一型号。单相动铁芯式制造生产简单，性能较好，可交直流两用。一般用于手弧焊和钨极氩弧焊	ZXG9-150、300、500(单相)

续上表

项次	型式	特性	特点及应用范围	国产部分型号
2	动线圈式	下降特性	由动线圈式主变压器和硅元件组成。结构简单,重量轻、焊接过程比较稳定。缺点是有振动和噪声,不易实现网络电压补偿,不易遥控。主要用于手弧焊和钨极氩弧焊	ZXG_1-160、250、400,ZXG_6-300
3	磁放大器式	平特性(其空载电压高于工作电压,又称L特性)、下降特性、重特性,或多特性	这是目前采用较广泛的型式。优点是只要较小的控制电流,就可控制很大的输出电流,调节方便、可以遥控,能进行网路电压补偿,并可通过不同的反馈获得不同的动态和静态特性。缺点是消耗材料较多,成本较高。可用于手工焊、埋弧焊、气电焊或兼有几种用途	ZXG-300、400、500,ZXG_2-400,ZXG_7-300、500,ZXG_7-300-1,ZPG-500、1500 ZPG_2-500,ZDG-500-1,ZDG_7-1000
4	抽头式	平特性(空载电压与工作电压接近)	由抽头式主变压器和硅元件组成。结构简单,重量轻,价格便宜,便于维修。用于CO_2气电焊	ZPG-200,ZPG_8-250
5	多站式	下降特性,形状为倾斜直线	由平特性主变压器和硅元件组成,再加可调镇定电阻器。优点是可以集中供电,设备利用率高,占地面积小。缺点是耗电量大。主要用于手弧焊	ZPG_6-1000
6	可控硅式	平特性、下降特性或多种特性	由平特性主变压器和可控硅元件组成。优点是功率因素高,动特性好,可进行网络电压补偿,消耗材料少。缺点是电路结构比较复杂。可用于手弧焊、埋弧焊、气电焊及等离子焊	ZDK-160,ZDK-500

表 1-33　常用弧焊变压器的分类

类型	型式	国产主要型号举例
增加漏磁类	动铁式	BX_1-135,BX_1-330
	动圈式	BX_3-120,BX_3-300-1
	抽头式	BX_6-120-1
串联电抗器类	分体动铁式(包括多站式)	BP-3×500
	同体动铁式	BX_2-500,BX_2-1000
	饱和电抗器式	BX_{10}-100 BX_{10}-500

表 1－34　常用电弧钳的型号和规格

型号	能安全通过的最大电流(A)	焊接电缆孔径(mm)	适用的焊条直径(mm)	重量(kg)	外形尺寸：长×宽×高(mm)
G-352	300	14	2～5	0.5	250×40×80
G-582	500	18	4～8	0.7	290×45×100

表 1－35　面罩的规格和用途

型式	盔式(头载式)	盾式(手拿式)	有机玻璃面罩	有机玻璃面罩
规格(mm)	270×480	186×390	2×230×280	3×230×280
用途	焊接碳弧气刨	焊接	装配、清渣	装配、清渣

表 1－36　护目玻璃的规格

色号	7～8	9～10	11～12
颜色深浅	较浅	中等	较深
适用焊接电流(A)	≤100	100～350	≥350
尺寸(mm)	2×50×107	2×50×107	2×50×107

2. 埋弧自动焊的施工机械

埋弧自动焊的施工机械，见表 1－37。

表 1－37　埋弧自动焊的施工机械

项目	内　容
常用的施工机具设备	(1)焊接用机具主要有埋弧焊机、焊剂烘干箱、柴油发电机、焊接滚轮架、翼缘矫正机。 (2)工厂加工检验设备、仪器工具主要有超声波探伤仪、数字温度仪、数字钳形电流表、温湿度仪、焊缝检验尺、磁粉探伤仪、游标卡尺、钢卷尺
焊接设备的选择	(1)埋弧自动焊焊机。 埋弧自动焊焊机按用途可分为通用式、专用式两类；按焊丝数目可分为单丝、多丝两类；按焊机行走方式可分为悬挂机头式、软管式和焊车式三类；按送丝方式则可分为等速送丝式和变速送丝式两类。 表 1－38 为常见埋弧自动焊机的型号及特点。 (2)半自动埋弧焊焊机。 国产半自动埋弧焊机的主要型号为 MB-400 型，亦称软管式半自动埋弧焊机。其特点是送丝机构与机头(导电装置)被一段软管所分离，软管中可通过直径为 1.6～2 mm 的焊丝，导电嘴装在焊枪上。 目前国内进口的半自动埋弧焊机主要有美国林肯公司的 LN-9NE、LN-9SE 等型号；其特点是焊剂的输送由压缩空气通过管子输送，不需要焊剂箱装置，结构简单，移动方便

表 1－38　埋弧自动焊机的型号及特点

制造地	型式	型号		特点
		等速送丝	变速送丝	
国内生产制造	焊车式	MZ1-1000 MZT-1000	MZ-1000	体积小、重量轻、便于移动；在焊接过程中，焊车可直接在被焊板上移动；焊机维修保养方便。此类焊机目前被广泛使用
	悬挂机头式	MZ2-1500	—	机头沿导轨移动，应用范围受限制。焊机与工件没有直接联系，调整机构比较复杂，焊接质量易受影响
	专用式	25HJ-1 （自编型号）	—	为双丝自动埋弧焊机；焊机装有速度表，可直接监视主焊丝、副焊丝和焊接小车的速度，其中主焊丝为等速送丝、副焊丝为变速送丝
		MZ6-2×500 MU-2×300	NZA-1000 MU1-1000	此类焊机一般适用于大量生产或焊接工作量大的地方，生产效率高，MZ6-2×500 型主要用于三相双丝焊接
日本生产制造	焊车式	YM-1502F-2 SWT-41	—	均为双丝埋弧自动焊机（亦可进行单丝焊），重量轻、体积小；双丝之间的距离和角度可在很大范围内调节，比较适宜于箱型柱焊接

3. CO_2 气体保护焊的施工机械

CO_2 气体保护焊的施工机械，见表 1－39。

表 1－39　CO_2 气体保护焊的施工机械

项目	内容
常用的施工机具设备	（1）焊接用主要机具有：电动空压机、柴油发电机、CO_2 焊机、焊接滚轮架。 （2）工厂加工检验设备、仪器、工具有：超声波探伤仪、数字温度仪、数字钳形电流表、温湿度仪、焊缝检验尺、磁粉控伤仪、游标卡尺、钢卷尺
半自动 CO_2 弧焊机	（1）半自动 CO_2 弧焊机构成。 半自动 CO_2 弧焊机一般由弧焊电源、送丝机构及焊丝等部分组成，如图 1－4 所示。 国产几种主要半自动 CO_2 弧焊机的规格、型号及主要技术数据见表 1－40。 （2）基本性能。 ①NBC-300 型半自动 CO_2 弧焊机。 焊机适用于厚度为 1～10 mm 低碳钢、低合金钢的全位置焊接。弧焊电源采用抽头式调压硅整流电源，送丝机构采用推丝式，焊炬采用鹅颈式。该焊机具有结构简单、使用和维修方便等优点。

续上表

项目	内　　容
半自动 CO_2 弧焊机	②NBC1-300 型半自动 CO_2 弧焊机。 焊机适用厚度为 1～10 mm 低碳钢及低合金钢的对接焊缝、搭接焊缝及角焊缝的全位置焊接。焊机由弧焊电源(包括控制系统)、送丝机构及焊炬等部分组成。送丝机构采用推丝式,送丝速度由硅闸管调整。送丝距离为 4 m。焊机备有手枪式和鹅颈式两种焊炬。 ③NBC-400 型半自动 CO_2 弧焊机。 焊机适用于厚度不小于 2 mm 的低碳钢、低合金钢及不锈钢等结构构件的全位置焊接。该焊机的特点是采用调磁式变压器,在调节电弧电压的同时,回路电感能够自动匹配,而且在有负载的情况下可以进行调节。送丝机构采用双级双主动轮推丝式,送丝速度由硅闸管控制。 ④NBC-400 A 型半自动 CO_2 弧焊机。 焊机适用于低合金钢及低碳钢全位置焊接。该焊机的特点是弧焊电源采用自调电感调压式整流器,能在负载情况下对焊接电流及电弧电压进行无级调节,在调整电压的同时,能相应地自动调整了电感;弧焊电源具有较高的空载电压,采用细丝时空载电压可达 67 V,粗丝时可达81 V。这样不仅有利于引弧,而且有利于电弧稳定燃烧。焊机采用推丝式送丝机构。 ⑤NBC1-400 型半自动 CO_2 弧焊机。 焊机适用于厚度为 16 mm 以下低碳钢、低合金钢、低合金高强度钢的全位置焊接,可以焊接材料的厚度范围较大。该焊机采用推丝式送丝机构,弧焊电源采用 ZPG1-500-1 型弧焊整流器。 ⑥NBC1-500-1 型半自动 CO_2 弧焊机。 焊机适用于低碳钢及低合金钢的全位置焊接。焊机采用三相磁放大器式线路,具有维护简单、工作可靠、无噪音、效率高、使用寿命长及对潮湿、环境温度和化学气体不敏感等优点。送丝方式为推丝式送丝机构。 ⑦NBC5-500 型磁场半自动 CO_2 弧焊机。 焊机适用于焊接各种低碳钢和低合金钢结构,尤其适用于焊接各种薄板和中厚板。焊机的特点是在焊接过程中引入外加磁场对焊接熔池进行搅拌,促使焊缝晶粒细化,并打乱结晶方向,从而提高焊缝的机械性能。焊机由送丝机构、焊炬及具有平特性的 ZPG1-500-1 型弧焊整流器等部分组成。 ⑧NBG-400 型药芯焊丝半自动 CO_2 弧焊机。 该焊机适用于厚度为 4 mm 以上的低碳钢板、低合金钢板及低合金高强度钢板构件的全位置焊接。焊机由弧焊电源、送丝机构及焊炬等部分组成,其主要技术数据见表 1－41

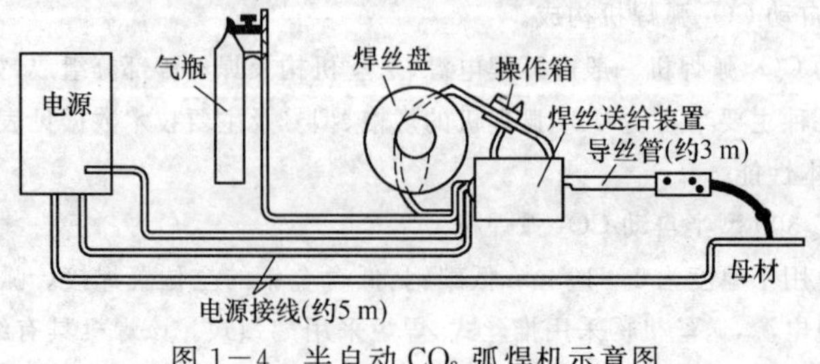

图 1－4　半自动 CO_2 弧焊机示意图

表 1－40　半自动 CO_2 弧焊机技术数据

产品名称		半自动 CO_2 弧焊机						磁场半自动 CO_2 弧焊机
型号		NBC-300	NBC1-300	NBC-400	NBC-400A	NBC1-400	NBC1-500-1	NBC5-500
电源电压	V	380	380	380	380	380	380	220
空载电压	V	16～36	17～30	—	80	22～26	75	—
工作电压	V	—	—	18～42	19～45	15～42	20～40	15～42
磁极激磁电压	V	—	—	—	—	—	—	36
焊接电流调节范围	A	40～300	50～300	100～400	100～500	80～400	100～150	—
额定焊接电流	A	300	300	400	500	400	500	500
额定负载持续率	%	60	70	60	60	60	60	60
额定输入容量	kV·A	11	11	32	32	—	37	—
焊丝直径	mm	1.0,1.2,1.4	0.8～2.0	0.8～2.0	1.2～1.6	1.2～2.0	1.6～2.0	0.8,1.0,1.2,1.4
送丝速度	m/h	960	120～480	120～720	60～120	80～800	120～480	80～800
CO_2 气体消耗量	L/min	20	20	—	—	25	25	—
焊丝盘容量	kg	2.5	—	12	—	18	—	—

表 1－41　NBC-400 型 CO_2 弧焊机技术数据

型号		单位	NBC-400
弧焊电源电压		V	380
空载电压调节范围		V	20～40
额定工作电压		V	40
焊接电流	额定负载持续率为 50%时	A	500
焊接电流	额定负载持续率为 100%时	A	385

续上表

型号		单位	NBG-400
额定输入容量		kV·A	34
额定负载持续率		%	60
焊丝直径		mm	2.4,2.8,3.2
送丝软管长度			3 000
送丝速度		m/h	120～600
焊丝盘可熔焊丝重量		kg	10
焊接电源外形尺寸	长	mm	1 120
	宽		635
	高		930
送丝机构外形尺寸	长		340
	宽		480
	高		580
生产厂			华东电焊机厂

4. 熔嘴电渣焊的施工机械

熔嘴电渣焊的施工机械,见表1－42。

表1－42 熔嘴电渣焊的施工机械

项目	内容
常用的施工机具设备	(1)焊接用机械设备主要有:电动空压机、焊剂烘干机、柴油发电机、翼缘矫正机。 (2)工厂加工检验设备、仪器、工具有:超声波探伤仪、数字温度仪、数字钳形电流表、温湿度仪、焊缝检验尺、磁粉探伤仪、游标卡尺、钢卷尺
熔嘴电渣焊设备选择	熔嘴电渣焊机分多电极式和单电极式两类,常用的单电极式焊机又分成如图1－5所示的各种类型。 表1－43是几种国外常用熔嘴电渣焊机的型号及其规格

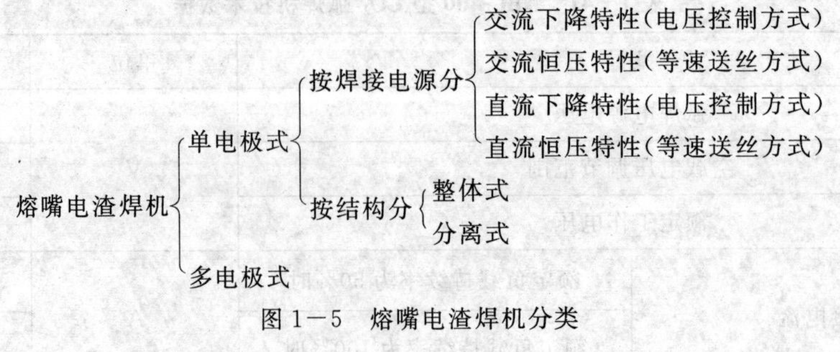

图1－5 熔嘴电渣焊机分类

表 1－43　国外常用熔嘴电渣焊机的型号及其规格

项目＼型号名称	ES-B	SLM-43	SLMS-42	SLM-81KK	SES-B	HR-1 000
适用的板厚(mm)	10～16	12～50	12～50	12～50	20～100	20～100
使用的焊丝直径(mm)	2.4,3.2	2.0,2.4,3.2	2.0,2.4,3.2	2.0,2.4,3.2	2.4	2.4～3.2
使用熔嘴直径(mm)	8,10,12	8,10,12	8,10,12	8,10,12	8,10,12	10,12
焊丝送给电动机动率(W)	50 印刷电路电动机	40 直流并激发电机	100 直流并激发电机	100 它激直流电动机	65 印刷电路电动机	55
焊丝送给速度(m/min)	1.5～8	1～11	1～11	0.4～6 0.8～12 1.6～25	1～6	2～8
焊接电流(A)	200～500	1 000 以下	1 000 以下	100 以下	300～500	1 000 以下
焊接电源	AC,DC	AC	AC(DC)	AC,DC	AC,DC	AC
控制电源	AC,200 V	AC,200 V	AC,100 V	AC,100 V	AC,100 V,200 V 抽头转换	AC,110 V
控制方法	通过发动机－电动机方式的电压控制	电压控制	电压控制	通过磁放大器的电压控制	通过 SCR 的电压控制	电压控制
主体重量	机身 8 kg 安装架 13 kg	20 kg	熔嘴装卸机构 7 kg 主体 53 kg	30 kg	机身 14 kg 控制箱 15 kg	机头 15.5 kg
构成方式	整体式	整体式	分离式	整体式(也可分离)	整体式	整体式

四、施工工艺解析

1. 手工电弧焊的施工工艺

手工电弧焊的施工工艺解析见表 1－44。

表 1－44　手工电弧焊的施工工艺解析

项目	内　容
制定焊接工艺	(1)焊接工艺文件应符合下列要求。 ①施工前应由焊接技术责任人员根据焊接工艺评定结果编制焊接工艺文件，并向有关操作人员进行技术交底，施工中应严格遵守工艺文件的规定。

续上表

项目	内　容
制定焊接工艺	②焊接工艺文件应包括下列内容： a. 焊接方法或焊接方法的组合； b. 母材的牌号、厚度及其他相关尺寸； c. 焊接材料型号、规格； d. 焊接接头形式、坡口形状及尺寸允许偏差； e. 夹具、定位焊、衬垫的要求； f. 焊接电流、焊接电压、焊接速度、焊接层次、清根要求、焊接顺序等焊接工艺参数规定； g. 预热温度及层间温度范围； h. 后热、焊后消除应力处理工艺； i. 检验方法及合格标准； j. 其他必要的规定。 (2)焊接参数的选择。 ①焊条直径的选择，焊条直径主要根据焊件厚度选择，见表1－45。多层焊的第一层以及非水平位置焊接时，焊条直径应选小一点。 ②焊接电流的选择，主要根据焊条直径选择电流，方法有两种。 a. 查表，见表1－46。 b. 有近似的经验公式可供估算： $I=(30\sim55)\phi$ 式中　ϕ——焊条直径(mm)； I——焊接电流(A)。 注：焊角焊缝时，电流要稍大些。打底焊时，特别是焊接不是单面焊双面成形焊道时，使用的焊接电流要小；填充焊时，通常用较大的焊接电流；盖面焊时，为防止咬边和获得较美观的焊缝，使用的电流要稍小些。 碱性焊条选用的焊接电流比酸性焊条小10%左右。不锈钢焊条比碳钢焊条选用电流小20%左右。 焊接电流初步选定后，要通过试焊调整。 ③电弧电压主要取决于弧长。电弧长，则电压高；反之则低。在焊接过程中，一般希望弧长始终保持一致，并且尽量使用短弧焊接。所谓短弧是指弧长为焊条直径的0.5～1.0倍。 (3)焊接工艺参数的选择，应在保证焊接质量条件下，采用大直径焊条和大电流焊接，以提高劳动生产率。 (4)坡口底层焊道宜采用不大于4.0 mm的焊条，底层根部焊道的最小尺寸应适宜，以防产生裂纹。 (5)在承受动载荷情况下，焊接接头的焊缝余高 c 应趋于零，在其他工作条件下，c 值可在0～3 mm范围内选取。 (6)焊缝在焊接接头每边的覆盖宽度一般为2～4 mm

续上表

项目	内　　容
反变形、焊接收缩量确定	(1)控制焊接变形,可采取反变形措施,其反变形参考见表1－47。 (2)对反变形的构件,应事先在胎具上进行压制,通过试验检验其变形量正确与否,成功后再大批制作。 (3)焊接后在焊缝处发生冷却收缩,其值可参考表1－48
检查构件	(1)对构件外形尺寸、坡口角度、组装外形进行检查,符合后进行定位焊。 (2)定位焊必须由持相应合格证的焊工施焊,所用焊接材料应与正式施焊相当。定位焊焊缝应与最终焊缝有相同的质量要求。钢衬垫的定位焊宜在接头坡口内焊接,定位焊焊缝厚度不宜超过设计焊缝厚度的2/3,定位焊焊缝长度宜大于40 mm,间距500～600 mm,并应填满弧坑。定位焊预热温度应高于正式施焊预热温度。当定位焊焊缝上有气孔或裂纹时,必须清除后重焊。 (3)对于非密闭的隐蔽部位,应按施工图的要求进行涂层处理后,方可进行组装;对刨平顶紧的部位,必须经质量部门检验合格后才能施焊。 (4)施焊前,焊工应检查焊接部位的组装和表面清理的质量,如不符合要求,应修磨补焊合格后方能施焊。坡口组装间隙超过允许偏差规定时,可在坡口单侧或两侧堆焊、修磨使其符合要求,但当坡口组装间隙超过较薄板厚度2倍或大于20 mm时,不应用堆焊方法增加构件长度和减少组装间隙。 (5)焊条在使用前应按产品说明书规定的烘焙时间和烘焙温度进行烘焙。低氢型焊条烘干后必须存放在保温箱(筒)内,随用随取。焊条由保温箱取出后放置时间超过4 h时,应重新烘干再用,但焊条烘干次数不宜超过2次
预热处理	(1)除电渣焊、气电立焊外,Ⅰ、Ⅱ类钢材匹配相应强度级别的低氢型焊接材料并采用中等热输入进行焊接时,板厚与最低预热温度要求见表1－49。 (2)实际工程结构施焊时的预热温度,还应满足下列规定: ①根据焊接接头的坡口形式和实际尺寸、板厚及构件拘束条件确定预热温度。焊接坡口角度及间隙增大时,应相应提高预热温度。 ②根据熔敷金属的扩散氢含量确定预热温度。扩散氢含量高时应适当提高预热温度。当其他条件不变时,使用超低氢型焊条打底预热温度可降低25℃～50℃。 ③根据焊接时热输入的大小确定预热温度。当其他条件不变时,热输入增大5 kJ/cm,预热温度可降低25℃～50℃。 ④根据接头热传导条件选择预热温度。在其他条件不变时,T形接头应比对接接头的预热温度高25℃～50℃。但T形接头两侧角焊缝同时施焊时应按对接接头确定预热温度。 ⑤根据施焊环境温度确定预热温度。操作地点环境温度低于常温时(高于0℃),应提高预热温度15℃～25℃。 (3)预热方法及层间温度控制方法应符合下列规定。 ①焊前预热及层间温度的保持宜采用电加热器、火焰加热器等加热,并采用专用的测温仪器测量。

续上表

项目	内 容
预热处理	②预热的加热区域应在焊接坡口两侧，宽度应各为焊件施焊处厚度的 1.5 倍以上，且不小于 100 mm；预热温度宜在焊件反面测量，测温点范围应在离电弧经过前的焊接点各方向不小于 75 mm 处；当用火焰加热器预热时正面测温应在加热停止后进行
安装引弧板、引出板和垫板	(1)T 形接头、十字接头、角接接头和对接接头主焊缝两端，必须配置引弧和引出板，其材质应和被焊接母材相同，坡口形式应与被焊焊缝相同，禁止使用其他材质的材料充当引弧板和引出板； (2)手工电弧焊引出长度应大于 25 mm。其引弧板和引出板宽度应大于 50 mm，长度宜为板厚的 1.5 倍且不小于 30 mm，厚度应不小于 6 mm
按工艺文件要求调整焊接工艺参数	手工电弧焊工艺参数见表 1－50
焊接	(1)在约束焊道上施焊，应连续进行；如因故中断，再焊时应对已焊的焊缝局部做预热处理。 (2)不应在焊缝以外的母材上打火、引弧。 (3)采用多层焊时，应将前一道焊缝表面清理干净后再继续施焊。 (4)焊接完成后，应用火焰切割去除引弧板和引出板，并修磨平整。不得用锤击落引弧板和引出板。焊接时不得使用药皮脱落或焊芯生锈的焊条。 (5)焊接完毕，焊工应清理焊缝表面的熔渣及两侧的飞溅物，检查焊缝外观质量。检查合格后应在工艺规定的焊缝及部位打上焊工钢印。 (6)因焊接而变形的构件，可用机械(冷矫)的方法进行矫正，并应符合以下规定。 ①碳素结构钢在环境温度低于－16℃，低合金结构钢在环境温度低于－12℃时，不应进行冷矫正和冷弯曲。碳素结构钢和低合金结构钢在加热矫正时，加热温度不应超过 900℃。低合金结构钢在加热后应自然冷却。 ②当零件采用热加工成型时，加热温度应控制在 900℃～1 000℃；碳素结构钢和低合金结构钢在温度下降到 700℃和 800℃之前，应结束加工；低合金结构钢应自然冷却。 (7)当要求进行焊后消氢处理时，应符合下列规定： ①消氢处理的加热温度应为 200℃～250℃，保温时间应依据工件板厚按每 25 mm 板厚不小于 0.5 h、且总保温时间不得小于 1 h 确定。 ②达到保温时间且应缓冷到常温。 ③焊接后自我进行焊缝检查，要求没有焊接缺陷后送专职检验

续上表

项目	内　　容
交验	进行无损探伤检查。 (1)下列情况之一应进行表面检测： ①外观检查发现裂纹时，应对该批中同类焊缝进行100%的表面检测； ②外观检查怀疑有裂纹时，应对怀疑的部位进行表面探伤； ③设计图纸规定进行表面探伤时； ④检查员认为有必要时。 (2)磁粉探伤应符合现行国家标准《无损检测 焊缝磁粉检测》(JB/T 6061)的规定，渗透探伤应符合现行国家标准《无损检测 焊缝渗透检测》(JB/T 6062)的规定。 (3)所有焊缝应冷却到环境温度后进行外观检查，Ⅱ、Ⅲ类钢材的焊缝应以焊接完成24 h后检查结果作为验收依据，Ⅳ类钢应以焊接完成48 h后的检查结果作为验收依据。 (4)抽样检查的焊缝数如不合格率小于2%时，该批验收应定为合格；不合格率大于5%时，该批验收应定为不合格；不合格率为2%～5%时，应加倍抽检，且必须在原不合格部位两侧的焊缝延长线各增加一处，如在所有抽检中不合格率不大于3%时，该批验收应定为合格，大于3%时，该批验收应定为不合格。当批量验收不合格时，应对该批余下焊缝全数进行检查。当检查出一处裂纹缺陷时，应加倍抽查，如在加倍抽检焊缝中未检查出其他裂纹缺陷时，该批验收应定为合格，当检查出多处裂纹缺陷或加倍抽查又发现裂纹缺陷时，应对该批余下焊缝的全数进行检查。 (5)无损检测。 无损检测应在外观检查合格后进行。设计要求全焊透的焊缝，其内部缺陷的检验应符合下列要求： ①一级焊缝应进行100%检验，其合格等级应为现行国家标准《钢焊缝手工超声波探伤方法和探伤结果分级》(GB/T 11345—1989) B级检验的Ⅱ级及Ⅱ级以上； ②二级焊缝应进行抽检，抽检比例应不小于20%，其合格等级为现行国家标准《钢焊缝手工超声波探伤方法和探伤结果分级》(GB/T 11345—1989) B级检验的Ⅲ级及Ⅲ级以上； ③全焊透的三级焊缝可不进行无损检测。 (6)局部探伤的焊缝，有不允许的缺陷时，应在缺陷两端的延伸部位增加探伤长度，增加长度不应小于焊缝长度的10%，且不应小于200 mm；当仍有不允许的缺陷时，应对该焊缝进行100%的探伤检查。 (7)验收合格后才能进行包装。包装应保护构件不受损伤，零件不变形，不损坏，不散失
成品保护	(1)焊接成形的成品应当自然冷却。 (2)涂装后的成品应当禁止撞击和摩擦

续上表

项目	内　容
应注意的质量问题	(1)应严格控制焊接材料、母材和焊接工艺的质量。 (2)防止层间撕裂： ①在T形、十字形及角接接头中，当翼缘板厚度等于、大于20 mm时，为防止翼缘板产生层状撕裂，宜采取下列节点构造设计： a. 采用较小的焊接坡口角度及间隙，如图1－6(a)所示，并满足焊透深度要求； b. 在角接接头中，采用对称坡口或偏向于侧板的坡口，如图1－6(b)所示； c. 采用对称坡口，如图1－6(c)所示； d. 在T形或角接接头中，板厚方向承受焊接拉应力的板材端头伸出接头焊缝区，如图1－6(d)所示； e. 在T形、十字形接头中，采用过渡段，以对接接头取代T形、十字形接头，如图1－6(e)、(f)所示。 ②使用涂层和垫层。 采用软金属丝(一般为低强度的焊条)做垫层，使收缩变形发生在焊缝中，而避免在母材中产生应力集中。或在节点焊缝处涂焊一层低强度延性焊接金属，让焊缝收缩变形发生在涂焊金属中，如图1－7所示。 ③Ⅱ类及Ⅱ类以上钢材箱形柱角接接头当板厚大于、等于80 mm时，板边火焰切割面宜用机械方法去除淬硬层，如图1－8所示。 a. 采用低氢型、超低氢型焊条或气体保护电弧焊施焊。 b. 提高预热温度施焊。 ④采用低强焊条在坡口内母材板面上先堆焊塑性过渡层，如图1－9所示。 ⑤当焊缝金属冷却时，锤击焊缝区。锤击时温度应维持在100℃～150℃之间或在400℃以上，避免在200℃～300℃之间进行；多层焊时，除第一层和最后一层焊缝外，每层都要锤击，如图1－10所示。 ⑥确保焊材及母材质量要求，选用Z向延性性能好的钢材

表1－45　焊条直径选择

焊件厚度(mm)	<2	2	3	4～6	6～12	>12
焊条直径(mm)	1.6	2	3.2	3.2～4	4～5	4～6

表1－46　焊接电流选择

焊条直径(mm)	1.6	2.0	3.2	4.0	5.0	5.8
焊接电流(A)	25～40	40～60	100～130	160～210	200～270	260～300

表 1－47　焊接反变形参考数值

板厚 t (mm)	F(mm) / $(\alpha+2)/2$ 反变形角度（平均值）	B(mm)											
		150	200	250	300	350	400	450	500	550	600	650	700
12	1°30′40″	2	2.5	3	4	4.5	5	—	—	—	—	—	—
14	1°22′40″	2	2.5	3	3.5	4	5	5.5	—	—	—	—	—
16	1°4′	1.5	2	2.5	3	3.5	4	4.5	5	5	—	—	—
20	1°	1	2	2	2.5	3	3.5	4	4.5	4.5	5	5	—
25	55′	1	1.5	2	2.5	3	3	3.5	4	4	4.5	5	5
28	34′20″	1	1	1	1.5	2	2	2	2.5	2.5	3	3.5	3.5
30	27′20″	0.5	1	1	1	1.5	1.5	2	2	2	2.5	2.5	3
36	17′20″	0.5	0.5	0.5	1	1	1	1	1.5	1.5	1.5	1.5	2
40	11′20″	0.5	0.5	0.5	0.5	0.5	0.5	0.5	1	1	1	1	1

表 1－48　焊接收缩量

结构类型	焊件特征和板厚	焊缝收缩量(mm)
钢板对接	各种板厚	长度方向每米焊缝 0.7； 宽度方向每个接口 1.0

续上表

结构类型	焊件特征和板厚	焊缝收缩量(mm)
实腹结构及焊接H型钢	断面高小于1 000 mm且板厚D小于25 mm	四条纵焊缝每米共缩0.6,焊透梁高收缩1.0;每对加劲焊缝,梁的长度收缩0.3
	断面高小于1 000 mm且板厚D大于25 mm	四条纵焊缝每米共缩1.4,焊透梁高收缩1.0;每对加劲焊缝,梁的长度收缩0.7
	断面高大于1 000 mm的各种板厚	四条纵焊缝每米共缩0.2,焊透梁高收缩1.0;每对加劲焊缝,梁的长度收缩0.5
格构式结构	屋架、托架、支架等轻型桁架	接头焊缝每个接口为1.0;搭接贴角焊缝每米0.5
	实腹柱及重型桁架	搭接贴角焊缝每米0.25
圆筒形结构	板厚D小于等于16 mm	直焊缝每个接口周长收缩1.0;环焊缝每个接口周长收缩1.0
	板厚D大于16 mm	直焊缝每个接口周长收缩2.0;环焊缝每个接口周长收缩2.0

表1－49 常用结构钢材最低预热温度要求

钢材牌号	接头最厚部件的板厚 t(mm)				
	$t<25$	$25\leqslant t\leqslant 40$	$40<t\leqslant 60$	$60<t\leqslant 80$	$t>80$
Q235	—	—	60℃	80℃	100℃
Q295、Q345	—	60℃	80℃	100℃	140℃

注:本表适用条件:

1. 接头形式为坡口对接,根部焊道,一般拘束度。
2. 热输入为15～25 kJ/cm。
3. 采用低氢型焊条,熔敷金属扩散氢含量(甘油法):E4315、E4316不大于8 mL/100 g;E5015、E5016、E5515、E5516不大于6 mL/100 g;E6015、E6016不大于4 mL/100 g。
4. 一般拘束度,指一般角焊缝和坡口焊缝的接头未施加限制收缩变形的刚性固定,也未处于结构最终封闭安装或局部返修焊接条件下而具有一定自由度。
5. 环境温度为常温。
6. 焊接接头板厚不同时,应按厚板确定预热温度;焊接接头材质不同时,按高强度、高碳当量的钢材确定预热温度。

表1－50　手工电弧焊工艺参数示例

焊缝空间位置	焊缝断面示图	焊件厚度或焊角尺寸(mm)	第一层焊缝		以后各层焊缝		封底焊缝	
			焊条直径(mm)	焊接电流(A)	焊条直径(mm)	焊接电流(A)	焊条直径(mm)	焊接电流(A)
平对接焊缝		2	2	55～60	—	—	2	55～60
		2.5～3.5	3.2	90～120	—	—	3.2	90～120
		4.0～5.0	3.2	100～130	—	—	3.2	100～130
			4	160～200	—	—	4	160～210
			5	200～260	—	—	5	200～250
		5.6～6.0	4	160～210	—	—	3.2	100～130
			5	200～260	—	—	4	180～210
		＞6.0	4	160～210	4	160～210	4	180～210
					5	220～280	5	220～260
		＞12	4	160～210	4	160～210	—	—
					5	220～280	—	—
立对接焊缝		2	2	50～55	—	—	2	50～55
		2.5～4.0	3.2	80～110	—	—	3.2	80～110
		5.0～6.0	3.2	90～120	—	—	3.2	90～120
		7.0～10	3.2	90～120	4	120～160	3.2	90～120
			4	120～160				
		≥11	3.2	90～120	4	120～160	3.2	90～120
			4	120～160	5	160～200		
		12～18	3.2	90～120	4	120～160	—	—
			4	120～160				
		≥19	3.2	90～120	4	120～160	—	—
			4	120～160	5	160～200	—	—
横对接焊缝		2	2	50～55	—	—	2	50～55
		2.5	3.2	80～110	—	—	3.2	80～110
		3.0～4.0	3.2	90～120	—	—	3.2	90～120
			4	120～160	—	—	4	120～160

续上表

焊缝空间位置	焊缝断面示图	焊件厚度或焊角尺寸（mm）	第一层焊缝		以后各层焊缝		封底焊缝	
			焊条直径（mm）	焊接电流（A）	焊条直径（mm）	焊接电流（A）	焊条直径（mm）	焊接电流（A）
横对接焊缝		5.0～8.0	3.2	90～120	3.2	90～120	3.2	90～120
					4	140～160	4	120～160
		＞9.0	3.2	90～120	4	140～160	3.2	120～160
			4	140～160			4	120～160
		14～18	3.2	90～120	4	140～160	—	—
			4	140～160				
		＞19	4	140～160	4	140～160	—	—
仰对接焊缝		2	—	—	—	—	2	50～65
		2.5					3.2	80～110
		3.0～5.0	—	—	—	—	3.2	90～110
							4	120～160
		5.0～8.0	3.2	90～120	3.2	90～120	—	—
					4	140～160		
		＞9.0	3.2	90～120	4	140～160	—	—
			4	140～160				
		12～18	3.2	90～120	4	140～160	—	—
			4	140～160				
		＞19	4	140～160	4	140～160	—	—
平角接焊接	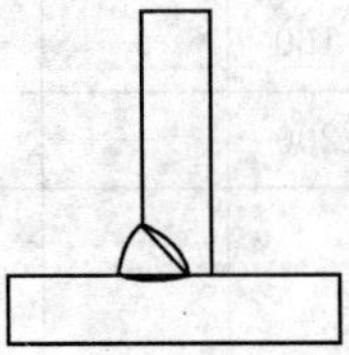	2	2	55～65	—	—	—	—
		3	3.2	100～120	—	—	—	—
		4	3.2	100～120	—	—	—	—
			4	160～200				
		5.0～6.0	4	160～200	—	—	—	—
			5	220～280				
		＞7.0	4	160～200	5	220～280	—	—
			5	220～280				
	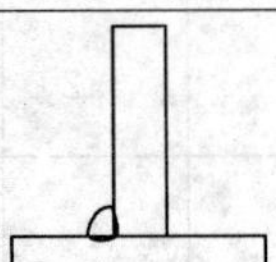	—	4	160～200	4	160～200	4	160～200
					5	220～280		

续上表

焊缝空间位置	焊缝断面示图	焊件厚度或焊角尺寸(mm)	第一层焊缝		以后各层焊缝		封底焊缝	
			焊条直径(mm)	焊接电流(A)	焊条直径(mm)	焊接电流(A)	焊条直径(mm)	焊接电流(A)
立角接焊接		2	2	50～60	—	—	—	—
		3.0～4.0	3.2	90～120	—	—	—	—
		5.0～8.0	3.2	90～120	—	—	—	—
			4	120～160				
		9.0～120	3.2	90～120	4	120～160	—	—
			4	120～160			—	—
		—	3.2	90～120	4	120～160	3.2	90～120
		—	4	120～160	—	—	—	—
仰角接焊接		2	2	50～60	—	—	—	—
		3.0～4.0	3.2	90～120	—	—	—	—
		5.0～6.0	4	120～160	—	—	—	—
		＞7.0	4	120～160	—	—	—	—
		—	3.2	90～120	4	140～160	3.2	90～120
		—	4	140～160	4	140～160	4	140～160

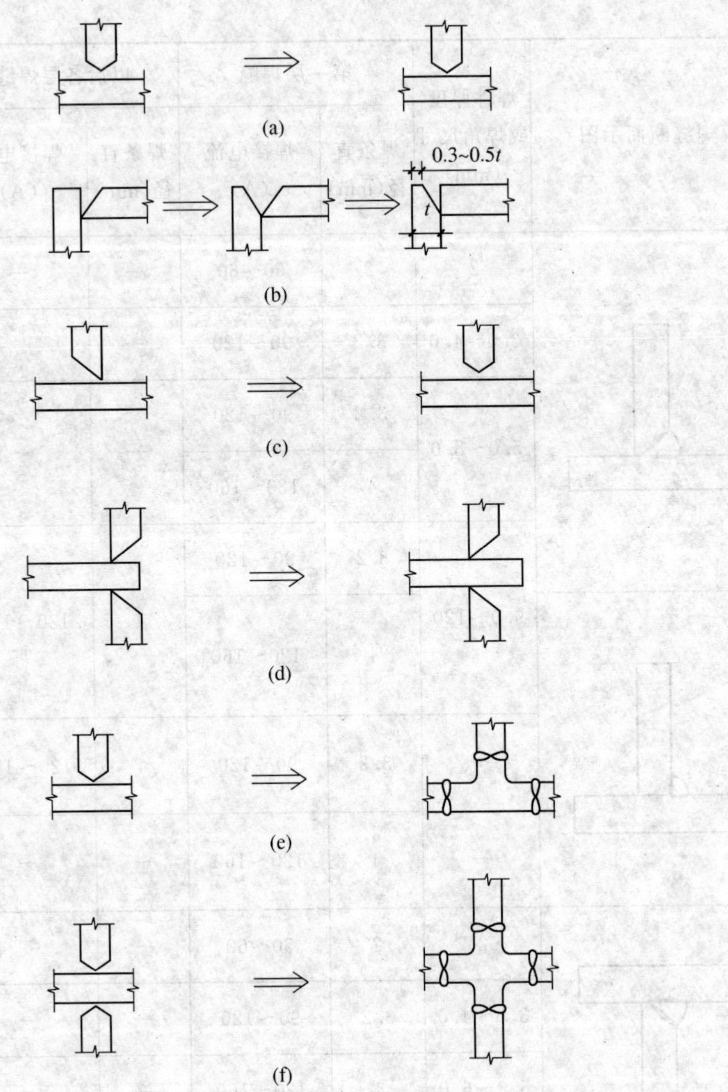

图 1－6　T 形、十字形、角接接头防止层状撕裂的结构形式

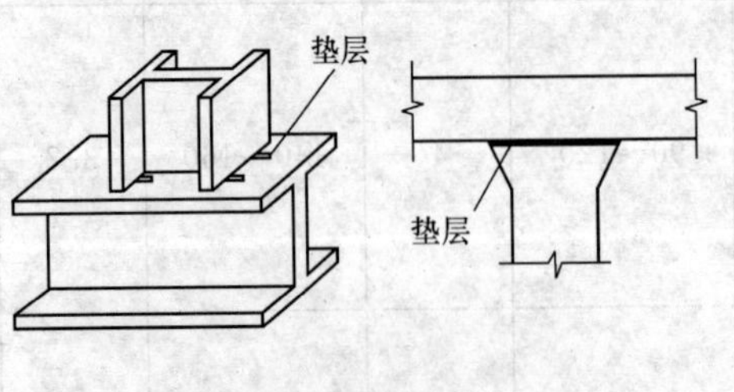

图 1－7　垫层和涂层

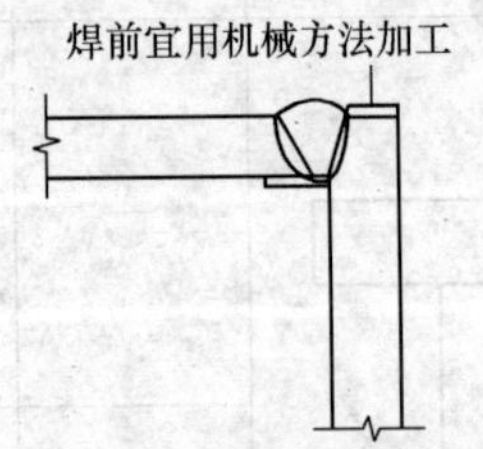

图 1－8　特厚板角接接头防止层状撕裂的工艺措施

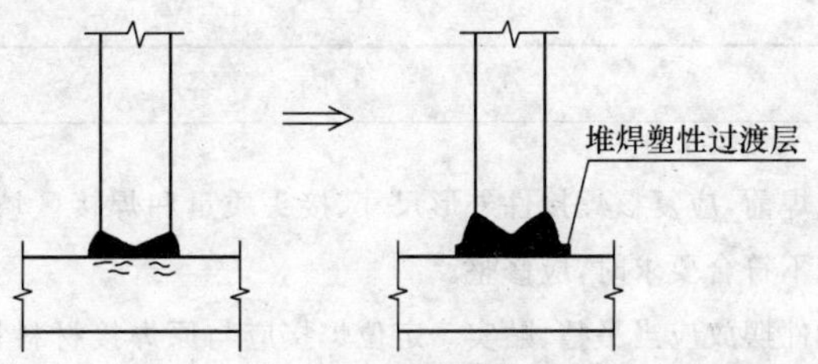

图 1－9　防止板材层状撕裂的焊接工艺措施

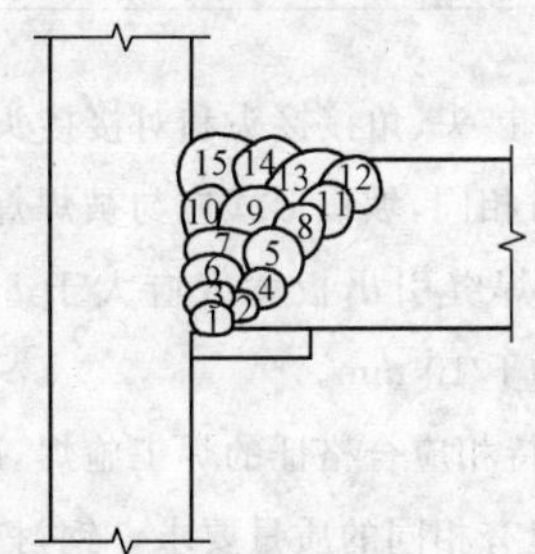

图 1－10　锤击焊缝区顺序

注：锤击焊道 2、6、7、9、10

2. 埋弧自动焊的施工工艺

埋弧自动焊的施工工艺解析见表 1－51。

表 1－51　埋弧自动焊焊接施工

项目		内　容
制定焊接工艺	焊接电流的选择	埋弧焊熔池深度决定于焊接电流。有近似的经验公式可供估算： $h=KI$ 式中　h——熔深(mm)； I——焊接电流(A)； K——系数，决定于电流种类、极性和焊丝直径等，一般取 0.01(直流正接)或 0.011(直流反接、交流)
	埋弧自动焊工艺参数	(1)焊丝直径，见表 1－52。 (2)电弧电压要与焊接电压匹配，见表 1－53。 (3)不开坡口留间隙双面焊工艺参数，见表 1－54
反变形、收缩量确定		(1)施焊前，焊工应检查焊接部位的组装和表面清理的质量，如不符合要求，应修磨补焊合格后方能施焊。坡口允许间隙超过允许偏差时，可在坡口单侧或两侧堆焊、修磨使其符合要求，但当坡口组装间隙超过较薄板厚度的 2 倍或大于 20 mm 时，不应用堆焊方法解决。 (2)控制焊接变形，可采取反变形措施，其反变形参考见表 1－47。 (3)焊接收缩量见表 1－48

续上表

项目	内　容
检查构件	(1)施焊前,应复核焊接件外形尺寸、接头质量和焊接区域的坡口、间隙、钝边等的情况,发现不符合要求时,应修整。 (2)构件摆放应当平整、贴实。定位焊接应与原焊接材料相同,并由焊接工按工艺要求操作
加装引弧板、引出板及垫板	(1)T形接头、十字接头、角接接头和对接接头主焊缝两端,必须配置引弧板、引出板,其材质应和被焊母材相同,坡口形式应与被焊焊缝相同,禁止其他材料充当。 (2)非手工电弧焊焊缝引出板宽度应大于80 mm,长度宜为板厚的2倍且不小于100 mm,厚度应不小于10 mm。 (3)定位焊必须由持相应合格证的焊工施焊,所用焊接材料应与正式施焊相当。定位焊焊缝应与最终焊缝有相同的质量要求。钢衬垫的定位焊宜在接头坡口内焊接,定位焊焊缝厚度不宜超过设计焊缝厚度的2/3,定位焊缝长度宜大于40 mm,间距500～600 mm,并应填满弧坑。定位焊预热温度应高于正式施焊预热温度。当定位焊焊缝上有气孔或裂纹时,必须清除重焊
调整工艺参数	(1)对接接头埋弧焊参数见表1－55。 (2)厚壁多层埋弧焊工艺参数见表1－56。 (3)搭接接头自动埋弧焊工艺参数见表1－57。 (4)T形接头单道埋弧自动焊焊接参数见表1－58。 (5)船形位置T形接头的单道埋弧自动焊焊接参数见表1－59。 (6)焊接前应按工艺文件的要求调整焊接电流、电弧电压、焊接速度、送丝速度等参数,合格后方可正式施焊
按工艺文件要求进行焊前预热	(1)板厚与最低预热温度要求见表1－60。实际操作时,尚应符合下列规定。 ①根据焊接接头的坡口形式和实际尺寸、板厚及构件约束条件确定预热温度。焊接坡口角度及间隙增大时,应相应提高预热温度。 ②根据接头热传导条件选择预热温度。在其他条件不变时,T形接头应比对接接头的预热温度高25℃～50℃。但T形接头两侧角焊缝同时施焊时应按对接接头确定预热温度。 ③根据施焊环境温度确定预热温度。操作地点环境温度低于常温(高于0℃),应提高预热温度15℃～25℃。 (2)对于非密闭的隐蔽部位,应按施工图的要求进行涂层处理后方可进行组装;对刨平顶紧的部位,必须经质量部门检验合格后才能施焊

续上表

项目	内　容
焊接	(1)不应在焊缝以外的母材上打火引弧。 (2)厚度 12 mm 以下板材,可不开坡口,采用双面焊,正面焊电流稍大,熔深达 65%～70%,反面达 40%～55%。厚度大于 12～20 mm 的板材,单面焊后,背面清根,再进行焊接。厚度较大板,开坡口焊,一般采用手工打底焊。 (3)在组装好的构件上施焊,应严格按焊接工艺规定的参数以及焊接顺序进行,以控制焊后构件变形。 (4)在约束焊道上施焊,应连续进行;如因故中断,再焊时应对已焊的焊缝局部做预热处理。 (5)采用多层焊时,应将前一道焊缝表面清理干净后再继续施焊。 (6)T 形接头、十字接头、角接接头和对接接头主焊缝两端,必须配置引弧板、引出板,其材质应和被焊母材相同,坡口形式应与被焊焊缝相同,禁止其他材料充当。 (7)非手工电弧焊焊缝引出板宽度应大于 80 mm,长度宜为板厚的 2 倍且不小于 100 mm,厚度应不小于 10 mm。 (8)填充层总厚度低于母材表面 1～2 mm,稍凹,不得熔化坡口边。 (9)盖面层使焊缝对坡口熔宽每边(3±1)mm,调整焊速,使余高为 0～3 mm。 (10)焊接完成后,应用火焰切割引弧板和引出板,不得锤击
交验	埋弧自动焊焊接施工交验见表 1－44
矫正、清理、涂装	(1)因焊接而变形的构件,可用机械(冷矫)或在严格控制温度条件下加热(热矫)的方法进行矫正。 (2)碳素结构钢在环境温度低于－16℃,低合金结构钢在环境温度低于－12℃时,不应进行冷矫正和冷弯曲。碳素结构钢和低合金结构钢在加热矫正时,加热温度不应超过900℃。低合金结构钢在加热后应自然冷却。 (3)当零件采用热加工成型时,加热温度应控制在 900℃～1 000℃;碳素结构钢和低合金结构钢在温度下降到 700℃和 800℃之前,应结束加工;低合金结构钢应自然冷却。 (4)编号、现场清理
成品保护	埋弧自动焊焊接施工成品保护见表 1－44

表 1－52　不同直径焊丝适用的焊接电流范围表

焊丝直径(mm)	2	3	4	5	6
电流密度(A/mm^2)	63～125	50～85	40～63	35～50	28～42
焊接电流(A)	200～400	350～600	500～800	700～1 000	820～1 200

表 1－53 电弧电压与焊接电流的配合表

焊接电流(A)	600～700	700～850	850～1 000	1 000～1 200
电弧电压(V)	36～38	38～40	40～42	42～44

表 1－54 不开坡口留间隙双面埋弧自动焊工艺参数

焊件厚度(mm)	装配间隙(mm)	焊接电源(A)	焊接电压(V)		焊接速度(m/h)
			交流	直流反接	
10～12	2～3	750～800	34～36	32～34	32
14～16	3～4	775～825	34～36	32～34	30
18～20	4～5	800～850	36～40	34～36	25
22～24	4～5	850～900	38～42	36～38	23
26～28	5～6	900～950	38～42	36～38	20
30～32	6～7	950～1 000	40～44	38～40	16

注：焊剂 431，焊丝直径 5 mm。两面采用同一工艺参数，第一次在焊剂垫上施焊。

表 1－55 对接接头埋弧自动焊参数表

板厚(mm)	焊丝直径(mm)	接头形式	焊接顺序	焊接参数		
				焊接电流(A)	电弧电压(V)	焊接速度(m/min)
8	4	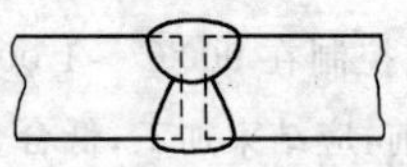	正 反	440～480 480～530	30 31	0.50
10	4	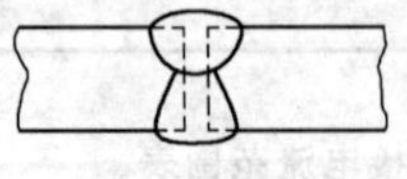	正 反	530～570 590～640	31 33	0.63
12	4	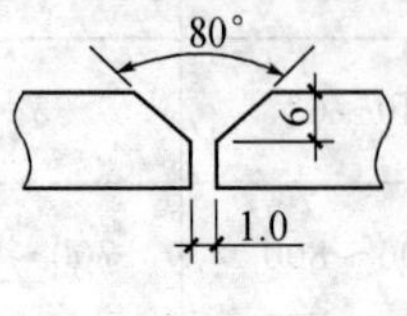 80° 6 1.0	正 反	620～660 680～720	35	0.42 0.41

续上表

板厚(mm)	焊丝直径(mm)	接头形式	焊接顺序	焊接参数		
				焊接电流(A)	电弧电压(V)	焊接速度(m/min)
14	5		正 反	830～850 600～620	36～38 35～38	0.42 0.75
16	4 5		正 反 正 反	530～570 590～640 620～660 680～720	31 33 35	0.63 0.42 0.41
18	5		正 反	850 800	36～38	0.42 0.50
20	4 5 6		正 反 正 反 正 反	780～820 700～750 925 850	29～32 36～38 36 38	0.33 0.46 0.45
22	6		正 反	1000 900～950	38～40 37～39	0.40 0.62
24	4 5		正 反 正 反	700～720 700～750 800 900	36～38 34 38	0.33 0.3 0.27

续上表

板厚(mm)	焊丝直径(mm)	接头形式	焊接顺序	焊接参数		
				焊接电流(A)	电弧电压(V)	焊接速度(m/min)
28	4	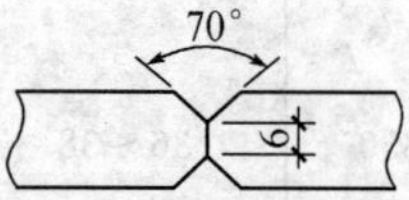 70° 6	正 反	825	30～32	0.27
30	4 6	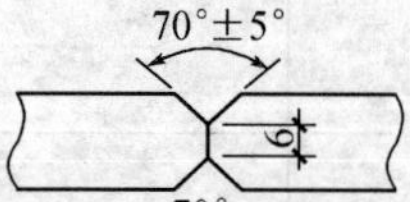 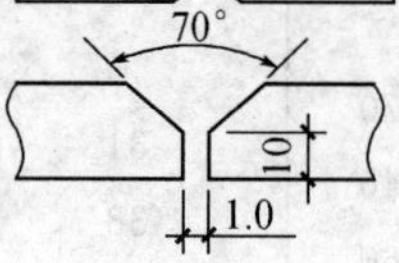 70°±5° 6 70° 10 1.0	正 反 正 反	750～800 800～850 800 850～900	36～38 36	0.30 0.25

表 1-56　厚壁多层埋弧焊工艺参数

接头形式	焊丝直径(mm)	焊接电流(A)	电弧电压(V)		焊接速度(m/min)
			交流	直流	
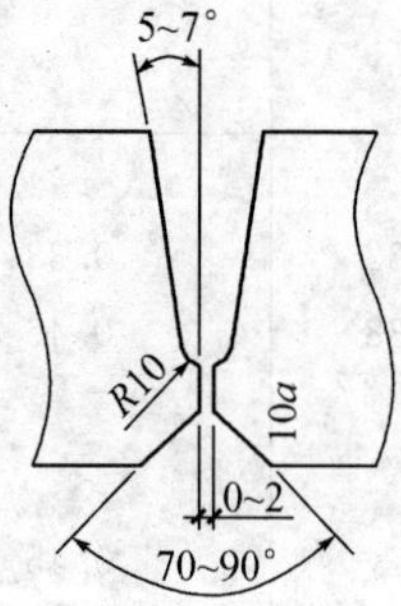 5~7° R10 10a 0~2 70~90°	4	600～710	36～38	34～36	0.4～0.5
	5	700～800	38～42	36～40	0.45～0.55

表 1-57　搭接接头自动埋弧焊工艺参数

板厚(mm)	焊脚(mm)	焊丝直径(mm)	焊接参数			a(mm)	α(°)	简图
			焊接电流(A)	电弧电压(V)	焊接速度(m/min)			
6		4	530	32～34	0.75	0	55～60	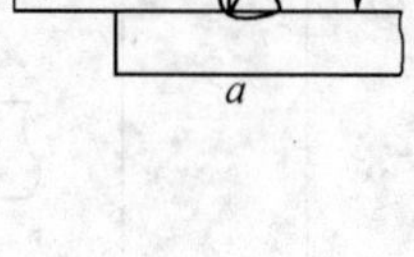 δ α a
8	7	4	650	32～34	0.75	1.5～2.0	55～60	
10	7	4	600	32～34	0.75	1.5～2.0	55～60	
12	6	5	780	32～35	1	1.5～2.0	55～60	

表 1－58　T 形接头单道埋弧自动焊焊接参数

焊脚(mm)	焊丝直径(mm)	焊接电流(A)	电弧电压(V)	焊接速度(m/min)	送丝速度(m/min)	a(mm)	B(mm)	α(°)	简图
6	4～5	600～650	30～32	0.7	0.67～0.77	2.0～2.5	≤1.0	60	
8	4～5	650～770	30～32	0.42	0.67～0.83	2.0～3.0	1.5～2.0	60	

表 1－59　船形位置 T 形接头的单道埋弧自动焊焊接参数

焊脚(mm)	焊丝直径(mm)	焊接电流(A)	电弧电压(V)	焊接速度(m/min)	送丝速度(m/min)
6	5	600～700	34～36	—	0.77～0.83
8	4	675～700	34～36	0.33	1.83
	5	700～750	34～36	0.42	0.83～0.92
10	4	725～750	34～36	0.27	2.0
	5	750～800	34～36	0.3	0.9～1

表 1－60　板厚与最低预热温度

钢材牌号	接头最厚部位的板厚 t(mm)				
	$t<25$	$25\leqslant t\leqslant 40$	$40<t\leqslant 60$	$60<t\leqslant 80$	<80
Q235	—	—	60℃	80℃	100℃
Q295、Q345	—	60℃	80℃	100℃	140℃

3. CO_2 气体保护焊的施工工艺

CO_2 气体保护焊的施工工艺解析见表 1－61。

表 1－61　CO_2 气体保护焊施工

项目	内　容
制定焊接工艺	根据构件尺寸、坡口、焊接环境、焊接要求制定焊接工艺
检查构件	(1)检查构件外形及坡口尺寸并要求合格。 (2)施焊前，焊工应复核焊接件的接头质量和焊接区域的坡口、间隙、钝边等的处理情况。当发现不符合要求时，应修整合格后方可施焊。焊接连接组装允许偏差值见表 1－62。

续上表

项目	内容
检查构件	(3)施焊前,焊工应检查焊接部位的组装和表面清理的质量,如不符合要求,应修磨补焊合格后方能施焊。坡口允许间隙超过允许偏差时,可在坡口单侧或两侧堆焊、修磨使其符合要求,但当坡口组装间隙超过较薄板厚度的 2 倍或大于 20 mm 时,不应用堆焊方法解决。 (4)定位焊必须由持相应合格证的焊工施焊,所用焊接材料应与正式施焊相当。定位焊焊缝应与最终焊缝有相同的质量要求。钢衬垫的定位焊宜在接头坡口内焊接,定位焊焊缝厚度不宜超过设计焊缝厚度的 2/3,定位焊缝长度宜大于 40 mm,间距 500～600 mm,并应填满弧坑。定位焊预热温度应高于正式施焊预热温度。当定位焊焊缝上有气孔或裂纹时,必须清除后重焊
加装引弧板、引出板及垫板	(1)T 形接头、十字接头、角接接头和对接接头主焊缝两端,必须配置引弧板、引出板,其材质应和被焊母材相同,坡口形式应与被焊焊缝相同,禁止其他材料充当。 (2)气体保护电弧焊焊缝引出长度应大于 25 mm。其引弧板和引出板宽度应大于 50 mm,长度宜为板厚的 1.5 倍且不小于 30 mm,厚度应不小于 6 mm
调整焊接工艺参数	(1)焊前应对焊丝仔细清理,去除铁锈和油污等杂质。 (2)焊丝直径的选择,根据板厚的不同选择不同的直径,为减少杂质含量,尽量选择直径较大的焊丝,见表 1－63。 (3)常用焊接电流和电弧电压的范围见表 1－64。 (4)典型的短路过渡焊接工艺参数,见表 1－65。 (5)不同直径焊丝细颗粒过渡的电流下限值及电弧电压范围见表 1－66。 (6)ϕ1.6 焊丝 CO_2 半自动焊常用工艺参数见表 1－67。 (7)在组装好的构件上施焊,应严格按焊接工艺规定的参数以及焊接顺序进行,以控制焊后构件变形,见表 1－68。 (8)CO_2 焊 T 形接头贴角焊焊件的焊接工艺参数见表 1－69
焊接	(1)对于非密闭的隐蔽部位,应按施工图的要求进行涂层处理后方可进行组装;对刨平顶紧的部位,必须经质量部门检验合格后才能施焊。 (2)CO_2 气体保护焊必须采用直流反接。 (3)打底焊层高度不超过 4 mm,填充焊时焊枪横向摆动,使焊道表面下凹,且高度低于母材表面 1.5～2 mm;盖面焊时焊接熔池边缘应超过坡口棱边 0.5～1.5 mm,防止咬边。 (4)不应在焊缝以外的母材上打火、引弧。 (5)半自动焊时,焊速不超过 0.5 m/min。 (6)焊接前应按工艺文件的要求调整焊接电流、电弧电压、焊接速度、送丝速度等参数,合格后方可正式施焊。 (7)焊毕自检、校正。 (8)构件焊接后的变形,应进行成品矫正,成品矫正应采用热矫正,加热温度不宜大于 650℃,构件矫正允许偏差值见表 1－70。 (9)对焊缝外观检查有无裂纹及其他焊接缺陷。 (10)打上焊工号、交检

续上表

项目	内　容
交验	CO_2 气体保护焊施工交验见表 1－44
清理、涂装	(1)凡构件上的焊瘤、飞溅、毛刺、焊疤等均应清除干净。要求平的焊缝应将焊缝余高磨平。 (2)焊接完成后，应用火焰切割引弧板和引出板，不得锤击。 (3)清理焊接残余物．对构件表面及焊道进行清理，宜采用喷砂方法。 (4)按涂装工艺进行涂敷
编号、清理现场	构件按要求编号，打上标识，摆放并清理现场
成品保护	(1)根据装配工序对构件标识的构件代号，用钢印打入构件翼上，距端 500 mm 范围内。构件编号必须按图纸要求编号，编号要清晰，位置要明显。 (2)应在构件打钢印代号附近的构件上挂铁牌，铁牌上用钢印打号来表明构件编号。用红色油漆标注中心线标记并打钢印。 (3)钢构件制作完成后，应按照施工图的规定及《钢结构工程施工质量验收规范》进行验收，构件外形尺寸的允许偏差应符合上述规定中的要求
应注意的质量问题	(1)对焊缝形状影响的几个要素见表 1－71。 (2)其他因素对焊缝形状的影响。 ①引弧前要求焊丝端头与焊件保持 2～3 mm 的距离。还要注意剪掉已熔化过的焊丝端头，对接焊应采用引弧板，或在距板材端部 2～4 mm 处引弧，然后缓慢引向接缝的端头，待焊缝金属熔合后，再以正常焊接速度前进。 ②熄弧时，应注意将收尾处的弧坑填满。 ③T 形接头焊接时，易产生咬边、未焊透、焊缝下垂等现象。除正确执行焊接工艺参数外，应根据板厚与焊脚尺寸来控制焊丝的位置与角度。如图 1－11 所示。 ④焊角尺寸小于 8 mm 时，可用直线移动法和短路过渡法进行匀速焊接。焊角尺寸在5～8 mm 之间时，可采用斜圆圈形送丝法进行焊接。 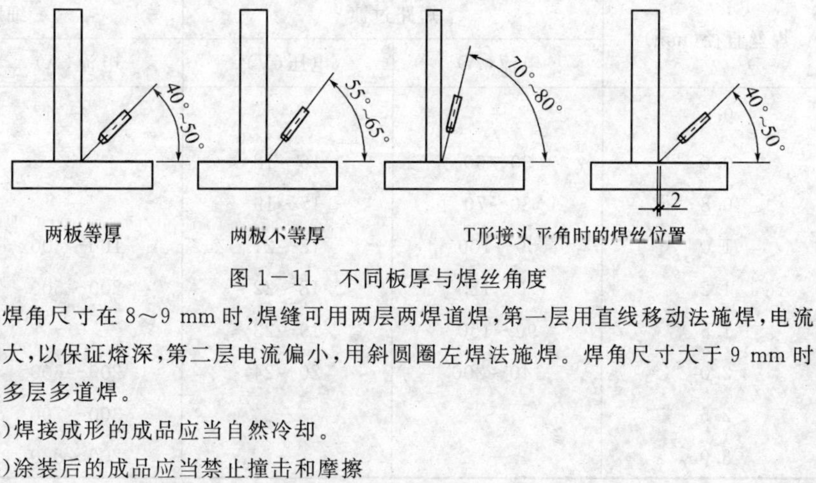 40°～50°　55°～65°　70°～80°　40°～50°　2 两板等厚　两板不等厚　T形接头平角时的焊丝位置 图 1－11　不同板厚与焊丝角度 ⑤焊角尺寸在 8～9 mm 时，焊缝可用两层两焊道焊，第一层用直线移动法施焊，电流稍偏大，以保证熔深，第二层电流偏小，用斜圆圈左焊法施焊。焊角尺寸大于 9 mm 时可用多层多道焊。 (3)焊接成形的成品应当自然冷却。 (4)涂装后的成品应当禁止撞击和摩擦

表 1－62 焊接连接组装允许偏差值

项目		允许偏差(mm)	连接示意图
对接间隙 a		±1.0	
边缘高差(mm)	$4<t\leqslant8$ $8<t\leqslant20$ $20<t\leqslant40$ $t>40$	1.0 2.0 $t/10$ 但不大于 3.0 $t/10$ 但不大于 4.0	
坡口	坡口角度 α 钝边 P	±5° ±1.0	
搭接	长度 L 间隙 a	±5.0 1.0	
顶接间隙 a		1.0	

表 1－63 焊丝直径的选择 (单位:mm)

线材厚度	≤4	>4
焊丝直径	0.5～1.2	1.0～2.5

表 1－64 常用焊接电流和电弧电压的范围

焊丝直径(mm)	短路过渡		细颗粒过渡	
	电流(A)	电压(V)	电流(A)	电压(V)
0.5	—	—	—	—
0.6	30～60	16～18	—	—
0.8	30～70	17～19	—	—
1.0	50～100	18～21	160～400	25～38
1.2	70～120	18～22	200～500	26～40
1.6	90～150	19～23	—	—
2.0	140～200	20～24	200～600	27～40
2.5	—	—	300～700	28～42
3.0	—	—	200～800	32～44

注:最值电弧电压有时只有 1～2 V 之差,要仔细调整。

表 1－65 不同直径焊丝典型的短路焊接工艺参数

焊丝直径(mm)	0.8	1.2	1.6
焊接电流(A)	100～110	120～135	140～180
电弧电压(V)	18	19	20

表 1－66 不同直径焊丝细颗粒过渡的电流下限值及电弧电压范围

焊丝直径(mm)	1.2	1.6	2.0	3.0	4.0
焊接电流(A)	300	400	500	650	750
电弧电压(V)	34～45				

表 1－67 ϕ1.6 焊丝 CO_2 半自动焊常用工艺参数

熔滴过渡形式	焊接电流(A)	电弧电压(V)	气体流量(L/min)	适用范围
短路过渡	160	22	15～20	全位置焊
细颗粒过渡	400	39	20	平焊

表 1－68 CO_2 焊全熔透对接接头焊件的焊接工艺参数

板厚(mm)	焊丝直径(mm)	接头形式	装配间隙(mm)	层数	焊接参数					备注
					焊接电流(A)	电弧电压(V)	焊接速度(m/min)	焊丝外伸长(mm)	气体流量(L/min)	
6	1.2		1.0～1.5	1	270	27	0.55	12～14	10～15	*d* 为焊丝直径
	1.6	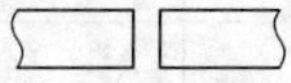	1	1	400～430	36～38	0.80～0.83	16～22	15～20	—
	1.2	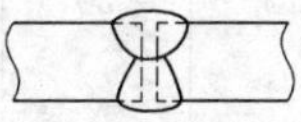	0～1	2	190 210	19 30	0.25	15	15	
	2.0	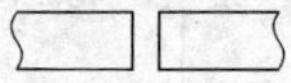	1.6～2.2	1～2	280～300	28～30	0.30～0.37	10*d* 但不大于 40	16～18	
8	1.2	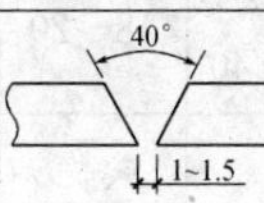	2	2	120～130 130～140	26～27 28～30	0.3～0.5 0.4～0.5	12～14	20	—
	1.6		1	2	350～380 400～430	35～37 36～38	0.7	16～22		
	1.6		1.9～2.2	2	450	41	0.48	10*d* 但不大于 40	16～18	
	2.0	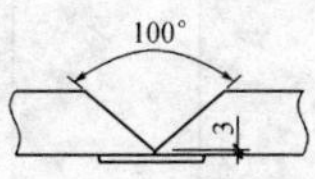	1.9～2.2	2	350～360	34～36	0.40	10*d* 但不大于 40	16	
	2.0	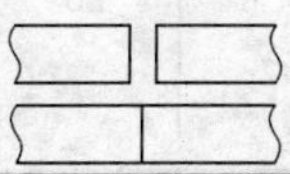	1.9～2.2	3	400～420	34～36	0.45～0.5	10*d* 但不大于 40	16～18	

续上表

板厚(mm)	焊丝直径(mm)	接头形式	装配间隙(mm)	层数	焊接参数					备注
					焊接电流(A)	电弧电压(V)	焊接速度(m/min)	焊丝外伸长(mm)	气体流量(L/min)	
8	2.0	100°, 3	1.9～2.2	1	450～460	35～36	0.40～0.47	10*d* 但不大于 40	16～18	—
	2.5	100°, 3	1.9～2.2	1	600～650	41～43	0.40	10*d* 但不大于 40	20	
9	1.6 1.6		1.0 0～1.5	1 2	420 340 360	38 33.5 34	0.5 0.45	16～22 15	20 20	—
10	1.2	40°, 1～1.5	1～1.5	2	130～140 280～300 300～320	20～30 30～33	0.3～0.5 0.25～0.30 0.70～0.82	15	20	V 型坡口
	1.2	1, 2, 4, 40°	—	2	300～320	37～39	0.70～0.82	15	20	X 形坡口
	20		—	—	600～650	37～38	0.60	10*d* 但不大于 40	20	采用陡降外特性
12	1.2	60°, 6, 60°	—	2	310 330	32 33	0.5	15	20	自动焊或半自动焊均可
	1.6		0～1.5	2	400～430	36～38	0.70	16～22	20～26.7	
	2.0		1.8～2.2	2	280～300	20～30	0.27～0.33	10*d* 但不大于 40	18～20	
16	1.2	50°, 3, 2, 1	—	3	120～140 300～340 300～340	25～27 33～35 35～37	0.40～0.50 0.30～0.40 0.20～0.30	15	20	V 型坡口
	1.6	60°, 6, 60°	—	2	410 430	34.5 36	0.27 0.45	20	25	X 形坡口
	1.2	40°, 2, 1, 3, 4, 40°	—	4	140～160 260～280 270～290 270～290	24～26 321～33 34～36 34～36	0.20～0.30 0.30～0.40 0.50～0.60 0.40～0.50	15	20	无钝边

续上表

板厚(mm)	焊丝直径(mm)	接头形式	装配间隙(mm)	层数	焊接参数					备注
					焊接电流(A)	电弧电压(V)	焊接速度(m/min)	焊丝外伸长(mm)	气体流量(L/min)	
16	1.6	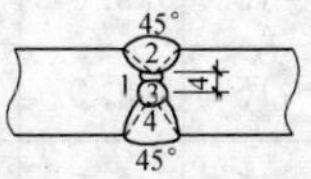		4	400～430 400～430	36～38 36～38	0.50～0.60 0.50～0.60	16～22	25	无钝边
20	1.2	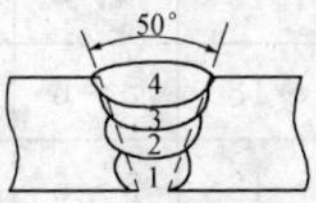	—	4	120～140 300～340 300～340 300～340	25～27 33～35 33～35 33～37	0.40～0.50 0.30～0.40 0.30～0.40 0.12～0.15	15	25	—
	1.2 1.6	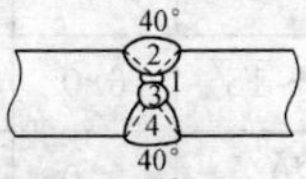  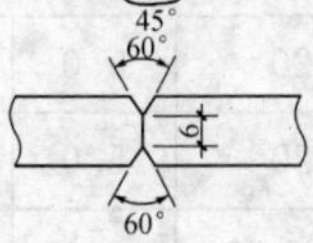	0～2.1	4	140～160 260～280 300～320 300～320	24～26 31～33 35～37 35～37	0.25～0.30 0.45 0.40～0.50 0.40	15	20	
	2		—	4	400～430	36～38	0.35～0.45	16～22	26.7	
	2.5		—	2	440～460	30～32	0.27～0.35	20～30	21.7	
22	2	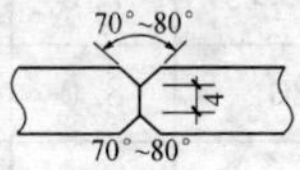	—	—	360～400	38～40	0.4	10*d*但不大于40	16～18	双面面层堆焊
25	1.6	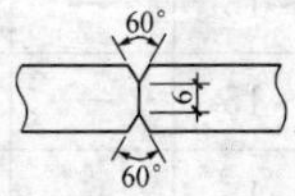	—	2	480 500	38 39	0.3	20	25	—
	2 2.5	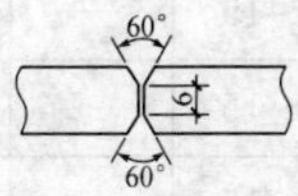	0～2.0	4	420～440	30～32	0.2～0.35	22～30	21.7	—
32	2.5	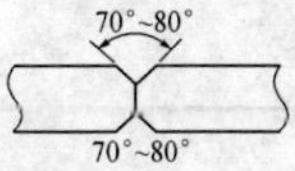	—	—	600～650	41～63	0.4	10*d*但不大于40	20	双面面层堆焊，材质16Mn
40以上	2 2.5	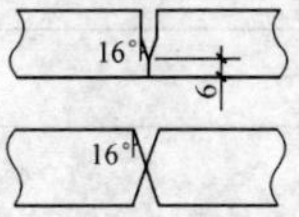	0～2.0	10层以上	440～500	30～32	0.27～0.35	20～30	21.8	U形坡口
	2 2.5	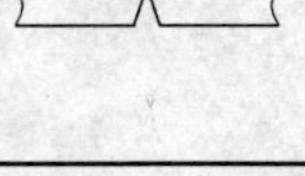	0～2.0	10层以下	400～500	30～32	0.27～0.35	20～30	21.7	—

表1－69　CO_2 焊T形接头贴角焊焊件的焊接工艺参数

接头形式	板厚(mm)	焊丝直径(mm)	焊接参数				焊角尺寸(mm)	焊丝对中位置	备注
			焊接电流(A)	电弧电压(V)	焊接速度(m/min)	焊丝外伸长(mm)			
	1.6	0.8～1.0	90	19	0.50	10～15	3.0	—	—
	2.3	1.0～1.2	120	20	0.50	10～15	3.0	—	—
	3.2	1.0～1.2	140	20.5	0.50	10～15	3.5	—	—
	4.5	1.0～1.2	160	21	0.45	10～15	4.0	—	—
	≥5	1.6	260～280	27～29	0.33～0.43	16～18	5～6	—	焊一层
	≥5	2.0	280～300	28～30	0.43～0.47	16～18	5～6	—	焊一层
	6	1.2	230	23	0.55	10～15	6.0	—	—
	6	1.6	300～320	37.5	—	20	5.0	—	—
	6	1.6	340	34	—	20	5.0	—	—
水平角焊	6	1.6	360	39～40	0.58	20	5.0	—	—
1　2	6	2.0	340～350	35	—	20	5.0	—	—
搭接角焊	8	1.6	390～400	41	—	20～25	6.0	—	—
1　2	12.0	1.2	290	28	0.50	10～15	7.0	—	—
搭接角焊	12.0	1.6	360	36	0.45	20	8.0	—	—
	1.2	0.80～1.2	90	19	0.5	10～15	—	1	—
	1.6	1.0～1.2	120	19	0.5	10～15	—	1	—
	2.3	1.0～1.2	130	20	0.5	10～15	—	1	—
	3.2	1.0～1.2	160	21	0.5	10～15	—	2	—
	4.5	1.2	210	22	0.5	10～15	—	2	—
	6.0	1.2	270	26	0.5	10～15	—	2	—
	8.0	1.2	320	32	0.5	10～15	—	2	—

表1－70　矫正允许偏差值

项目	允许偏差(mm)
柱底板平面度	5.0
桁架、腹杆弯曲	l/1 500且不大于5.0,梁不准下挠
桁架、腹杆扭曲	H/250且不大于5.0
牛腿翘曲	当牛腿长度≤1 000时为2 当牛腿长度>1 000时为3

表 1－71 影响焊缝形状及质量的因素

项目	原因	后果
焊枪	角度前倾时	焊道狭,余高增加,熔深增加
	与母材距离增大	电流减小,电弧加长,熔深减小
焊丝	直径太大	飞溅增加,电弧不稳定,熔深浅
喷嘴	位置离焊缝过高	易生气孔
	位置离焊缝过低	操作视线差,易使飞溅物堵塞喷嘴
电弧	弧长过长时	焊道宽度增加,熔深减小,飞溅增大,余高减小
焊接	焊接电流增大	焊道加宽,余高增加,飞溅物减少,熔深增加
	焊接速度加快	焊道变窄,余高减小,熔深减小,容易咬肉
保护气体	气体流量小	易生气孔
母材表面	油污或锈蚀	易生气孔

4. 电渣焊的施工工艺

电渣焊的施工工艺解析见表 1－72。

表 1－72 电渣焊施工工艺解析

项目	内容
焊前准备	(1)焊前准备,熔嘴需经烘干(100℃～150℃×1 h)焊剂如受潮也须烘干(150℃～350℃×1 h)。检查熔嘴钢管内部是否通顺、导电夹持部分及待焊构件坡口是否有锈、油污、水分等有害物质,以免焊接过程中产生停顿、飞溅或焊缝的缺陷。 (2)电渣焊和气电立焊在环境温度为 0℃以上时施焊可不进行预热
钢构件检查	(1)施焊前,检查组装间隙的尺寸,装配缝隙应保持在 1 mm 以下,当缝隙大于 1 mm 时,应采取措施进行修整和补救。 (2)检查焊接部位的清理情况,焊接断面及附近的油污、铁锈和氧化物等污物必须清除干净。 (3)焊道两端应按工艺要求设置引弧板和熄弧板。 (4)用马蹄形卡具及楔子安装、卡紧水冷铜成形块(如采用永久性钢垫块则应焊于母材上),检查其与母材是否贴合,以防止熔渣和熔融金属流失使过程不稳定甚至被迫中断。检查水流出入成形块是否通畅,管道接口是否牢固,以防止冷却水断流而使成形块与焊缝熔合
确定焊接工艺	(1)应当根据实际情况进行试焊后调整焊接工艺参数。 (2)焊接后进行检测合格后确定焊接工艺方案

续上表

项目	内　容
按合理焊接顺序进行焊接	(1)安装管状熔嘴并调整对中,熔嘴下端距引弧板底面距离一般为15～25 mm。 (2)焊接电流的选择可按下述经验公式进行计算: $$I=KF$$ 式中 I——平均焊接电流(A); F——管状熔嘴截面积(mm^2); K——比例系数,一般取5～7。 (3)在保证焊透的情况下,电压尽可能低一些。焊接电压一般可在35～55 V之间选取。 (4)引弧时,电压应比正常焊接过程中的电压高3～8 V,渣池形成后恢复正常焊接电压。 (5)引弧,采用短路引弧法,焊丝伸出长度约为30～40 mm,伸出长度太小时,引弧的飞溅物易造成熔嘴端部堵塞,太大时焊丝易爆断,过程不能稳定进行。 (6)焊接速度可在1.5～3 m/h的范围内选取。 (7)常用的送丝速度范围为200～300 m/h,造渣过程中选取200 m/h为宜。 (8)渣池深度通常为35～55 mm。 (9)焊接启动时,慢慢投入少量焊剂,一般为35～50 g,焊接过程中应逐渐少量添加焊剂。 (10)焊接过程中,应随时检查熔嘴是否在焊道的中心位置上,严禁熔嘴和焊丝过偏。 (11)焊接电压随焊接过程而变化,焊接过程中随时注意调整电压。 (12)焊接过程中注意随时检查焊件的炽热状态,一般约在800℃(樱红色)以上时熔合良好;当不足800℃时,应适当调整焊接工艺参数,适当增加渣池内总热量。 (13)当焊件厚度小于16 mm时,应在焊件外部安装铜散热板或循环水散热器。 (14)熔嘴电渣焊不作焊前预热和焊后热处理,只是引弧前对引弧器加热100℃左右。 (15)焊接:应按预定参数调整电流、电压,随时应检测渣池深度,渣池深度不够或电流过大,电压下降时,可随时添加少量焊剂。随时观测母材红热区不超出成形块宽度以外,以免熔宽过大。随时控制冷却水温在50℃～60℃,水流量应保持稳定。 (16)焊缝收尾时应适当减小焊接电压,并断续送进焊丝,将焊缝引到熄弧板上收尾。 (17)熄弧:熔池必须引出到被焊母材的顶端以外,熄弧时应逐步减少送丝速度与电流,并采取焊丝滞后停送填补弧坑的措施以避免裂纹,减少收缩。 (18)因焊接而变形的构件,可用机械(冷矫)或在严格控制温度的条件下用加热(热矫)的方法进行矫正。 ①普通低合金结构钢冷矫时,工作地点的温度不得低于－16℃;热矫时,其温度值应控制在750℃～900℃之间。 ②普通碳素结构钢冷矫时工作地点温度不得低于－20℃;热矫时其温度不得超过900℃。 ③同一部位加热矫正不得超过2次,并应缓慢冷却,不得用水骤冷
自检	(1)焊接后进行自检,焊缝外观成形应光滑,不得有未熔合、裂纹等缺陷;当板厚小于30 mm时,压痕、咬边深度不得大于0.5 mm;板厚大于或等于30 mm时,压痕、咬边深度不得大于1.0 mm。 (2)焊接完毕,焊工应清理焊缝表面的熔渣及两侧的飞溅物,检查焊缝外观质量。检查合格后应在工艺规定的焊缝及部位打上焊工钢印
专职检验员检查	超声波探伤检查

续上表

项目	内　容
验收	(1)验收资料齐全。 (2)焊缝探伤检验报告合格
成品保护	(1)凡构件上的焊瘤、飞溅物、毛刺、焊疤等均应清除干净。要求平的焊缝应当磨平。 (2)根据装配工序对构件标识的构件代号,用钢印打在两端,编号要清晰,位置要明显。 (3)应在编号附近挂上标识牌。 (4)对中心线等标志应打上记号。 (5)已涂装的构件在运输、安装中要注意保护,避免撞击、摩擦
应注意的质量问题	(1)熔嘴电渣焊焊缝缺陷及防止措施见表1－73。 (2)熔嘴电渣焊不允许露天作业。当气温低于0℃,相对湿度大于或等于90%,网路电压严重波动时不得施焊。 (3)电渣焊和气电立焊不得用于焊接调质钢

表1－73　熔嘴电渣焊焊缝缺陷及防止措施

缺陷种类	产生原因	预防措施
热裂纹	(1)在焊材、母材中S、P杂质元素正常的情况下,是由于送丝速度、电流过大造成熔池太深,在焊缝冷却结晶过程中因低熔点共晶聚集于柱状晶会合面而产生。 (2)熄弧引出部分的热裂纹是由于送丝速度没有逐步降低,骤然断弧而引起	(1)降低送丝速度。 (2)必要时降低焊材和母材中的S、P含量。 (3)采用正确的熄弧办法,逐步降低送丝速度
未焊透或焊透但未熔合同时存在夹渣	(1)焊接电压过低。 (2)送丝速度太低。 (3)渣池太深。 (4)电渣过程不稳定。 (5)熔嘴沿板厚方向位置偏离原设定要求	(1)～(3)针对性地调整到合理参数。 (4)保持电渣过程稳定。 (5)调整熔嘴、调整位置
气孔	(1)水冷成形块漏水。 (2)堵缝的耐火泥污染熔池。 (3)熔嘴、焊剂或母材潮湿	(1)事先检查。 (2)仔细操作。 (3)焊前严格执行烘干规定

第二节　焊钉(栓钉)焊接工程

一、验收条文

焊钉(栓钉)焊接工程的验收标准,见表1－74。

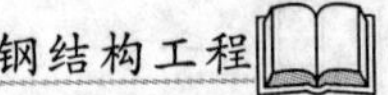

表1—74 焊钉(栓钉)焊接工程的验收标准

项目	内容
主控项目	(1)施工单位对其采用的焊钉和钢材焊接应进行焊接工艺评定,其结果应符合设计要求和国家现行有关标准的规定。瓷环应按其产品说明书进行烘焙。 检查数量:全数检查。 检验方法:检查焊接工艺评定报告和烘焙记录。 (2)焊钉焊接后应进行弯曲试验检查,其焊缝和热影响区不应有肉眼可见的裂纹。 检查数量:每批同类构件抽查10%,且不应少于10件;被抽查构件中,每件检查焊钉数量的1%,但不应少于1个。 检验方法:焊钉弯曲30°后用角尺检查和观察检查
一般项目	焊钉根部焊脚应均匀,焊脚立面的局部未熔合或不足360°的焊脚应进行修补。 检查数量:按总焊钉数量抽查1%,且不应少于10个。 检验方法:观察检查

二、施工材料要求

焊钉(栓钉)焊接工程的施工材料要求,见表1—75。

表1—75 焊钉(栓钉)焊接工程的施工材料要求

项目	内容
栓钉	(1)栓钉成品应符合现行国家标准《电弧螺柱焊用圆柱头焊钉》(GB/T 10433—2002)的相关规定。栓钉成品的力学性能见表1—76。当设计要求采用其他类型的材料时,其性能应满足相应标准的规定。 (2)栓钉出厂前必须通过焊接端的质量评定,包括对相同材质、相同几何形状、相同引弧点、相同直径、采用相同瓷环的栓钉焊接端的评定,具体内容包括以下内容。 ①试样制备。将代表不同直径的栓钉按照生产商推荐的最佳焊接规范连续焊接30个试样,栓钉试样中钢板的规格为80 mm×80 mm,厚度不应小于16 mm,可采用《碳素结构钢》(GB/T 700—2006)中规定的Q235钢或《低合金高强度结构钢》(GB/T 1591—2008)中规定的Q345钢。试样的制备及尺寸如图1—12所示。 ②试验。 a. 拉伸试验。取10个按本标准制备的栓钉试样进行拉伸试验,如果所有拉伸试样的抗拉载荷等于或大于表1—77规定的最小值,并且断裂位置位于焊缝及影响区以外,则认为拉伸试验合格。 b. 弯曲试验。取20个按本标准制备的栓钉试样进行弯曲试验,用手锤打击或使用套管,使其正、反方向交替弯曲30°,直至损坏为止。对于所有弯曲试件,如果试验都是断裂在钢板母材或栓钉上而不是在焊缝或热影响区中,则认为弯曲试验合格。使用套管时,套管下端距焊肉上端的距离约为栓钉的直径,当环境温度低于10℃时,不得使用锤击进行弯曲试验。

续上表

<table>
<tr><th>项目</th><th>内 容</th></tr>
<tr><td>栓钉</td><td>c. 复验。如果在弯曲试验中，焊缝或热影响区发生断裂，或者在拉伸试验中，抗拉载荷小于规定的最低值时，则必须重新制备一组试样进行试验，如仍不满足要求，则栓钉焊接端评定不合格。
d. 评定范围。当给评定直径栓钉焊接端评定合格时，则由同一生产厂商生产的相同材质、相同标称直径的栓钉焊接端也通过了评定。
e. 评定的有效期限。栓钉焊接端一经评定合格，如果影响栓钉焊接特性的栓钉焊接端的几何形状、材料、引弧点或瓷环等因素未发生任何改变，则该评定始终有效。
(3)栓钉焊施工，对于Ⅰ类和Ⅱ类以外的钢材，特别是对直接承受动力荷载的构件中焊接的栓钉焊应进行评定。
(4)栓钉生产厂商应提供以下证明文件：每批(钢厂供货批号)栓钉原材的材质证明及复验报告；栓钉焊接端的力学性能试验报告；产品合格证</td></tr>
<tr><td>瓷环</td><td>(1)瓷环应符合现行国家标准《电弧螺柱焊用圆柱头焊钉》(GB/T 10433—2002)规定的栓钉焊接质量要求。
(2)瓷环内径尺寸 D(如图 1－13 所示)应与栓钉公称直径尺寸 d 匹配，其规格列于表1－78。
(3)瓷环成品化学组成和物理性能参见表 1－79、表 1－80 的规定。
(4)生产厂商应按批次提供以下证明文件：瓷环材质证明、产品合格证明</td></tr>
</table>

表 1－76 栓钉成品的力学性能

抗拉强度 R_m(N/mm²)	屈服强度 R_{el}(N/mm²)	伸长率 A(%)
≥400	≥320	≥14

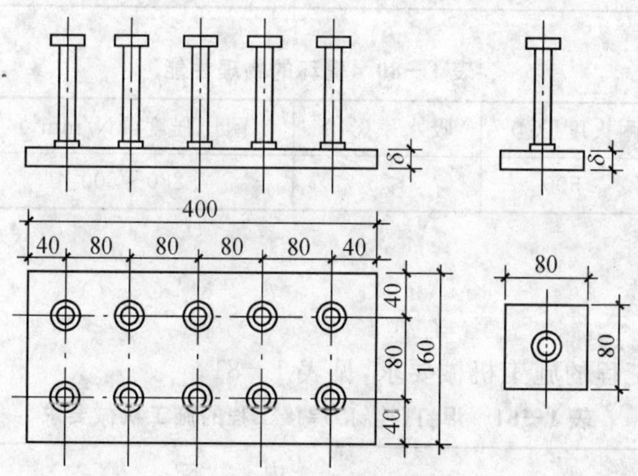

图 1－12 栓钉焊试件和试样尺寸

表 1－77 栓钉焊接端的力学性能

栓钉直径 d(mm)		10	13	16	19	22	25
拉力试验	抗拉载荷(kN)，≥	33.0	56.0	84.5	119.5	159.5	206.0

表1－78　瓷环的规格及内径尺寸　（单位:mm）

栓钉公称尺寸 d	瓷环内径尺寸 D	D_1	D_2	H
10	10.3～10.8	14	18	11
13	13.4～13.9	18	23	12
16	16.5～17	23.5	27	17
19	19.5～20	27	31.5	18
22	23～23.5	30	36.5	18.5
25	26～26.5	38	41.5	22

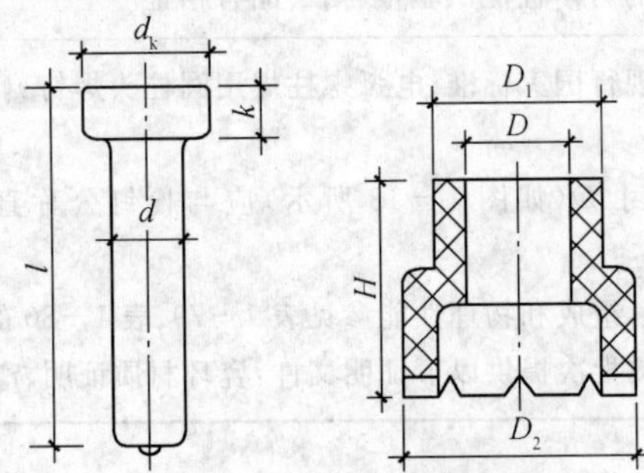

图1－13　圆柱头栓钉和瓷环

表1－79　瓷环的化学组成　（%）

MgO	Al_2O_3	SiO_2	其他
1～7	20～25	60～70	0～19

表1－80　瓷环的物理性能

体积密度(g/cm³)	耐火度(℃)	吸水率(%)	耐压强度(kN/mm²)	击穿电压(kV/mm)
2.1～2.2	≥500	≤5	280～500	10～20

三、施工机械要求

焊钉(栓钉)焊接工程的施工机械要求,见表1－81。

表1－81　焊钉(栓钉)焊接工程的施工机械要求

项目	内　容
常用的施工机械设备	(1)机械设备:栓钉焊专用焊接电源箱、栓钉焊专用焊枪、焊条版箱、空气压缩机、碳弧气刨机、电加热自动温控仪、手工焊机、CO_2 气体保护焊机和送丝机、行车或吊车等。 (2)工具:火焰烤枪、手割炬、气管、打磨机、磨片、尖嘴钳、螺丝刀、老虎钳、小榔头、样冲、焊接面罩、焊接枪把、焊条保温筒、碳刨钳、插头、接线板、白玻璃、黑玻璃、起重翻身吊具、钢丝绳、卸扣、手推车等。

续上表

项目	内　容
常用的施工机械设备	(3)量具:卷尺,钢尺,游标卡尺,角尺,焊缝量规,接触式或红外、激光测温仪等。 (4)无损检查设备及放大镜等
电弧栓焊设备选择	电弧栓焊设备由以下各部分组成: (1)以大功率弧焊整流器为主要构成的焊接电源; (2)通断电开关、时间控制电路或微电脑控制器; (3)由栓钉的夹持、提升、加压、阻尼装置、主电缆及电控接头、开关和把手组成的焊枪; (4)主电缆和控制导线,由于栓钉焊接要求快速连续操作,大容量的焊机一次电缆截面要求为 60 mm^2(长度 30 m 以内),二次电缆要求为 100 mm^2(长度 60 m 以内),如图 1－14 所示。 储能栓焊机则以交流电源及大容量电容器组为基础,其他部分与电弧栓焊机相似。 表 1－82 及表 1－83 列出了国产系列栓钉电弧焊机和储能焊机的技术参数,表 1－84 列出了国外典型栓钉电弧焊机的技术参数实例。表 1－85 列出了德国 KOCO03 系列协同式螺柱焊接系统,该系统中焊枪和焊接电源集成于同一个电子控制电路,KE22 和 KE24 型焊枪的提升机构由焊接电源中的微处理器直接控制精确动作,而不依赖于机械装置。并应用了液压缓冲器新技术,以保证优良的焊接质量

表 1－82　国产 RZN 系列栓钉电弧焊机主要技术参数

项目　参数　机型	RZN-1000	RZN-2000/B	RZN-2500/B
一次电压(V)	3～380	3.380	3～380
一次功率(kW)	10～60	25～210	10～230
二次电压(V)	26～45,5 档	95～105	110 连续可调
焊接电流(A)	400～1 000	250～2 000	200～2 000,最大 2 500
可焊直径(mm)	6～12	4～22	4～25
焊接时间(s)	0.2～1.2	0.1～1.2	0.2～1.5 连续可调

表 1－83　国内栓钉储能焊机型号实例及主要技术参数

型号	JLR-1000	JIB-1500	RSR-1600	RSR-4500	RSR-6000
电源电压(V)	220/50 Hz	220/50 Hz	220/50 Hz	220/50 Hz	220/50 Hz
电源容量(kW)	0.8	0.8	2.0	2.5	3.5
充电时间(s)	—	—	<6	<6	<6
电容器容量(μF)	—	—	136 000	280 000	340 000
充电电压(V)	30～190 连续可调整	30～190 连续可调整	—	—	—

续上表

型号	JLR-1000	JIB-1500	RSR-1600	RSR-4500	RSR-6000
可焊螺柱直径(mm)	3～6	3～8	3～8	3～10	3～12
可焊螺柱长度(mm)	—	—	5～150	5～150	5～150
额定生产率(个/min)	12	10～12	—	—	—

表 1－84 国外栓钉电弧焊机典型产品型号及技术参数

型号	JSS 2500	KOCO 2602E	Series 6000-Model101
一次电压(V)	190、210/380、420(±10%)	230/400	208、230/400
相数、周波(Hz)	3 相 50/60	—	3 相 60
最大一次输入(kW)	225	85	150
二次空载电压(V)	100	95	70
二次电流(A)	500～2 500	400～2 600	400～2 400
通电时间(s)	0.1～1.9(0.1 s 分段)	0.01～2	0.1～1.5 无级调整
适应焊钉材质	碳钢、不锈钢	碳钢	碳钢
适应焊钉直径(mm)	8～25	6～25	8～25
负载持续率(%)	10(2 500 A 时) 19(1 800 A 时)	—	25(1 800 A 时)
每分钟可焊支数(支/min)	6(ϕ25 mm) 11(ϕ22 mm) 18(ϕ19 mm)	9(ϕ22 mm) 15(ϕ15 mm)	10(ϕ25 mm) 15(ϕ22 mm) 20(ϕ19 mm)
外形尺寸($H \times W \times D$)(mm)	1 080×680×825	860×710×1 200	880×560×1 220
重量(kg)	420	400	428
焊枪			
长度(不含焊嘴)(mm)	—	250	181
高度(含手把)(mm)	—	220	162
基本重量(不含电线)(kg)	—	1.4	1.6

表 1－85 KOCO03 系列协同式螺柱焊接系统

型号	1203E	1603E	1603E-Ⅳ	2603E
可焊范围 ϕ(mm)	3～16	3～19	3～22	6～25
输入电压(50 Hz)(V)	230/400	230/400	230/400	230/400

续上表

型号	1203E	1603E	1603E-Ⅳ	2603E
耗电(kW)	18.7	42	42	55
可调焊接电流(A)	120～1 200	160～1 600	250～2 200	250～2 600
最大焊接电流(A)	1 800	3 000	3 000	3 700
可调整焊接时间(mm)	10～1 500	10～1 500	10～1 500	10～1 500
焊接速度(枚/min)	9/16 mm 22/12 mm	8/19 mm 15/16 mm	4/22 mm 15/16 mm	8/22 mm 15/19 mm
空载电压(V)	95	95	95	95
保护级别	IP23	IP23	IP23	IP23
冷却方式	风冷	风冷	风冷	风冷
绝缘级别(变压器)	E	E	E	E
电源插座(400 V供电制)	63	63	(125)63	(125)63
脚轮(个)	4	4	4	4
外形尺寸(长×宽×高)(mm)	970×610×840	970×610×840	970×610×840	970×610×840
重量(kg)	200	275	275	370

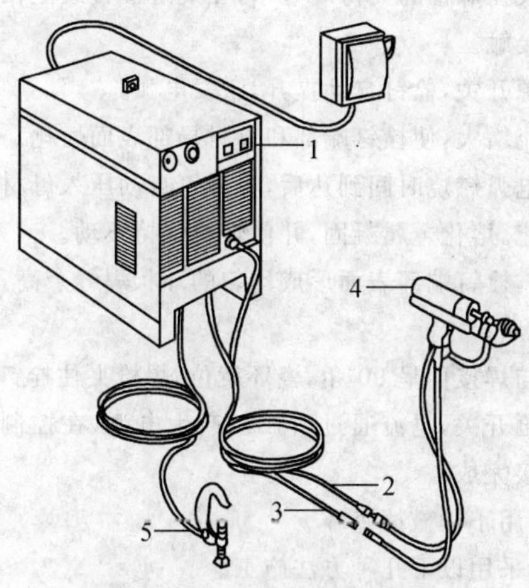

图1－14 栓焊设置组成

1－电源；2－控制电缆；3－焊接电缆；4－焊枪；5－地线卡具

四、施工工艺解析

焊钉(栓钉)焊接工程施工工艺解析见表1－86。

表 1－86 焊钉(栓钉)焊接工程施工工艺解析

项目	内容
划线定位	(1)按施工图纸在构件上划线定位。 (2)放出十字线后以便于瓷环摆放
清理焊接区域	(1)所有焊接区域都应清理干净,不应有漆及水渍。 (2)栓钉和瓷环都应干燥,否则应进行烘焙
试验及检验	施焊前,必须对不同材质、不同规格、不同厂家、不同批号生产的栓钉,采用不同型号的焊机及焊枪进行严格的与现场同条件的工艺参数试验。根据“标准工艺焊接参数”及增、减 10%电流值分别施焊 3 组,确定最佳参数,按最佳参数做 2 组正式试件,进行静力拉伸、反复弯曲及拉弯试验。其抗拉值见表 1－87
调整工艺参数	(1)经工艺试验合格的参数,方可在工程中使用。其焊接能量的大小与焊接的电压、电流及时间乘积成正比。为保证栓钉焊电弧的稳定,要靠调整焊接电流和通电时间来控制和改变焊接能量。 (2)栓焊工艺参数见表 1－88
焊前检验	(1)放线、抽检栓钉及瓷环,烘干。潮湿时焊件也需烘干。 (2)每天正式焊接前做两个试件,弯 45°检查合格后,可正式施焊
正式焊接	(1)栓焊过程,如图 1－15 所示。 (2)操作步骤。 ①把栓钉放在焊枪的夹持装置中,在规定位置放上相应的保护瓷环,把栓钉插入瓷环内并与母材接触。 ②按动电源开关,栓钉自动提升,激发电弧。 ③焊接电流增大,使栓钉端部和母材局部表面熔化。 ④设定的电弧燃烧时间到达后,将栓钉自动压入母材。 ⑤切断电流,熔化金属凝固,并使焊枪保持不动。 (3)冷却后,栓钉端部表面形成均匀的环状焊缝余高,敲碎并清除保护环。 (4)操作要点。 ①焊枪要与焊接面呈 90°角,瓷环就位,焊枪夹住栓钉放入瓷环压实。 ②扳动焊枪开关,电流通过引弧板产生电弧,在控制时间内栓钉融化,随枪下压,回弹、弧断,焊接完成。 ③提枪后,用小锤敲掉瓷环。 (5)穿透焊采用以下几种方法施工。 ①非镀锌板可直接焊接。 ②镀锌板用乙炔氧焰在栓钉焊位置烘烤,敲击双面除锌后焊接。 ③采用螺旋钻开孔。 (6)应根据现场实际情况、不同季节、不同电缆线长,调整工艺参数。 (7)栓钉焊接应由有实践经验的焊工操作,保证焊接质量

续上表

项目	内　容
检验	(1)检查焊钉规格和排列尺寸位置合格。 (2)在工程中栓焊的检验是通过打弯试验进行的,即用锤敲击栓钉头部使其弯曲30°后,观察其焊接部位有无裂纹,若无裂纹为合格
施工作业要点	(1)正式焊接前试焊1个焊钉,用榔头敲击使剪力钉弯曲大约30°,无肉眼可见裂纹方可开始正式焊接,否则应修改施工工艺。 (2)每天从焊接完的焊钉中每根梁上任选两个敲弯成30°,检查是否合格。 如果有不饱满的或修补过的焊钉,要弯曲15°检验。敲击方向应从焊缝不饱满一侧进行。 (3)弯曲后的焊钉如果合格,可保留现有状态使用
成品保护	(1)已施工完的成品应当避免其他构件或设备的碰撞和拖动。 (2)清理全部废物,表面保持干净
应注意的质量问题	(1)焊接工艺评定应由国家检测单位检验,合格后应按工艺方案操作。 (2)焊工应具有焊钉焊接的专业知识,经过培训合格后,方可上岗作业。 (3)应保证焊接部位的清洁和对瓷环的烘焙,当母材表面温度低于0℃时停止作业。 (4)当环境温度低于0℃时施焊,要求每100枚取2根进行打弯试验,若不合格再加一根,若仍不合格,停止作业。 (5)低温焊接不准立即清渣,应缓慢冷却。 (6)及时进行弯曲试验,发现问题后应立即解决

表1—87　圆柱头焊钉焊接部的拉力载荷

D(mm)		6	8	10	13	16	19	22
拉力(N)	max	15 550	27 600	43 200	73 000	111 000	156 000	209 000
	min	11 310	20 100	31 400	53 100	80 400	1 133 000	152 000

表1—88　栓焊工艺参数

瓷环	焊接电流(A)	栓焊时间(s)	栓钉伸出长度(mm)	栓钉直径(mm)	栓钉回弹高度(mm)	阻尼调整位置	压型钢板厚度(mm)	压型钢板间隙(mm)	压型钢板层数(mm)
非穿透焊	1 300 1 350 1 600 1 650	0.8 0.9～1.0	5～6 5～6	16 19	2.5 2.5	适中 适中	—	—	—
穿透焊	1 450 1 250	1.0 2.0	7～8	16	3.0	适中	1.0	<1.0	1～2

注:以上数据根据现场实际情况、不同季节、不同电缆长,可上下浮动。

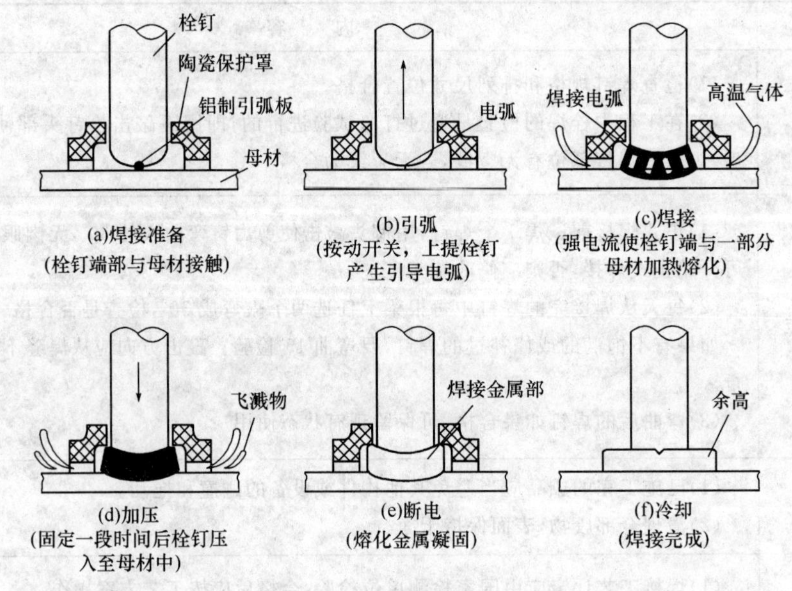
栓钉
陶瓷保护罩
铝制引弧板
母材
(a)焊接准备
(栓钉端部与母材接触)
电弧
(b)引弧
(按动开关，上提栓钉
产生引导电弧)
焊接电弧
高温气体
(c)焊接
(强电流使栓钉端与一部分
母材加热熔化)
飞溅物
(d)加压
(固定一段时间后栓钉压
入至母材中)
焊接金属部
(e)断电
(熔化金属凝固)
余高
(f)冷却
(焊接完成)

图 1－15　栓焊全过程

第二章　紧固件连接工程

第一节　普通紧固件连接

一、验收条文

普通紧固件连接的验收标准，见表2－1。

表2－1　普通紧固件连接的验收标准

项目	内　容
主控项目	(1)普通螺栓作为永久性连接螺栓时，当设计有要求或对其质量有疑义时，应进行螺栓实物最小拉力载荷复验，试验方法见《钢结构工程施工质量验收规范》(GB 50205—2001)附录B，其结果应符合现行国家标准《紧固件机械性能螺栓、螺钉和螺柱》(GB/T 3098.1—2010)的规定。 检查数量：每一规格螺栓抽查8个。 检验方法：检查螺栓实物复验报告。 (2)连接薄钢板采用的自攻钉、拉铆钉、射钉等其规格尺寸应与被连接钢板相匹配，其间距、边距等应符合设计要求。 检查数量：按连接节点数抽查1%，且不应少于3个。 检验方法：观察和尺量检查
一般项目	(1)永久性普通螺栓紧固应牢固、可靠，外露螺纹不应少于2扣。 检查数量：按连接节点数抽查10%，且不应少于3个。 检验方法：观察和用小锤敲击检查。 (2)自攻螺钉、钢拉铆钉、射钉等与连接钢板应紧固密贴，外观排列整齐。 检查数量：按连接节点数抽查10%，且不应少于3个。 检验方法：观察或用小锤敲击检查

二、施工材料要求

普通紧固件连接的施工材料，见表2－2。

表2－2　普通紧固件连接的施工材料

项目	内　容
普通螺栓的性能	螺栓按照性能等级分3.6、4.6、4.8、5.6、5.8、6.8、8.8、9.8、10.9、12.9等十个等级，其中8.8级以上螺栓材质为低碳合金钢或中碳钢并经热处理(淬火、回火)，通称为高强度螺栓，8.8级以下(不含8.8级)通称普通螺栓。

续上表

项目	内　容
普通螺栓的性能	螺栓性能等级标号由两部分数字组成，分别表示螺栓的公称抗拉强度和材质的屈强比。例如性能等级4.6级的螺栓其含意为： 第一部分数字(4.6中的"4")为螺栓材质公称抗拉强度(N/mm^2)的1/100；第二部分数字(4.6中的"6")为螺栓材质屈服比的10倍；两部分数字的乘积(4×6="24")为螺栓材质公称屈服点(N/mm^2)的1/10。 普通螺栓各等级性能见表2－3
普通螺栓的规格	普通螺栓按照形式可分为六角头螺栓、双头螺栓、沉头螺栓等；按制作精度可分为A、B、C三个等级，A、B级为精制螺栓，C级为粗制螺栓，钢结构用连接螺栓，除特殊注明外，一般即为普通粗制C级螺栓。 钢结构常用普通螺栓技术规格有：《六角头螺栓C级》(GB/T 5780—2000)和《六角头螺栓全螺纹C级》(GB/T 5781—2000)，其技术规格见表2－4
螺母	钢结构常用的螺母，其公称高度h大于或等于$0.8D$(D为其相匹配的螺栓直径)，螺母强度设计应选用与之相匹配螺栓中最高性能等级的螺栓强度，当螺母拧紧到螺栓保证荷载时，必须不发生螺纹脱扣。 螺母性能等级分4、5、6、8、9、10、12等，其中8级(含8级)以上螺母与高强度螺栓匹配，8级以下螺母与普通螺栓匹配，表2－5列出了螺母与螺栓性能等级相匹配的参照表。 螺母的螺纹应和螺栓相一致，一般应为粗牙螺纹(除非特殊注明用细牙螺纹)，螺母的机械性能主要是螺母的保证应力和硬度，其值应符合《紧固件机械性能螺母粗牙螺纹》(GB/T 3098.2—2000)的规定。 常用六角螺母规格见表2－6
垫圈	常用钢结构螺栓连接的垫圈，按形状及其使用功能可以分成以下几类： 圆平垫圈——一般放置于紧固螺栓头及螺母的支承面下面，用以增加螺栓头及螺母的支承面，同时防止被连接件表面损伤； 方型垫圈——一般置于地脚螺栓头及螺母支承面下，用以增加支承面及遮盖较大螺栓孔眼； 斜垫圈——主要用于工字钢、槽钢翼缘倾斜面的垫平，使螺母支承面垂直于螺杆，避免紧固时造成螺母支承面和被连接的倾斜面局部接触； 弹簧垫圈——防止螺栓拧紧后在动载作用下的振动和松动，依靠垫圈的弹性功能及斜口摩擦面防止螺栓的松动，一般用于有动荷载(振动)或经常拆卸的结构连接处

表2－3　普通螺栓性能表

性能等级		3.6	4.6	4.8	5.6	5.8	6.8
材料		低碳钢	低碳钢或中碳钢	低碳钢或中碳钢	低碳钢或中碳钢	低碳钢或中碳钢	低碳钢或中碳钢
化学成分(%)	C	≤0.2	≤0.55	≤0.55	≤0.55	≤0.55	≤0.55
	P	≤0.05	≤0.05	≤0.05	≤0.05	≤0.05	≤0.05
	S	≤0.06	≤0.06	≤0.06	≤0.06	≤0.06	≤0.06

续上表

性能等级		3.6	4.6	4.8	5.6	5.8	6.8
材料		低碳钢	低碳钢或中碳钢	低碳钢或中碳钢	低碳钢或中碳钢	低碳钢或中碳钢	低碳钢或中碳钢
抗拉强度（N/mm²）	公称	300	400	400	500	500	600
	min	330	400	420	500	520	600
维氏硬度 HV30	min	95	115	121	148	154	178
	max	206	206	206	206	206	227

表 2－4　六角头螺栓技术规格

六角头螺栓-C级	六角头螺栓-全螺纹-C级

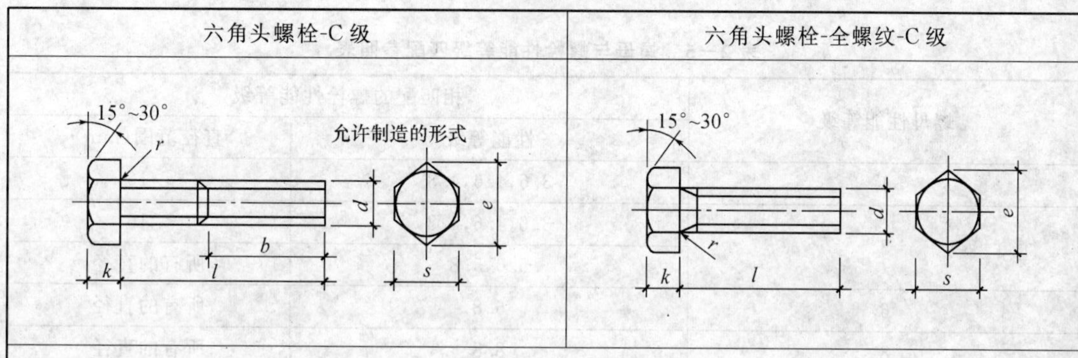

标记示例：

螺纹规格 d＝M12，公称长度 l＝80 mm，性能等级为 4.8 级，不经表面处理，C级的六角头螺栓：螺栓 GB 5780－W　M12×80

螺纹规格	M5	M6	M8	M10	M12	M(14)	M16	M(18)	M20	M(22)	M24	M(27)	M30	M36	M42	M48	M56	M64
s	8	10	13	16	18	21	24	27	30	34	36	47	46	55	65	75	85	95
k	3.5	4	5.3	6.4	7.5	8.8	10	11.5	12.5	174	15	17	18.7	22.5	26	30	35	40
r	0.2	0.25	0.4		0.6				0.8	1	0.8	1			1.2	1.6	2	
β	8.6	10.9	14.2	17.6	19.9	22.8	26.2	29.0	33	37.3	39.6	45.2	50.9	60.8	72	82.6	93.6	104.9
参考 l≤125	16	18	22	26	30	34	38	42	46	50	54	60	66	78	—	—	—	—
参考 125＜l≤200	—	—	28	32	36	40	44	48	52	56	60	66	72	84	96	108	124	140
参考 l＞200	—	—	—	—	—	53	57	61	65	69	73	79	85	97	109	121	137	153
l范围	25～50	30～60	35～80	40～100	45～120	60～140	55～160	80～180	65～200	90～220	80～240	100～260	90～300	100～300	160～420	180～480	220～500	260～500
l范围（全螺纹）	10～40	12～50	16～65	20～80	25～100	30～140	35～100	35～180	40～100	45～220	50～100	55～280	60～100	70～100	80～420	100～480	100～500	120～500
100 mm长的重量（kg）	—	—	—	0.072	0.103	0.141	0.185	0.242	0.304	0.369	0.459	0.609	0.765	1.166	1.680	1.857	2.646	3.561

续上表

螺纹规格	M5	M6	M8	M10	M12	M(14)	M16	M(18)	M20	M(22)	M24	M(27)	M30	M36	M42	M48	M56	M64
l 系列	10,12,16,20,25,30,35,40,45,50,(55),60,(65),70,80,90,100,110,120,130,140,150,160,180,200,220,240,260,280,300,320,340,360,380,400,420,440,460,480,500																	
技术条件	螺纹公差 8 g 螺纹公差 6 g				材料钢			机械性能等级：$d \leqslant 39$ 时为 4.6、4.8，$d>89$ 时按协议						表面处理：①不经处理；②镀锌钝化				

注：1. *b* 不包括螺尾。

2. M5～M36 为商品规格，为销售贮备的产品最通用的规格。

3. M42～M64 为通用规格，较商品规格低一档，有时买不到要现制造。

4. 带括号的规格表示尽量不要采用的规格，尽量不采用的规格还有 M33、M39、M45、M52 和 M60。

表 2－5 螺母与螺栓性能等级匹配参照表

螺母性能等级	相匹配的螺栓性能等级	
	性能等级	直径范围(mm)
4	3.6，4.6，4.8	≥16
5	3.6，4.6，4.8	≤16
	5.6，5.8	所有的直径
6	6.8	所有的直径
8	8.8	所有的直径
9	8.8	>16 且≤39
	9.8	≤16
10	10.9	所有的直径
12	12.9	≤39

表 2－6 常用六角螺母规格表

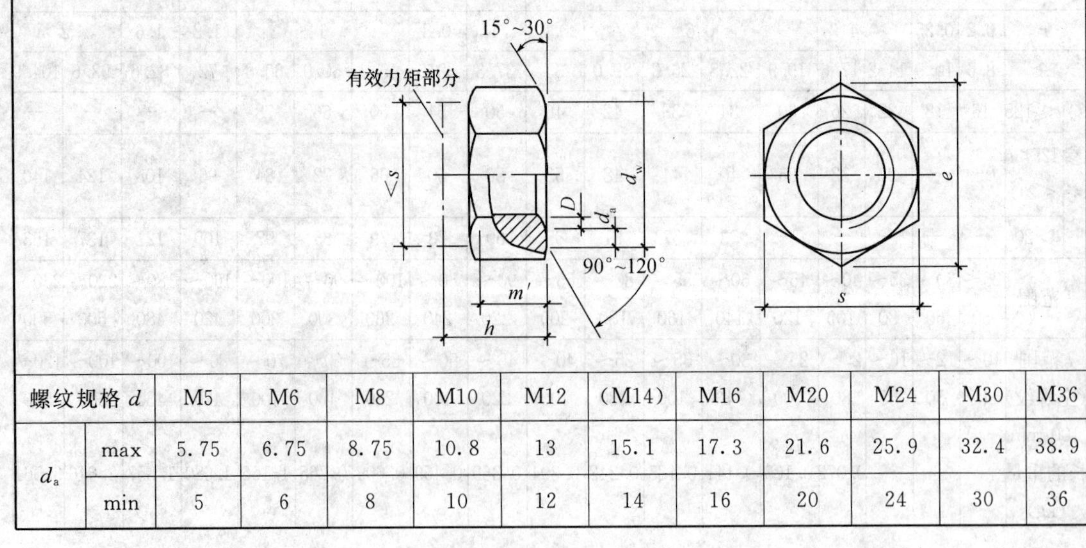

螺纹规格 *d*		M5	M6	M8	M10	M12	(M14)	M16	M20	M24	M30	M36
d_a	max	5.75	6.75	8.75	10.8	13	15.1	17.3	21.6	25.9	32.4	38.9
	min	5	6	8	10	12	14	16	20	24	30	36

续上表

螺纹规格 d		M5	M6	M8	M10	M12	(M14)	M16	M20	M24	M30	M36
d_w	min	6.9	8.9	11.6	14.6	16.6	19.6	22.5	27.7	33.2	42.7	51.1
e	min	8.79	11.05	14.38	17.77	20.03	23.35	26.75	32.95	39.55	50.85	60.79
h	max	5.3	5.9	7.1	9	11.6	13.2	15.2	19	23	26.9	32.5
	min	4.8	5.4	6.44	8.04	10.37	12.1	14.1	16.9	20.2	24.3	29.4
m'	min	2.7	3.	3.7	4.8	6.7	7.8	9.1	10.9	13	15.7	19
s	max	8	10	13	16	18	21	24	30	36	46	55
	min	7.78	9.78	12.73	15.73	17.73	20.67	23.67	29.16	35	45	53.8

注:尽可能不采用括号内的规格。

三、施工机械要求

普通螺栓紧固件的施工机械包括:扭剪型电动扳手、扭矩型电动扳手、风扳机、手动扳手、轴力计,具体要求参考第二章第二节“施工机械要求”的内容。

四、施工工艺解析

普通紧固件连接工艺解析见表2—7。

表2—7　普通紧固件连接工艺解析

项目	内　　容
安装前检查	(1)构件已经安装调校完毕。 (2)高空作业时应有可靠的操作平台或施工吊篮。需严格遵守《建筑施工高处作业安全技术规范》(JGJ 80—1991)的规定。 (3)被连接件表面应清洁、干燥,不得有油、污垢
普通紧固件准备	(1)普通螺栓作为永久性连接时,应符合下列要求。 ①螺栓头和螺母下面应放置平垫圈,以增大承压面积,但不得垫两个或两个以上,更不得用大螺母替代。 ②每个螺栓拧紧后,外露螺纹不应少于两扣。 ③对于设计有防松动的螺栓、锚固螺栓应采用有防松动装置的螺母、双螺母或加弹簧垫圈。必要时应破坏外露螺纹以防止松动。 ④对于承受动荷载或重要部位的螺栓连接,应按设计要求放置弹簧垫圈,弹簧垫圈应设置在螺母一侧。 ⑤对于工字钢、槽钢等角肢面上安装时应配备具有相同倾斜面的垫圈,以保证螺栓副受力与其轴线一致。 (2)螺栓间距见表2—8
普通螺栓最小拉力载荷复验	设计有要求时应对螺栓进行最小拉力载荷复验

续上表

项目	内　容
施工	(1)检查结构安装的整体尺寸合格。 (2)节点的螺栓孔应自由穿过螺栓，孔不合格应当铰刀扩孔或补焊后施钻，不允许气割扩孔。 (3)每个节点的螺栓应全部装齐。 (4)螺栓的紧固次序应从中间开始，对称向两边进行，对于大型接头应采用复拧保证接头内各个螺栓均匀受力
质量验收	(1)自攻钉、拉铆钉、射钉等其规格尺寸应与被连接钢板相匹配，其间距、边距等应符合设计要求。 (2)对于永久性普通螺栓连接，自攻钉、拉铆钉、射钉等与钢板的连接，用小锤敲击检查，要求无松动、颤动和偏移。声音干脆。 (3)各节点紧固件排列位置和方向应保持一致，其外观尺寸应按规定进行检查
成品保护	(1)螺栓应按规定装箱室内保管，不应露天存放。 (2)安装完毕的结构应加以保护，不应进行有损其强度的操作
应注意的质量问题	(1)结构应当整体调校符合安装尺寸。必要时可加装临时螺栓固定。 (2)节点板孔应配钻或模钻，保证孔大小和间距，扩孔应用铰刀而不应气割。 (3)螺栓应能自由放入而不应用外力或锤击放入，以免破坏螺纹。安装方向应大体一致。 (4)螺栓安装应先主结构，后次结构；节点板安装应从中间向四周扩展，尽量避免应力集中。板间应贴实，安装后螺栓应基本留有两个扣距。 (5)对安装好的螺栓或其他紧固件应进行复查，可以用小锤敲击检查

表 2－8　螺栓的最大、最小容许间距

<table>
<tr><th>名称</th><th colspan="3">位置和方向</th><th>最大容许间距
（两者取较小值）</th><th>最小容许间距</th></tr>
<tr><td rowspan="3">中心间距</td><td colspan="3">外排</td><td>$8d_0$ 或 $12t$</td><td rowspan="3">d_0</td></tr>
<tr><td colspan="2" rowspan="2">任意方向
中间排</td><td>构件受压力</td><td>$12d_0$ 或 $18t$</td></tr>
<tr><td>构件受拉力</td><td>$16d_0$ 或 $24t$</td></tr>
<tr><td rowspan="4">中心至构件
边缘的距离</td><td colspan="3">顺内力方向</td><td rowspan="4">$4d_0$ 或 $8t$</td><td>$2d_0$</td></tr>
<tr><td rowspan="3">垂直内
力方向</td><td colspan="2">切割边</td><td>$1.5d_0$</td></tr>
<tr><td rowspan="2">轧
制
边</td><td>高强度螺栓</td><td rowspan="2">$1.2d_0$</td></tr>
<tr><td>其他螺栓或铆钉</td></tr>
</table>

注：1. d_0 为螺栓的孔径，t 为外层较薄板的厚度。

2. 钢板边缘与刚性构件(如角钢、槽钢等)相连的螺栓或铆钉的最大间距，可按中间排的数值采用。

3. 螺栓孔不得采用气割扩孔。对于精制螺栓(A、B级螺栓)，螺栓孔必须钻孔成型，同时必须是Ⅰ类孔，应具有 H12 的精度，孔壁表面粗糙度 R_a 不应不大于 12.5 μm。

第二节　高强度螺栓连接

一、验收条文

高强度螺栓连接的验收标准，见表2－9。

表2－9　高强度螺栓连接的验收标准

项目	内　　容
主控项目	(1)钢结构制作和安装单位应按《钢结构工程施工质量验收规范》(GB 50205—2001)附录B的规定分别进行高强度螺栓连接摩擦面的抗滑移系数试验和复验，现场处理的构件摩擦面应单独进行摩擦面抗滑移系数试验，其结果应符合设计要求。 检查数量：见《钢结构工程施工质量验收规范》(GB 50205—2001)附录B。 检验方法：检查摩擦面抗滑移系数试验报告和复验报告。 (2)高强度大六角头螺栓连接副终拧完成1 h后、48 h内应进行终拧扭矩检查，检查结果应符合《钢结构工程施工质量验收规范》(GB 50205—2001)附录B的规定。 检查数量：按节点数抽查10%，且不应少于10个；每个被抽查节点按螺栓数抽查10%，且不应少于2个。 检验方法：见《钢结构工程施工质量验收规范》(GB 50205—2001)附录B。 (3)扭剪型高强度螺栓连接副终拧后，除因构造原因无法使用专用扳手终拧掉梅花头之外，未在终拧中拧掉梅花头的螺栓数不应大于该节点螺栓数的5%。对所有梅花头未拧掉的扭剪型高强度螺栓连接副应采用扭矩法或转角法进行终拧并作标记，且按第(2)条的规定进行终拧扭矩检查。 检查数量：按节点数抽查10%，但不应少于10个节点，被抽查节点中梅花头未拧掉的扭剪型高强度螺栓连接副全数进行终拧扭矩检查。 检验方法：观察检查及《钢结构工程施工质量验收规范》(GB 50205—2001)附录B
一般项目	(1)高强度螺栓连接副的施拧顺序和初拧、复拧扭矩应符合设计要求和国家现行行业标准《钢结构高强度螺栓连接技术规程》(JGJ 82—2011)的规定。 检查数量：全数检查资料。 检验方法：检查扭矩扳手标定记录和螺栓施工记录。 (2)高强度螺栓连接副终拧后，螺栓螺纹外露应为2～3扣，其中允许有10%的螺栓螺纹外露1扣或4扣。 检查数量：按节点数抽查5%，且不应少于10个。 检验方法：观察检查。 (3)高强度螺栓连接摩擦面应保持干燥、整洁，不应有飞边、毛刺、焊接飞溅物、焊疤、氧化铁皮、污垢等，除设计要求外摩擦面不应涂漆。 检查数量：全数检查。 检验方法：观察检查。 (4)高强度螺栓应自由穿入螺栓孔。高强度螺栓孔不应采用气割扩孔，扩孔数量应征得设计同意，扩孔后的孔径不应超过1.2d(d为螺栓直径)。

续上表

项目	内　　容
一般项目	检查数量:被扩螺栓孔全数检查。 检验方法:观察检查及用卡尺检查。 (5)螺栓球节点网架总拼完成后,高强度螺栓与球节点应紧固连接,高强度螺栓拧入螺栓球内的螺纹长度不应小于 1.0d(d 为螺栓直径),连接处不应出现有间隙、松动等未拧紧情况。 检查数量:按节点数抽查 5%,且不应少于 10 个。 检验方法:普通扳手及尺量检查

二、施工材料要求

高强度螺栓,见表 2－10。

表 2－10　高强度螺栓

项目	内　　容
高强度螺栓的分类和类型	(1)高强度螺栓根据其受力特征可分为两种。 ①摩控型高强度螺栓,是靠连接板叠间的摩擦阻力传递剪力,以摩擦阻力被克服作为连接承载力的极限状态。 ②承压型高强度螺栓,是当剪力大于摩擦阻力后,以栓杆被剪断或连接板被挤坏作为承载力极限状态,其计算方法基本上同普通螺栓,它的承载力极限值大于摩控型高强度螺栓。 (2)高强度螺栓的类型。 常用的高强度螺栓有大六角头高强度螺栓和扭剪型高强度螺栓两种类型。 ①大六角头高强度螺栓:大六角头高强度螺栓的头部尺寸比普通六角头螺栓要大可适应施加预拉力的工具及操作要求,同时也增大与连接板间的承压或摩擦面积。大六角头高强度螺栓施加预拉力的工具有电动、风动扳手及人工特制扳手。 ②扭剪型高强度螺栓:扭剪型高强度螺栓的尾部连着一个梅花头,梅花头与螺栓尾部之间有一沟槽。当用特制扳手拧螺母时,以梅花作为反拧支点,终拧时梅花头沿沟槽被拧断,并以拧断为准表示已达到规定的预拉力值
高强度螺栓的质量要求	(1)钢结构用高强度大六角螺栓 钢结构用高强度大六角螺栓,如图 2－1 所示,见表 2－11～表 2－13。 钢结构用高强度大六角螺母,如图 2－2 所示,见表 2－14。 钢结构用高强度垫圈,如图 2－3 所示,见表 2－15。 (2)常用的高强度螺栓性能等级有下列两种。 8.8 级——用于大六角头高强度螺栓,其制作用钢材牌号为 45 号钢、35 号钢。 10.9 级——用于扭剪型高强度螺栓时,其制作用钢号为 20MnTiB 钢。大六角头高强度螺栓也可达到 10.9 级,其制作钢材牌号为 20MnTiB 钢、40B 钢及 35VB 钢。 高强度螺栓、螺母、垫圈的性能等级和力学性能,见表 2－16。 相应的螺母及垫圈制作用钢材,见表 2－17。 扭剪短高强度螺栓及大六角头型高强度螺栓的原材料经热处理后的力学性能,见表2－18

续上表

项目	内　容
扭剪型高强度螺栓连接副	扭剪型高强度螺栓连接副是一整套的含意，包括一个螺栓、一个螺母和一个垫圈。对于性能等级为 10.9 级的扭剪型高强度螺栓连接副，应按现行国家标准《钢结构用扭剪型高强度螺栓连接副》(GB/T 3632—2008)进行验收，螺栓生产厂家应随产品提供产品质量证明文件，内容如下： (1)材料、炉号、化学成分； (2)规格、数量； (3)机械性能试验数据； (4)连接副紧固轴力(预拉力)的平均值、标准偏差及测试环境温度； (5)出厂日期和批号。 施工单位应对其进场的扭剪型高强度螺栓连接副进行紧固轴力(预拉力)复验，复验按照现行国家标准《钢结构工程施工质量验收规范》(GB 50205—2001)的规定进行，其结果见表2－19
大六角头高强度螺栓连接副	高强度大六角头螺栓连接副是一整套的含意，包括一个螺栓、一个螺母和两个垫圈。 对于性能等级为 8.8 级、10.9 级的高强度大六角头螺栓连接副，应按现行国家标准《钢结构用高强度大六角头螺栓、大六角螺母、垫圈技术条件》(GB/T 1228～1231—2006)进行验收，螺栓生产厂家应随产品提供产品质量证明文件，应包括以下内容同扭剪型高强度螺栓连接副。 施工单位应对其进场的高强度大六角头螺栓连接副进行扭矩系数复验，复验按照现行国家标准《钢结构工程施工质量验收规范》(GB 50205—2001)的规定进行，其结果应符合以下要求： 每组 8 套连接副扭矩系数的平均值应为 0.110～0.150，标准偏差小于或等于 0.010

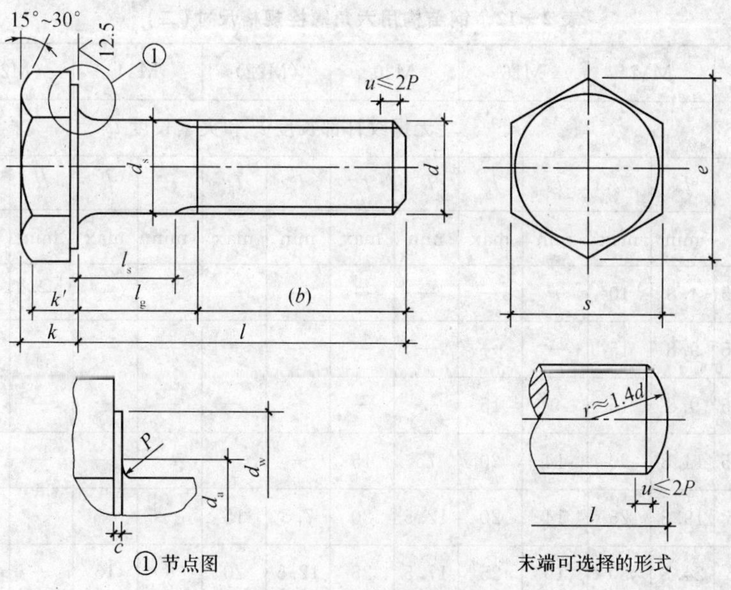

图 2－1　钢结构用六角螺栓示意图

表 2－11 钢结构用六角螺栓规格尺寸(一) (单位:mm)

螺纹规格		M12	M16	M20	(M22)	M24	(M27)	M30
P		1.75	2	2.5	2.5	3	3	3.5
c	max	0.8	0.8	0.8	0.8	0.8	0.8	0.8
	min	0.4	0.4	0.4	0.4	0.4	0.4	0.4
d_a	max	15.23	19.23	24.32	26.32	28.32	32.84	35.84
d_s	max	12.43	16.43	20.52	22.52	24.52	27.84	30.84
	min	11.57	15.57	19.48	21.48	23.48	26.16	29.16
d_w	min	19.2	24.9	31.4	33.3	38.0	42.8	46.5
e	min	22.78	29.56	37.29	39.55	45.20	50.85	55.37
k	公称	7.5	10	12.5	14	15	17	18.7
	max	7.95	10.75	13.40	14.90	15.90	17.90	19.75
	min	7.05	9.25	11.60	13.10	14.10	16.10	17.65
k'	min	4.9	6.5	8.1	9.2	9.9	11.3	12.4
r	min	1.0	1.0	1.5	1.5	1.5	2.0	2.0
s	max	21	27	34	36	41	46	50
	min	20.16	26.16	33	35	40	45	49

注:括号内的规格为第二选择系列。

表 2－12 钢结构用六角螺栓规格尺寸(二) (单位:mm)

螺纹规格			M12		M16		M20		(M22)		M24		(M27)		M30	
l			无螺纹杆部长度 l_s 和夹紧长度 l_g													
公称	min	max	l_s	l_g	l_s	l_g	l_s	l_g	l_s	l_g	l_s	l_g	l_s	l_g	l_s	l_g
			min	max	min	max	min	max	min	max	min	max	min	max	min	max
35	33.75	36.25	4.8	10	—	—	—	—	—	—	—	—	—	—	—	—
40	38.75	41.25	9.8	15	—	—	—	—	—	—	—	—	—	—	—	—
45	43.75	46.25	9.8	15	9	15	—	—	—	—	—	—	—	—	—	—
50	48.75	51.25	14.8	20	14	20	75	15	—	—	—	—	—	—	—	—
55	53.5	56.5	19.8	25	14	20	12.5	20	7.5	15	—	—	—	—	—	—
60	58.5	61.5	24.8	30	19	25	17.5	25	12.5	20	6	15	—	—	—	—

续上表

螺纹规格			M12		M16		M20		(M22)		M24		(M27)		M30	
l			无螺纹杆部长度 l_s 和夹紧长度 l_g													
公称	min	max	l_s min	l_g max	l_s min	l_g max	l_s min	l_g max	l_s min	l_g max	l_s min	l_g max	l_s min	l_g max	l_s min	l_g max
65	63.5	66.5	29.8	35	24	30	17.5	25	17.5	25	11	20	6	15	—	—
70	68.5	71.5	34.8	40	29	35	22.5	30	17.5	25	16	25	11	20	4.5	15
75	73.5	76.5	39.8	45	34	40	27.5	35	22.5	30	16	25	16	25	9.5	20
80	78.5	81.5	—	—	39	45	32.5	40	27.5	35	21	30	16	25	14.5	25
85	83.25	86.75	—	—	44	50	37.5	45	32.5	40	26	35	21	30	14.5	25
90	88.25	91.75	—	—	49	55	42.5	50	37.5	45	31	40	26	35	19.35	30
95	93.25	96.75	—	—	54	60	47.5	55	42.5	50	36	45	31	40	24.5	35
100	98.25	101.75	—	—	59	65	52.5	60	47.5	55	41	50	36	45	29.5	40
110	108.25	111.75	—	—	69	75	62.5	70	57.5	65	51	60	46	55	39.5	50
120	118.25	121.75	—	—	79	85	72.5	80	67.5	75	61	70	56	65	49.5	60
130	128	132	—	—	89	95	82.5	90	77.5	85	71	80	66	75	59.5	70
140	138	142	—	—	—	—	92.5	100	87.5	95	81	90	76	85	69.5	80
150	148	152	—	—	—	—	102.5	110	97.5	105	91	100	86	95	79.5	90
160	156	164	—	—	—	—	112.5	120	107.5	115	101	110	96	105	89.5	100
170	166	174	—	—	—	—	—	—	117.5	125	111	120	106	115	99.5	110
180	176	184	—	—	—	—	—	—	127.5	135	121	130	116	125	109.5	120
190	185.4	194.6	—	—	—	—	—	—	137.5	145	131	140	126	135	119.5	130
200	195.4	204.6	—	—	—	—	—	—	147.5	155	141	150	136	145	129.5	140
220	215.4	224.6	—	—	—	—	—	—	167.5	175	161	170	156	165	149.5	160
240	235.4	244.6	—	—	—	—	—	—	—	—	181	190	179	185	169.5	180
260	254.8	265.2	—	—	—	—	—	—	—	—	—	—	196	205	189.5	200

注：1. 括号内的规格为第二选择系列。

2. $l_{gmax}=l_{公称}-b_{参考}$；$l_{smin}=l_{gmax}-3P$。

表 2－13　钢结构用六角螺栓规格尺寸(三)　　(单位:mm)

螺纹规格	M12	M16	M20	(M22)	M24	(M27)	M30	M12	M16	M20	(M22)	M24	(M27)	M30
l公称尺寸				(b)						每 1 000 个钢螺栓的理论质量(kg)				
35	25	—						49.4	—	—	—	—	—	—
40				—	—			54.2	—	—	—	—	—	—
45		30				—		57.8	113.0	—	—	—	—	—
50							—	62.5	121.3	207.3	—	—	—	—
55			35					67.3	127.9	220.3	269.3	—	—	—
60	30			40				72.1	136.2	233.3	284.9	357.2	—	—
65					45			76.8	144.5	243.6	300.5	375.7	503.2	—
70						50		81.6	152.8	256.5	313.2	394.2	527.1	658.2
75							55	86.3	161.2	269.5	328.9	409.1	551.0	681.5
80								—	169.5	282.5	344.5	428.6	570.2	716.8
85		35						—	177.8	295.5	360.1	446.1	594.1	740.3
90								—	186.4	308.5	375.8	464.7	617.9	769.6
95			40					—	194.4	321.4	391.4	483.2	641.8	799.0
100								—	202.8	334.4	407.0	501.7	665.7	828.3
110								—	219.4	360.4	438.3	538.8	713.5	886.9
120				45				—	236.1	386.3	469.6	575.9	761.3	945.6
130					50			—	252.7	412.3	500.8	612.9	809.1	1 004.2
140	—					55		—	—	438.3	532.1	650.0	856.9	1 062.8
150							60	—	—	464.2	563.4	687.1	904.7	1 121.5
160								—	—	490.2	594.6	724.2	952.4	1 180.1
170								—	—	—	625.9	761.2	1 000.2	1 238.7
180								—	—	—	657.2	798.3	1 048.0	1 297.4
190								—	—	—	688.4	835.4	1 095.8	1 356.0
200			—					—	—	—	719.7	872.4	1 143.6	1 414.7
220								—	—	—	782.2	946.6	1 239.2	1 531.9
240				—				—	—	—	—	1 020.7	1 334.7	1 649.2
260					—			—	—	—	—	—	1 430.3	1 766.5

注:括号内的规格为第二选择系列。

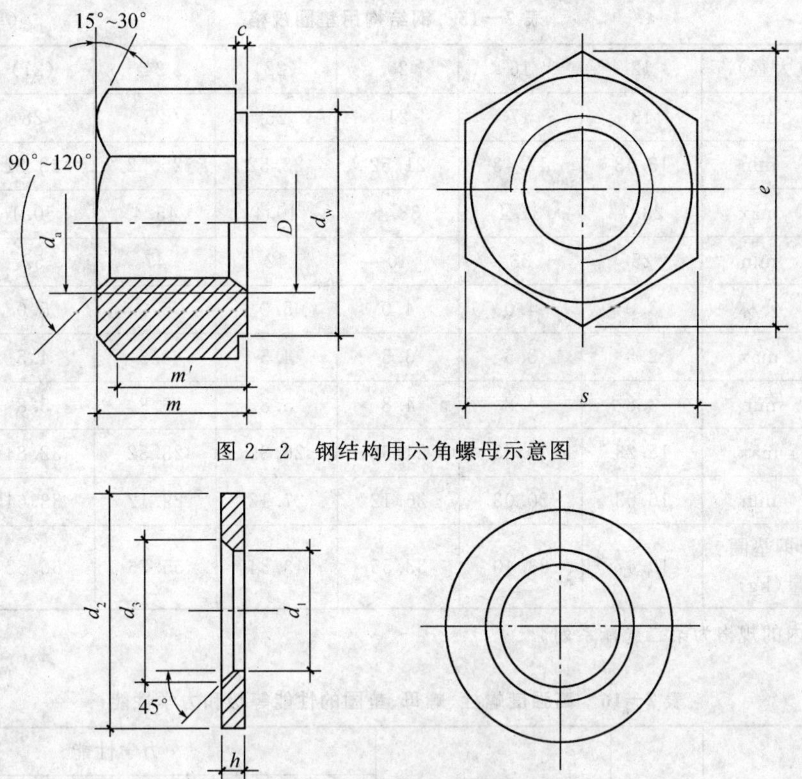

图 2－2　钢结构用六角螺母示意图

图 2－3　钢结构用垫圈示意图

表 2－14　钢结构用六角螺母规格　（单位：mm）

螺纹规格 D		M12	M16	M20	（M22）	M24	（M27）	M30
P		1.75	2	2.5	2.5	3	3	3.5
d_a	max	13	17.3	21.6	23.8	25.9	29.1	32.4
	min	12	16	20	22	24	27	30
d_w	max	19.2	24.9	31.4	33.3	38.0	42.8	46.5
e	min	22.78	29.56	37.29	39.55	45.20	50.85	55.37
m	max	12.3	17.1	20.7	23.6	24.2	27.6	30.7
	min	11.87	16.4	19.4	22.3	22.9	26.3	29.1
m'	min	8.3	11.5	13.6	15.6	16.0	18.4	20.4
c	max	0.8	0.8	0.8	0.8	0.8	0.8	0.8
	min	0.4	0.4	0.4	0.4	0.4	0.4	0.4
s	max	21	27	34	36	41	46	50
	min	20.16	26.16	33	35	40	45	49
支承面对螺纹轴线的垂直度公差		0.29	0.37	0.47	0.50	0.57	0.64	0.70
每 1 000 个钢螺母的理论质量(kg)		27.68	61.51	118.77	146.59	202.67	288.51	374.01

注：括号内的规格为第二选择系列。

表 2—15 钢结构用垫圈规格 (单位:mm)

规格(螺纹大径)		12	16	20	(22)	24	(27)	30
d_1	max	13	17	21	23	25	28	31
	min	13.43	17.43	21.52	23.52	25.52	28.52	31.62
d_2	max	23.7	31.4	38.4	40.4	45.4	50.1	54.1
	min	25	33	40	42	47	52	56
h	公称	3.0	4.0	4.0	5.0	5.0	5.0	5.0
	max	2.5	3.5	3.5	4.5	4.5	4.5	4.5
	min	3.8	4.8	4.8	5.8	5.8	5.8	5.8
d_3	max	15.23	19.23	24.32	26.32	28.32	32.84	35.84
	min	16.03	20.03	25.12	27.12	29.12	33.64	36.64
每 1 000 个钢垫圈的理论质量(kg)		10.47	23.40	33.55	43.34	55.76	66.52	75.42

注:括号内的规格为第二选择系列。

表 2—16 高强度螺栓、螺母、垫圈的性能等级和力学性能

类别		性能等级	推荐材料	力学性能			
				屈服强度 f_y		抗拉强度 R_m /MPa	洛氏硬度(HRC)
				kgf/mm²	N/mm²		
				≥			
大六角头高强度螺栓	螺栓	8.8S	45、35、20MnTiB、40Cr、ML20MnTB、35CrMo、35VB	68	660	830～1030	24～31
		10.9S	20MnTiB ML20MnTiB、35VB	95	940	1040～1240	33～39
	螺母	8H	45、35 ML35	—	—	—	≤30
		10H		—	—	—	≤32
	垫圈	硬度	45 35	—	—	—	35～45
扭剪型高强度螺栓	螺栓	10.9S	20MnTiB ML20MnTiB	95	940	1040～1240	33～39
	螺母	10H	45、35 ML35	—	—	—	≤32
	垫圈	硬度	45、35	—	—	—	35～45

表 2－17 高强度螺栓的等级及其配套的螺母、垫圈制作用钢材

螺栓种类	性能等级	螺杆用钢材	螺母	垫圈	适用规格(mm)
扭剪型	10.9	20MnTiB	35 号钢、10H	45 号钢、HRC35～45	M27、M30
大六角头型	10.9	35VB	45 号钢、35 号钢、15MnVTi10H	45 号钢、35 号钢、HRC35～45	≤M30
		20MnTiB			≤M24
	8.8	45 号钢	35 号钢	45 号钢、35 号钢 HRC35～45	≤M20
		35 号钢			≤M30

注:带括号的螺栓直径规格为非标准型,尽量少用。

表 2－18 高强度螺栓制作用钢材经热处理后的力学性能

螺栓种类	性能等级	所采用的钢材牌号	抗拉强度 σ_b (N/mm²)	屈服强度 $\sigma_{0.2}$ (N/mm²)	伸长率 δ_5(%)	断面收缩率 ψ(%)	冲击韧性值 α_k(J/cm²)	硬度 (HRC)
			不小于					
扭剪型	10.9	20MnTiB	1 040～1 240	940	10	42	59	33～39
大六角类型	8.8	35 号钢 45 号钢	830～1 030	660	12	45	78	24～31
	10.9	20MnTiB 40B 35VB	1 040～1 240	940	10	42	59	33～39

表 2－19 扭剪型高强度螺栓连接副紧固预拉力和标准偏差 (单位:kN)

螺栓规格	M16	M20	M22	M24
紧固预拉力的平均值	99～120	154～186	191～231	222～270
标准偏差	10.1	15.7	19.5	22.7

三、施工机械要求

高强度螺栓连接的施工机械，见表2－20。

表2－20 高强度螺栓连接的施工机械

项目	内容
扭剪型电动扳手	1. 扭剪型高强度螺栓扳手特点 (1)紧固螺栓速度快，工作效率高。 (2)有双重绝缘结构，不需要接地，施工方便安全。 (3)电动机输出是静紧固力，没有噪声和冲击紧固的声音。 (4)6924型机重约12 kg、6922型机重8.7 kg，体积小、容易移动。 (5)不需要调整机具的紧固力。 (6)电动机施加静紧固力、波动性很小、紧固力稳定。 (7)紧固管理容易确认，不需进行紧固扭矩检查，扭剪型高强度螺栓紧固到规定的轴力时，螺栓尾部的梅花卡头便在剪口处切断，不需检查便可认为紧固合格。 2. 主要性能 扭剪型电动扳手分：机体、内套筒、外套筒、弹簧四个部分。 (1)外形尺寸如图2－4所示。 (2)技术性能见表2－21。 (3)安装。将外套筒的花键轴对准机体的花键槽放入槽内，再将外套筒往机体内推进；此时将内套筒转动，使轴心对准，即可插入底部；外套筒放入后，将紧固螺母对准机体螺钉，向右拧4～5圈，完全紧固后即安装完毕。 (4)套筒尺寸见表2－22。 (5)更换套筒操作要点。 扭剪型高强度螺栓紧固时应根据螺栓直径进行更换内外套筒。其更换套筒操作要点如下。 ①套筒拆除，先拆下紧固螺母处的左螺旋丝，然后拆除内外套筒。拆除时用一只手握住紧固帽、向左拧，将螺丝拧松，再转4～5圈，紧固帽即可取下来。 ②内外套筒安装程序为： a. 先将内外套筒及弹簧放进外套筒内； b. 将紧固帽套上外套筒； c. 扭剪型螺栓尾部的梅花卡头安全嵌入内套筒； d. 推紧扭剪型螺栓电动扳手，使外套筒完全套在螺母上； e. 当内套筒和梅花卡头，外套筒和螺母完全套好后，按下电动扳手的开关； f. 各套筒开始转动，发出声响，卡头被剪断、即紧固完毕； g. 从螺栓、螺母上取下扳手，操纵推杆便将内套筒里断了的梅花卡头弹出来。 3. 扭剪型高强度螺栓用扳手 目前市场上常见的扭剪型高强度螺栓扳手性能参数见表2－23

续上表

项目	内 容
扭矩型电动扳手	1. NR-12T 电动扭矩扳手 (1)NR-12T 电动扭矩扳手技术规格，见表 2－24。 (2)NR-12T 电动扭矩扳手操作要点。 ①使用前的准备工作。 a. 将与紧固的螺栓相符的套筒对准销孔，插入紧固机套筒轴，插入销子，用橡皮圈固定。如安装 M24 规格套筒时，则先安反力座，勾动扳机开关，转动到套筒轴的销孔对准反力座的小孔位置，插入套筒及上销钉后用绝缘橡皮圈固定。 b. 将反力座套进入紧固机的六角凸出部，使反力座的位置适于操作，并用紧固螺丝固定。 c. 联接控制装置及接上电源，即分别将紧固机的插头和电源插头接到控制仪上。 ②控制扭矩的设定方法。 NR-12T 电动扳手控制器电表盘上刻度为 0～100，相当于扭矩 392～1 177 N・m (40～120 kg・m)，使用前必须根据所需扭矩的大小标定后，方可作初拧使用。标定的方法有以下两种。 第一种是用轴力标定法设定。其作法是从工地取样，抽出 M20×75、M22×80、M24×85 各 5 根螺栓，将控制指示针拨到 0、10、20、30、40……对每根螺栓进行施拧，最大拧至标准轴力，然后求出每个刻度盘上紧固轴力平均值，并分别划出每种螺栓刻度和轴力关系图，使用时只要将指针拨到螺栓标准轴力 60%～80%所对应的范围内即可。 第二种是用扭矩扳手时的设定。其具体做法同上，是用扭矩扳手测定刻度盘相应刻度的紧固扭矩，最后划出刻度与扭矩的关系曲线，使用时只要拨动刻度盘指针，调整到目标扭矩值。 (3)NR-12T 型电动扭矩扳手使用注意事项。 ①使用时需用接地线接地，防止发生触电事故。 ②电源线及控制器连接导线不得过长，当采用导线芯线的面积为 2 mm^2 时，不得超过 150 m。 ③经常检查电刷磨损情况，当电刷磨损至 6 mm 时，就要及时更换电刷。 ④反力承受器不得以小代大，否则容易损坏。 ⑤转换正反开关时，应先切断电源。 2. 定扭矩、定转角电动扳手 (1)技术规格见表 2－25。 (2)操作要点。 双重绝缘定扭矩、定转角电动扳手分为主机和控制仪两个部分，用八芯电缆连接。电源开关和反、正转开关均装在主机手柄内，由操作者直接控制。其操作要点如下。 ①定扭矩操作有以下几个要点。 a. 先将反力支架和适宜的套筒装在主机上并加以固定。 b. 启动主机，使反正开关处于正转位置。 c. 将套筒套在被拧紧螺纹件上，同时将反力支架上的反力臂，靠在适宜的支点上(可以是邻近另一支被拧螺纹件或其他宜作支点的适当位置)停机。

续上表

<table>
<tr><th>项目</th><th>内　容</th></tr>
<tr><td>扭矩型电动扳手</td><td>d. 将控制仪上“控制选择”拨动到扭矩为零的位置，将“扭矩选择”拨到定扭矩对应的格数。如“扭矩选择”上的“6”相对应的扭矩约 980 N·m(100 kg·m)，“扭矩微调”上的“10”相对应的扭矩约为 147 N·m(15 kg·m)。
e. 启动主机紧固，当自动停机时，即已达到预定扭矩值，紧固即先完成。
②定转角操作要点。
a. 将套筒套在被拧紧的螺纹件上，启动主机，使反力臂靠紧支点后停机。
b. 将控制仪上“控制选择”拨到“转角”位置，把“角度选择”拨动到预定的角度值。
c. 启动主机紧固，自动停机时，即达到预定的角度值。
③扭矩转角连续定操作要点。
a. 将套筒套在被拧螺纹件上，启动主机，使反力臂靠紧支点后停机。
b. 将控制仪上“控制选择”拨到“扭矩转角”位置，再把“扭矩选择”和“角度选择”分别拨到预定扭矩对应的格数及达到此值之后预定的角度值。
c. 启动主机，当扭矩达到预定值时，扭矩控制即自动改为转角控制，当达到预定角度值时，即自动停机。
(3)操作注意事项。
①使用前进行检查确认，合格后方可使用。
②接通电源前先把主机上的八爪插头和接入电源的三爪插头分别插入控制仪背面的插座内，然后检查电源插座接线与三爪插头是否一致。确保接线正确，可靠接地才可将电源插入电源。
③空转检查转角控制。先在套筒上做一标记，然后启动主机(控制仪上指示灯亮)；如果套筒转到控制仪控制角度值自动停机。指示灯熄灭，说明转角控制正确。
④选择确定的转角所需的扭矩不能超过扳手的额定值，以防损坏扳手。
⑤负载试机检查扭矩控制。选定一个与 600 N·m(60 kg·m)左右扭矩对应的格数，开机紧固螺钉，待自动停机后用测力扳手或其他方法测出螺钉的扭矩值。如果与选定的扭矩值相近，表明扭矩控制正确。否则，根据情况予以重新调整。
⑥操作时无需给扳手施加压力，但要扶正，避免扳手在倾斜状态下操作。
⑦当电源电压超过额值的±10%时，则应采取稳压措施，否则影响控制精度，且对扳手不利。
⑧交换方向时，必须待工作头停转后进行；严禁在运转中变换方向。
⑨控制仪的工作环境温度为－100℃～＋40℃，空气相对湿度为 90%(25%)。
⑩每班工作前应开机空转 3～5 min。操作中应注意观察扳手运转情况，发现拉火、环火、声音异常、扭矩不稳、转角不准等情况，应立即停机检修，切勿带病运转。
⑪尽可能固定专人使用和维护、定期清洗和更换油脂、电机换向器上的炭粉和脏物必须经常擦拭，以防短路破坏电机。
⑫搬运时应注意轻拿、轻放、防止震动和摔碰。不用时应放在通风干燥处，如发现受潮应进行干燥处理后再使用。
3. 扭矩型高强度螺栓扳手(大六角螺栓适用)
电动扭矩扳手一般由机体、扭矩控制盒、套筒、反力承管器、漏电保护器组成，常用的电动扭矩扳手性能参见表 2－26</td></tr>
</table>

续上表

项目	内 容
风扳机	部分风扳机的技术参数规格,见表 2-27。 对使用风扳机的人员要进行培训,使他们熟悉工具性能和操作规程。每个工序尽可能由培训过的人员操作或专业小组操作。 风扳机头与配合套筒要紧密,拧紧时要采取措施,防止螺栓转动,影响螺母的实际转角
手动扳手	扭力扳手有普通式(表盘式)和预调式(AC 型)两种,如图 2-5 所示。扭力扳手配合扳手套筒,供紧固六角螺栓、螺母用,在扭紧时可以表示出扭矩数值。凡对螺栓、螺母的扭矩有明确规定的装配工作(如汽车、拖拉机等的汽缸装配),都要使用这种扳手。预调式扭力扳手可事先设定(预调)扭矩值。操作时,如施加扭矩超过设定值,扳手即产生打滑现象,以保证螺栓(母)上承受的扭矩不超过设定值。 常用扭力扳手的规格,见表 2-28。 各种高强度螺栓在施工中以手动紧固时,都要使用有示明扭矩值的扳手施拧,使达到高强度螺栓连接副规定的扭矩和轴力值,一般常用的手动扭矩扳手有:指针式、带音响式和扭剪型手动扭矩扳手三种如图 2-6 所示,见表 2-29 和表 2-30。 指针式手动扭矩扳手,在头部设一个指示盘配合套筒头紧固六角螺栓,当给扭矩扳手预加扭矩施拧时,指示盘即示出扭矩值。 带音响式扭矩扳手,是一种附有棘轮机构预调式的手动扭矩扳手,配合套筒可紧固各种直径的螺栓。带音响或扭矩扳手,在手柄的根部带有力矩调整的主副两个刻度。施拧前,操作者按需要调整预定的扭矩值。首先进行简单的预调,然后旋转调整片、转动副刻度,可以调整到刻度的十分之一。调好预定扭矩刻度后,用手指轻轻地紧固摇杆控制调整片的旋转,可以防止在使用中刻度发生失常。扳手的头部内装有一个 24 齿的棘轮,转动棘轮杆,只要施加扭矩值时便有明显的音响和手上的感触。这种扳手操作简单,常适用于大规模、高效率的组装作业和检测螺栓紧固的扭矩值。 扭剪型手动扭矩扳手,是一种紧固扭剪型高强度螺栓使用的手动扭矩扳手,配合扳手紧固螺栓的套筒,设有内套筒弹簧、内套筒和外套筒。这种扳手靠螺栓尾部的卡头得到紧固反力,使紧固的螺栓不会同时转动。内套筒可根据所紧固的扭剪型高强度螺栓直径而更换相适应的规格。紧固完毕后,扭剪型高强度螺栓卡头在颈部被剪断。所需扭矩可以目视检查。扭剪型高强度螺栓扳手不需调整和控制,但采用这种扳手进行紧固时需要输入较大的功率转换为紧固力才能进行紧固,故多在没有动力的不开发区域或规模较小的工程中使用。目前很少使用
轴力计	测试高强度螺栓的轴力计有电动式轴力计和液压式轴力计。电动式轴力计能测出拧紧螺母时产生的实际轴力。电动式轴力计拧紧螺母时,螺栓轴力通过电力传感器显示出螺栓轴力。用液压式轴力计测试螺栓轴力时,通过液压介质把压力传递到计量传感器,并用磅表示出来。 常用的 ETM-40A 电动式轴力计规格,见表 2-31

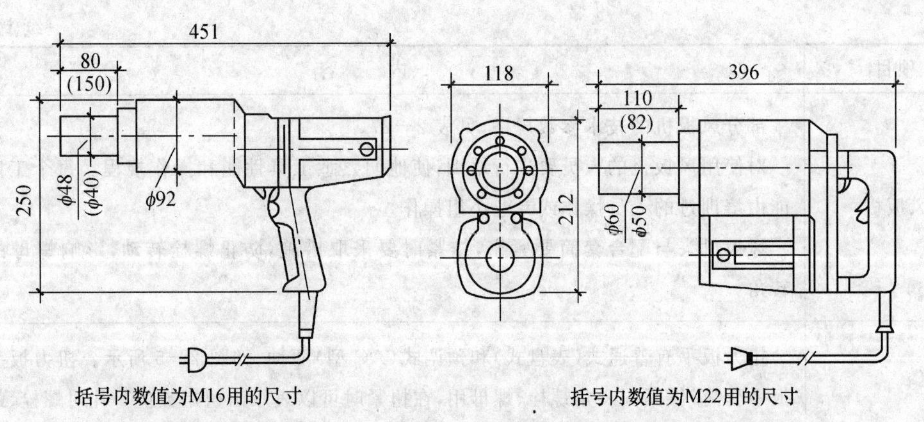

(a)6922型电动扭矩扳手 (b)6924型电动扭矩扳手

图 2－4 电动扭矩扳手

表 2－21 6924 型、6922 型电动扳手性能

性能参数	6924 型	6922 型
电机	串激整流子电动机	串激整流子电动机
电压	单相 220 V	单相 220 V
电流	6.5 A	5 A
周波	50～60 Hz	50～60 Hz
耗电	1 350 W	1 100 W
转数	13 r/min	9 r/min
重量	约 12 kg	约 8.7 kg
电源线长	3.5 m	3.5 m
工作能力	F11T M24	F11T M22

表 2－22 套筒尺寸 (单位:mm)

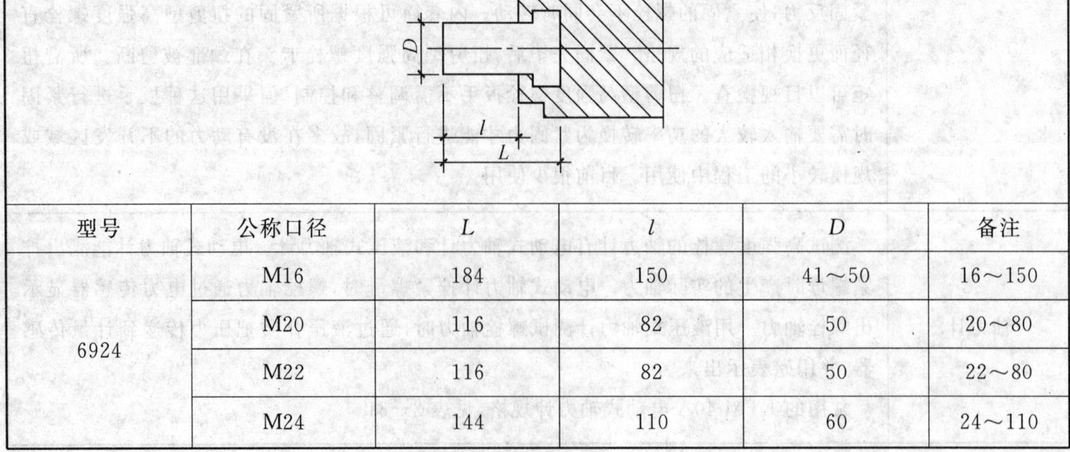

型号	公称口径	L	l	D	备注
6924	M16	184	150	41～50	16～150
	M20	116	82	50	20～80
	M22	116	82	50	22～80
	M24	144	110	60	24～110

续上表

型号	公称口径	L	l	D	备注
6922	M16	73	33.5×4.5	38×50	16～40
	M20	73	38	47	20～40
	M22	73	38	50	22～40

表 2－23　扭剪型高强度螺栓用扳手的性能

型号	适用螺栓	扭矩范围（N·m）	电源电压（V）	电流（A）	消耗功率（W）	空载转数（r/min）	重量（kg）	扳子总长（mm）	套管个数 数量
LSR-22HD	M16 M20 M22	900	200	7.5	1 400	16	8.4	350	1 1 1
LSR-24HD	M22 M24	1 150	200	10	1 580	16	12.4	375	1 1

表 2－24　NR-12 电动扭矩扳手技术规格

电源					电流（A）	无负荷运转数（mm）	坚固扭矩［(kg·m)/(N·m)］	机重（kg）
种类	电压	允许电压变动范围	频率（Hz）	电源保险丝				
单项交流	220 V	＋10％～－15％	50～60	10 A	4.2	17	40～120/392～1 177	9.5

表 2－25　双重绝缘定扭矩、定转角电动扳手技术规格

项　目	技术参数
电源种类	单项交流
电压(V)	220
频率(Hz)	50
额定电源(A)	4
主机外形尺寸(mm)	120×590×120
方头尺寸(mm)	25×25
控制仪外形尺寸(mm)	260×195×160
工作头空载转数(r/min)	8
扭矩可调范围	392～1 471 N·m(40～50 kg·m)
转角可调范围(°)	0～999
转角控制精度(°)	±5
精度保证率(％)	85

表 2－26 电动扭矩扳手性能

型号	电流电压（V）	电流频率（Hz）	电流（A）	消耗功率（W）	空载转数（r/min）	扭矩范围（N·m）	重量（kg）
NR-12T_1	200	50/60	6.8	1 300	17	400～1 200	9.5
PIBD-150	220	50	4	880	8	400～1 500	12
PIBD-160	220	50	4.3	950	8	400～1 600	10

表 2－27 风扳机的技术规格

技术参数	单位	1	2	3	4	5	6	T
拧紧螺栓直径	mm	16	20	30	—	—	—	—
使用风压	MPa	0.5	0.5	0.5	0.5	0.5	0.5	0.5
空转转速	r/min	1 800	1 300	1 100	7 000	—	700	760
耗风量	m^3/min	0.6	1.1	1.6	0.7	0.5	1.2	2
停滞扭矩	N·m	300	800	1 300	1 800	400	600	1 200
额定冲击时间	s	2	3	5	4	3	5	5
负载冲击次数	次/min	2 100	1 380	1 320	—	—	—	—
机身长	mm	225	360	415	340	205	505	575
边心距	mm	32	38.5	14.5	38	—	50	57
机重	kg	3	7	11	6.5	2.5	14	20.5
气管内径	mm	13	19	19	19	13	16	16
方头尺寸	mm	—	19	25	25	13	25	30

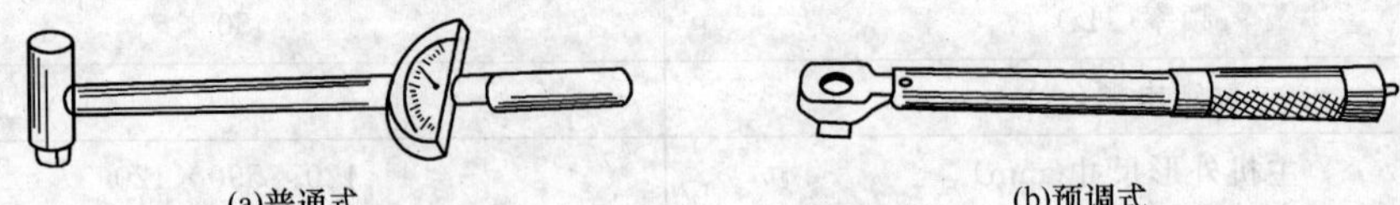

图 2－5 扭力扳手示意图

表 2－28 扭力扳手规格

普通式	扭矩（N·m）	100，200，300			
	方榫边长（mm）	12.5			
预调式	扭矩范围（N·m）	0～20	20～100，80～300	280～760	750～2 000
	方榫边长（mm）	6.3	12.5	20	25

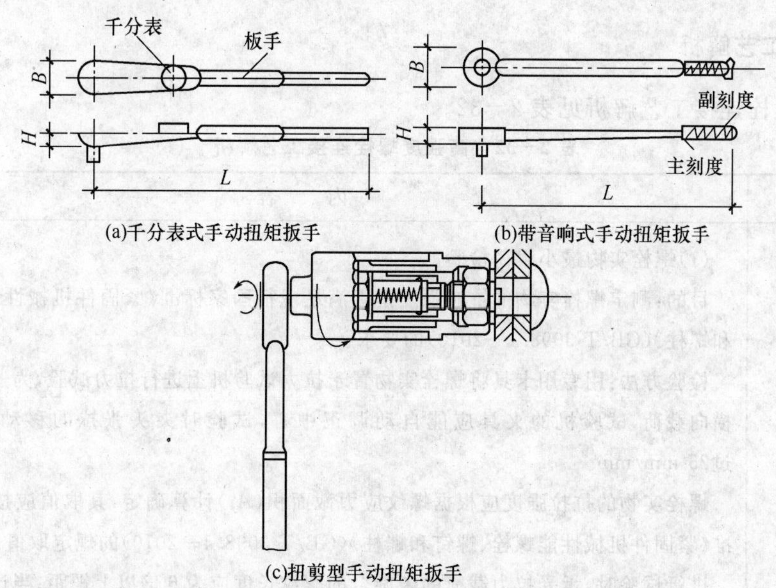

图 2－6 手动扭矩扳手

表 2－29 千分表式手动扭矩扳手参数表

规格	可使用的范围(kg·m)	尺寸(mm)		
		L	H	B
8 500	1 500～8 500	1400	66	85
10 000	2 000～10 000	1 600	68	90

表 2－30 带音响式手动扭矩扳手参数表

规格	可使用的范围(kg·m)	尺寸(mm)		
		H	L	B
7 000	2 000～7 000	30	1 300	70
8 500	2 500～8 500	—	—	—

表 2－31 ETM-40A 电动式轴力计规格

项　目	技术参数
非直线性	±0.5%E·S
使用温度范围	－10℃～50℃
电源	200V,50/60 Hz
测试轴力	39.2～392 kN(4～40 t)
精度	1.5%　F·S

四、施工工艺解析

高强度螺栓连接工艺解析见表2－32。

表2－32 高强度螺栓连接工艺解析

项目		内容
高强度螺栓轴力、扭矩系数试验	高强度螺栓检验及复验	(1)螺栓实物最小载荷检验。 目的:测定螺栓实物的抗拉强度是否满足现行国家标准《紧固件机械性能螺栓、螺钉和螺柱》(GB/T 3098.1—2010)的要求。 检验方法:用专用卡具将螺栓实物置于拉力试验机上进行拉力试验,为避免试件承受横向载荷,试验机的夹具应能自动调正中心,试验时夹头张拉的移动速度不应超过25 mm/min。 螺栓实物的抗拉强度应根据螺纹应力截面积(A_s)计算确定,其取值应按现行国家标准《紧固件机械性能螺栓、螺钉和螺柱》(GB/T 3098.1—2010)的规定取值。 进行试验时,承受拉力载荷的未旋合的螺纹长度应为6倍以上螺距;当试验拉力达到现行国家标准《紧固件机械性能螺栓、螺钉和螺柱》(GB/T 3098.1—2010)中规定的最小拉力载荷($A_s \cdot \sigma_b$)时不得断裂。当超过最小拉力载荷直至拉断时,断裂应发生在杆部或螺纹部分,而不应发生在螺头与杆部的交接处。 (2)扭剪型高强度螺栓连接副预拉力复验。 复验用的螺栓应在施工现场待安装的螺栓批中随机抽取,每批应抽取8套连接副进行复验。 连接副预拉力可采用经计量检定、校准合格的轴力计进行测试。 试验用的电测轴力计、油压轴力计、电阻应变仪、扭矩扳手等计量器具,应在试验前进行标定,其误差不得超过2%。 采用轴力计方法复验连接副预拉力时,应将螺栓直接插入轴力计。紧固螺栓分初拧、终拧两次进行,初拧应采用手动扭矩扳手或专用定扭矩电动扳手;初拧值应为预拉力标准值的50%左右。终拧应采用专用电动扳手。至尾部梅花头拧掉,读出预拉力值。 每套连接副只应做一次试验,不得重复使用。在紧固中垫圈发生转动时,应更换连接副,重新试验。 复验螺栓连接副的预拉力平均值和标准偏差见表2－19。 (3)高强度螺栓连接副施工扭矩检验。 高强度螺栓连接副扭矩检验含初拧、复拧、终拧扭矩的现场无损检验。检验所用的扭矩扳手其扭矩精度误差应不大于3%。 高强度螺栓连接副扭矩检验分扭矩法检验和转角法检验两种,原则上检验法与施工法应相同。扭矩检验应在施拧1 h后、48 h内完成。 ①扭矩法检验。 检验方法:在螺尾端头和螺母相对位置划线,将螺母退回60°左右,用扭矩扳手测定拧回至原来位置时的扭矩值。该扭矩值与施工扭矩值的偏差在10%以内为合格。

续上表

<table>
<tr><th colspan="2">项目</th><th>内　容</th></tr>
<tr><td>高强度螺栓轴力、扭矩系数试验</td><td>高强度螺栓检验及复验</td><td>高强度螺栓连接副终拧扭矩值按下式计算：
$$T_c=K\cdot P_c\cdot d$$
式中　T_c——终拧扭矩值(N·m)；
P_c——施工预拉力标准值(kN)，见表2－33；
d——螺栓公称直径(mm)；
K——扭矩系数。
高强度大六角头螺栓连接副初拧扭矩值 T_0 可按 $0.5T_c$ 取值。
扭剪型高强度螺栓连接副初拧扭矩值 T_0 可按下式计算：
$$T_0=0.065P_c\cdot d$$
式中　T_0——初拧扭矩值(N·m)；
P_c——施工预拉力标准值(kN)，见表2－33；
d——螺栓公称直径(mm)。
②转角法检验。
检验方法：检查初拧后在螺母与相对位置所画的终拧起始线和终止线所夹的角度是否达到规定值。在螺尾端头和螺母相对位置画线，然后全部卸松螺母，在按规定的初拧扭矩和终拧角度重新拧紧螺栓，观察与原画线是否重合。终拧转角偏差在10°以内为合格。
终拧转角与螺栓的直径、长度等因素有关，应由试验确定。
(4)扭剪型高强度螺栓施工扭矩检验。
检验方法：观察尾部梅花头拧掉情况。尾部梅花头被拧掉者视同其终拧扭矩达到合格质量标准；尾部梅花头未被拧掉者应按上述扭矩法或转角法检验。
(5)高强度大六角头螺栓连接副扭矩系数复验。
复验用螺栓应在施工现场待安装的螺栓批中随机抽取，每批应抽取8套连接副进行复验。
连接副扭矩系数复验用的计量器具应在试验前进行标定，误差不得超过2%。
每套连接副只应做一次试验，不得重复使用。在紧固中垫圈发生转动时，应更换连接副，重新试验。
连接副扭矩系数的复验应将螺栓穿入轴力计，在测出螺栓预拉力 P 的同时，应测定施加于螺母上的施拧扭矩值 T 并应按下式计算扭矩系数 K。
$$K=\frac{T}{P\cdot d}$$
式中　T——施拧扭矩(N·m)；
d——高强度螺栓的公称直径(mm)；
P——螺栓预拉力(kN)。
进行连接副扭矩系数试验时，螺栓预拉力值见表2－34。
每组8套连接副扭矩系数的平均值应为0.110～0.150，标准偏差小于或等于0.010。
扭剪型高强度螺栓连接副当采用扭矩法施工，其扭矩系数亦按本规定确定</td></tr>
</table>

续上表

项目		内容
高强度螺栓轴力、扭矩系数试验	螺栓球网架用高强度螺栓	(1)高强度螺栓的性能等级应按螺纹规格分别选用。对于 M12～M36 的高强度螺栓,其性能等级为 10.9S;对于 M39～M64 的高强度螺栓,其性能等级为 9.8S。 (2)高强度螺栓应进行拉力载荷试验,试验结果见表 2－35
	螺纹规格	螺纹规格为(M39～M64)×4 的高强度螺栓可用硬度试验代替拉力载荷试验。常规硬度值为 32～37HRC,如对试验有争议时,应进行芯部硬度试验,其硬度值应不低于 28HRC。如对硬度试验有争议时,应进行螺栓实物的拉力载荷试验
连接件摩擦面的抗滑移系数试验	基本要求	制造厂和安装单位应分别以钢结构制造批为单位进行抗滑移系数试验。制造批可按分部(子分部)工程划分规定的工程量每 2 000 t 为一批,不足 2 000 t 的可视为一批。选用两种及两种以上表面处理工艺时,每种处理工艺应单独检验。每批三组试件。 抗滑移系数试验应采用双摩擦面的二栓拼接的拉力试件。如图 2－7 所示。 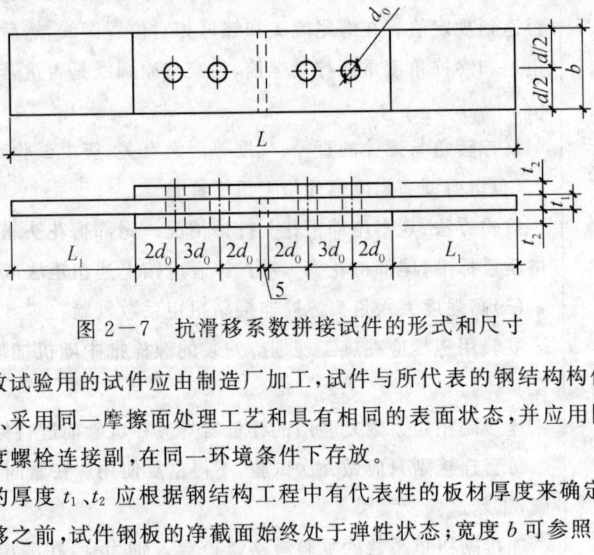 图 2－7　抗滑移系数拼接试件的形式和尺寸 抗滑移系数试验用的试件应由制造厂加工,试件与所代表的钢结构构件应为同一材质、同批制作、采用同一摩擦面处理工艺和具有相同的表面状态,并应用同批同一性能等级的高强度螺栓连接副,在同一环境条件下存放。 试件钢板的厚度 t_1、t_2 应根据钢结构工程中有代表性的板材厚度来确定,同时应考虑在摩擦面滑移之前,试件钢板的净截面始终处于弹性状态;宽度 b 可参照表 2－36 规定取值。L_1 应根据试验机夹具的要求确定。 试件板面应平整,无油污,孔和板的边缘无飞边、毛刺
	试验方法	试验用的实验机误差应在 1%以内。 试验用的贴有电阻片的高强度螺栓、压力传感器和电阻应变仪应在试验前用试验机进行标定,其误差应在 2%以内。 试件的组装顺序应符合下列规定。 (1)先将冲钉打入试件孔定位,然后逐个换成装有压力传感器或贴有电阻片的高强度螺栓,或换成同批经预拉力复验的扭剪型高强度螺栓。

续上表

项目		内容
连接件摩擦面的抗滑移系数试验	试验方法	(2)紧固高强度螺栓应分初拧、终拧。初拧应达到螺栓预应力标准值的 50%左右，终拧后，螺栓预拉力应符合下列规定。 ①对装有压力传感器或贴有电阻片的高强度螺栓，采用电阻应变仪实测控制试件每个螺栓的预拉力值应在 $0.95\sim1.05P$（P 为高强度螺栓设计预拉力值）之间； ②不进行实测时，扭剪型高强度螺栓的预拉力（同轴力）可按同批复验预拉力的平均值取用。 试件应在其侧面画出观察滑移的直线。 将组装好的试件置于拉力试验机上，试件的轴线应与试验机夹具中心严格对齐。 加荷时，应先加 10%的抗滑移设计荷载值，停 1 min 后，再平稳加荷，加荷速度为 3～5 kN/s。直拉至滑动破坏，测得滑移荷载 N_v
	注意事项	在试验中当发生以下情况之一时，所对应的荷载可定为试件的滑移荷载： (1)试验机发生回针现象； (2)试件侧面画线发生错动； (3)X—Y 记录仪上变形曲线发生突变； (4)试件突然发生"嘣"的响声。 抗滑移系数，应根据试验所测得的滑移荷载 N_v 和螺栓预拉力 P 的实测值，按下式计算，宜取小数点后二位有效数字。 $\mu=\dfrac{N_v}{n_f\sum_{i=l}^{m}P_i}$ 式中 N_v——由试验测得的滑移荷载； n_f——摩擦面面数，$n_f=2$； $\sum_{i=l}^{m}P_i$——试件滑移一侧高强度螺栓预拉力实测值（或同批螺栓连接副的预拉力平均值）之和（取三位有效数字）(kN)； m——试件一侧螺栓数量，取 $m=2$
检查连接面，清除浮锈、飞刺与油污		(1)查构件连接面，高强度螺栓接头的摩擦面加工可采用喷砂、抛丸和砂轮打磨方法。处理后的抗滑移系数应符合设计要求。 (2)摩擦面表面浮锈已经清除无飞刺与油污
安装构件就位，临时螺栓固定		(1)安装构件并用临时螺栓固定。 (2)高强度螺栓连接安装时，在每个节点上应穿入的临时螺栓和冲钉数量，由安装时可能承担的荷载计算确定，并应符合下列规定。 ①不得少于安装总数的 1/3。 ②不得少于两个临时螺栓。 ③冲钉穿入数量不宜多于螺栓孔的 30%

续上表

项目	内容
校正钢柱达到预留偏差值	对钢柱作校正测量,符合允许偏差值
安装高强度螺栓	(1)高强度螺栓应能自由穿入螺孔内,严禁用榔头强行打入或用扳手强行拧入。一组高强度螺栓宜按同一方向穿入螺孔内。 (2)不得用高强度螺栓兼做临时螺栓,以防损伤螺纹引起扭矩系数的变化。 (3)高强度螺栓的安装应在结构构件中心位置调整后进行,其穿入方向应以施工方便为准,并力求一致。 (4)高强度螺栓应自由穿入螺栓孔。高强度螺栓孔不应采用气割扩孔,扩孔数量应征得设计同意,扩孔后的孔径不应超过 $1.2d$(d 为螺栓直径)。 (5)高强度螺栓的拧紧分为初拧、终拧。对于大型节点分为初拧、复拧、终拧。 (6)工地储存高强度螺栓时,应放在干燥、通风、防雨、防潮的仓库内,并不得损伤螺纹和沾染脏物。连接副入库应按包装箱上注明的规格、批号分类存放。安装时,要按使用部位,领取相应规格、数量、批号的连接副,当天没有用完的螺栓,必须装回干燥、洁净的容器内,妥善保管并尽快使用完毕,不得乱放、乱扔。 (7)使用前应进行外观检查,表面油膜正常无污物的方可使用。 (8)使用开包时应核对螺栓的直径、长度。 (9)使用过程中不得雨淋,不得接触泥土、油污等脏物
初拧、终拧	(1)高强度螺栓的紧固是用专门扳手拧紧螺母,使螺杆内产生要求的拉力。 (2)大六角头高强度螺栓一般用二种方法拧紧,即扭矩法和转角法。 ①扭矩法初拧用定扭矩扳手,以终拧扭矩的30%～50%进行,使接头各层钢板达到充分密贴,再用电动扭剪型扳手把海花头拧掉,使螺栓杆达到设计要求的轴力。对于板层较厚,板叠较多,安装时发现连接部位有轻微翘曲的连接接头等原因使初拧的板层达不到充分密贴时应增加复拧,复拧扭矩和初拧扭矩相同或略大。 ②转角法也分初拧和终拧二次进行。初拧用定扭矩扳手以终拧扭矩的30%～50%进行。使接头各层钢板达到充分密贴,再在螺母和螺栓杆上面通过圆心画一条直线,然后用扭矩扳手转动螺母一个角度,使螺栓达到终拧要求。转动角度的大小在施工前由试验统计确定。 ③一个接头上的高强度螺栓,应从螺栓群中部开始安装,逐个拧紧。初拧、复拧、终拧都应从螺栓群中部开始向四周扩展逐个拧紧,每拧一遍均应用不同颜色的油漆做上标记,防止漏拧。 ④接头如有高强度螺栓连接又有电焊连接时,是先紧固还是先焊接应按设计要求规定的顺序进行,设计无规定时,按先紧固后焊接(即先栓后焊)的施工工艺顺序进行,先终拧完高强度螺栓再焊接焊缝。 ⑤高强度螺栓的紧固顺序从刚度大的部位向不受约束的自由端进行,同一节点内从中间向四周,以使板间密贴。 ⑥初拧和终拧都应当进行登记并填表

续上表

项目	内　　容
检查	(1)大六角头高强度螺栓检查。 ①扭矩检查应在螺栓终拧 1 h 以后、24 h 之前完成。 ②用小锤(0.3 kg)敲击法对高强度螺栓进行普查，以防漏拧。 ③对每个节点螺栓数的 10%，但不少于一个进行扭矩检查。根据高强度螺栓拧紧的方法分为扭矩法检查和转角法检查。 ④检查发现有不符合规定的，应再扩大检查 10%，如仍有不合格者，则整个节点的高强度螺栓应重新拧紧。 (2)大六角头高强度螺栓施工质量应有下列原始检查验收记录：高强度螺栓连接副复验数据、抗滑移系数试验数据、初拧扭矩、终拧扭矩、扭矩扳手检查数据和施工质量检查验收记录等。 (3)扭剪型高强度螺栓施工质量应有下列原始检查验收记录：高强度螺栓连接副复验数据、抗滑移系数试验数据、初拧扭矩、扭矩扳手检查数据和施工质量检查验收记录等。 (4)扭剪型高强度螺栓终拧检查，以目测尾部梅花头拧断为合格。尾部梅花头未被拧掉者应按扭矩法或转角法检验
验收	全部检查完毕后，对资料进行核对，完全无误后进行验收
成品保护	(1)高强度螺栓连接副由制造厂按批号，一定数量同一规格配套后装为一箱(桶)，从出厂至安装前严禁随意开包。在运输过程中应轻装、轻卸，防止损坏，防雨、防潮。当出现包装破损、螺栓有污染等异常现象时，应及时用煤油清洗，并按高强度螺栓验收规程进行复验，经复验扭矩系数或轴力合格后，方能使用。 (2)已完成安装项目的工程应加强保护，不应进行有损其强度的其他作业
应注意的质量问题	(1)高强度螺栓施工注意事项。 ①螺栓穿入方向以便利施工为准，每个节点整齐一致。 ②螺母、垫圈均有方向要求，螺栓、螺母均标有级别与生产厂家。 ③已安装高强度螺栓严禁用火焰或电焊切割梅花头。 ④因空间狭窄，高强度螺栓扳手不宜操作部位，可采用加高套管或用手动扳手安装。 ⑤高强度螺栓超拧应更换并废弃换下来的螺栓，不得重复使用。 ⑥安装中的错孔、漏孔不允许用气割开孔，错孔应严格按《钢结构工程施工质量验收规范》(GB 50205—2001)和《钢结构高强度螺栓连接技术规程》(JGJ 82—2011)的要求进行处理。 ⑦当气温低于−10℃时停止作业；当摩擦面潮湿或暴露于雨雪中，停止作业。 ⑧高强度螺栓的包装、运输与使用中应尽量保持出厂状态。 ⑨施工前必须对扭矩扳手进行标定；终拧时，大六角头螺栓应按施工扭矩施拧，扭剪型螺栓用专用电动扳手施拧，拧掉梅花头。 ⑩高空施工时严禁乱扔螺栓、螺母、垫圈及尾部梅花头应严格回收，以免坠落伤人。 ⑪施拧后应及时涂防锈漆。

续上表

项目	内 容
应注意的质量问题	⑫对于露天使用或接触腐蚀性气体的钢结构，在高强度螺栓拧紧检查验收合格后，连接处板缝应及时用防水或耐腐蚀的腻子封闭。 ⑬要求初拧、复拧、终拧在 24 h 内完成。 (2)母材生浮锈后在组装前必须用钢丝刷清除掉。 (3)再次使用的连接板需再次处理。 (4)连接板叠的错位或间隙必须按照《钢结构工程施工质量验收规范》(GB 50205—2001)要求进行处理，确保结合面贴实

表 2－33 高强度螺栓连接副施工预拉力标准值 (单位：kN)

螺栓的性能等级	螺栓公称直径(mm)					
	M16	M20	M22	M24	M27	M30
8.8S	75	120	150	170	225	275
10.9S	110	170	210	250	320	390

表 2－34 螺栓预拉力值范围 (单位：kN)

螺栓规格(mm)		M16	M20	M22	M24	M27	M30
预拉力值 P	10.9S	93～113	142～177	175～215	206～250	265～324	325～390
	8.8S	62～78	100～120	125～150	140～170	185～225	230～275

表 2－35 高强度螺栓拉力载荷试验允许值

螺纹规格 d	M12	M14	M16	M20	M22	M24
性能等级	10.9S					
应力截面积 A_{eff}(mm^2)	84.3	115	157	245	303	353
拉力荷载(kN)	87.5～104.5	120～143	163～195	255～304	315～376	367～438
螺纹规格 d	M27	M30	M33	M36	M39	M42
性能等级	10.9S			9.8S		
应力截面积 A_{eff}(mm^2)	459	561	694	817	976	1120
拉力荷载(kN)	477～569	583～696	722～861	850～1 013	878～1 074	1 008～1 232
螺纹规格 d	M45	M48	M52	M56×4	M60×4	M64×4
性能等级	10.9S					
应力截面积 A_{eff}(mm^2)	1 310	1 470	1 760	2 144	2 485	2 851
拉力荷载(kN)	1 179～1 441	1 323～1 617	1 584～1 936	1 930～2 358	2 237～2 734	2 566～3 136

表 2－36 镀件板的宽度 （单位：mm）

螺栓直径 d	16	20	22	24	27	30
板宽 b	100	100	105	110	120	120

第三章　钢零件及钢部件加工工程

第一节　切　　割

一、验收标准条文

切割的验收标准，见表 3－1。

表 3－1　切割的验收标准

项目	内　　容
主控项目	钢材切割面或剪切面应无裂纹、夹渣、分层和大于 1 mm 的缺棱。 检查数量：全数检查。 检验方法：观察或用放大镜及百分尺检查，有疑义时作渗透、磁粉或超声波探伤检查
一般项目	(1)气割的允许偏差见表 3－2。 检查数量：按切割面数抽查 10%，且不应少于 3 个。 检验方法：观察检查或用钢尺、塞尺检查。 (2)机械剪切的允许偏差见表 3－3。 检查数量：按切割面数抽查 10%，且不应少于 3 个。 检验方法：观察检查或用钢尺、塞尺检查

表 3－2　气割的允许偏差　　(单位：mm)

项　　目	允许偏差
零件宽度、长度	±3.0
切割面平面度	0.05t，且不应大于 2.0
割纹深度	0.3
局部缺口深度	1.0

注：t 为切割面厚度。

表 3－3　机械剪切的允许偏差　　(单位：mm)

项　　目	允许偏差
零件宽度、长度	±3.0

续上表

项　目	允许偏差
边缘缺棱	1.0
型钢端部垂直度	2.0

二、施工工艺解析

切割的施工工艺，见表3－4。

表3－4　切割的施工工艺

项目	内　容
机械切割	使用剪切机、锯割机、砂轮切割机等机械设备，主要用于型材及薄钢板的切割
气割	利用氧气－乙炔，丙烷，液化石油气等热源进行，主要用于中厚钢板及较大断面型钢的切割
等离子气割	利用等离子弧焰流实现，主要用于不锈钢、铝、铜等金属的切割
剪切时的工艺要点	(1)剪刀必须锋利，剪刀材料应为碳素工具钢和合金工具钢，发现损坏或者迟钝者需及时检修、磨砺或调换。 (2)上下刀刃的间隙应根据板厚调节适当。 (3)当一张钢板上排列许多个零件并有几条相交的剪切线时，应预先安排好合理的剪切程序进行剪切。 (4)应按剪板规程进行操作，需剪切的长度不能超过刀口长度。 (5)材料剪切后的弯扭变形，必须进行矫正；剪切面粗糙或带有毛刺，必须磨光。 (6)剪切过程中，切口附近的金属，因受剪力而发生挤压和弯曲，从而发生硬度提高，材料变脆的冷作硬化现象，重要的结构件和焊缝的接口位置，一定要用铣、刨或砂轮磨削等方法将硬化表面加工清除
锯切机械工艺要点	(1)型钢应经过校直后方可进行锯切。 (2)单件锯切的构件，先划出号料线，然后对线锯切。号料时，需留出锯槽宽度(锯槽宽度为锯条厚度加0.5～1.0 mm)。成批加工的构件，可预先安装定位挡板进行加工。 (3)加工精度要求较高的重要构件，应考虑预留适当的加工余量，以供锯切后进行端面精铣。 (4)锯切时，应注意切割断面垂直度的控制
气割操作时工艺要点	(1)气割前必须确认气割系统的设备和工具正常运转，确保安全。 (2)气压应适当、稳定。 (3)压力表应计量准确、可靠。 (4)轨道平直，机体行走平稳、无振动。 (5)割具规格齐全、性能完好。 (6)气割时依据割具特点、钢板厚度和环境等因素制定工艺参数。包括割嘴型号、气体压力、气割速度、预热火焰等。

续上表

项目	内　容
气割操作时工艺要点	(7)气割前，应去除钢材表面污物、油垢等，割具的移动速度均匀，焰心尖端距割面的距离2～5 mm。防止漏气、回火。 (8)切割时应调节好氧气射流(风线)的形状，要求风线长、射力高和轮廓清晰。 (9)为了防止气割变形，操作中应遵守下列程序。 ①大型工件的切割，应先从短边开始。 ②在钢板上切割不同尺寸的工件时，应靠边靠角，合理布置，先割大件，后割小件。 ③在钢板上切割不同形状的工件时，应先割较复杂的，后割较简单的。 ④窄长条形板的切割，采用两长边同时切割的方法，以防止产生旁弯(俗称马刀弯)

第二节　矫正和成型

一、验收条文

矫正和成型的验收标准见表3－5。

表3－5　矫正和成型的验收标准

项目	内　容
主控项目	(1)碳素结构钢在环境温度低于－16℃，低合金结构钢在环境温度低于－12℃时，不应进行冷矫正和冷弯曲。碳素结构钢和低合金结构钢在加热矫正时，加热温度不应超过900℃。低合金结构钢在加热矫正后应自然冷却。 检查数量：全数检查。 检验方法：检查制作工艺报告和施工记录。 (2)当零件采用热加工成型时，加热温度应控制在900℃～1 000℃；碳素结构钢和低合金结构钢在温度分别下降到700℃和800℃之前，应结束加工；低合金结构钢应自然冷却。 检查数量：全数检查。 检验方法：检查制作工艺报告和施工记录
一般项目	(1)矫正后的钢材表面，不应有明显的凹面或损伤，划痕深度不得大于0.5 mm，且不应大于该钢材厚度负允许偏差的1/2。 检查数量：全数检查。 检验方法：观察检查和实测检查。 (2)冷矫正和冷弯曲的最小曲率半径和最大弯曲矢高应符合表3－6的规定。 检查数量：按冷矫正和冷弯曲的件数抽查10%，且不应少于3个。 检验方法：观察检查和实测检查。 (3)钢材矫正后的允许偏差，应符合表3－7的规定。 检查数量：按矫正件数抽查10%，且不应少于3件。 检验方法：观察检查和实测检查

表 3-6　冷矫正和冷弯曲的最小曲率半径和最大弯曲矢高　（单位：mm）

钢材类别	图例	对应轴	矫正		弯曲	
			r	f	r	f
钢板扁钢	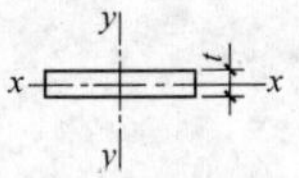	$x-x$	$50t$	$\frac{l^2}{400t}$	$25t$	$\frac{l^2}{200t}$
		$y-y$（仅对扁钢轴线）	$100b$	$\frac{l^2}{800b}$	$50b$	$\frac{l^2}{400b}$
角钢	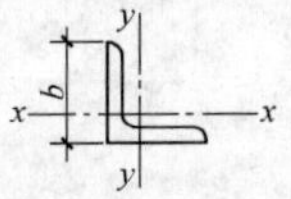	$x-x$	$90b$	$\frac{l^2}{720b}$	$45b$	$\frac{l^2}{360b}$
槽钢	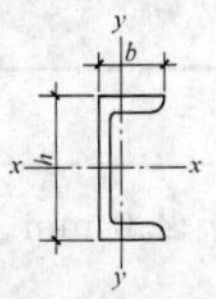	$x-x$	$50h$	$\frac{l^2}{400h}$	$25h$	$\frac{l^2}{200h}$
		$y-y$	$90b$	$\frac{l^2}{720b}$	$45b$	$\frac{l^2}{360b}$
工字钢	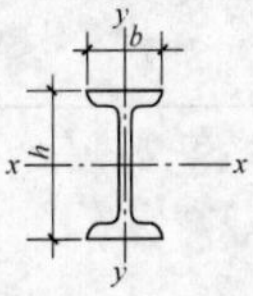	$x-x$	$50h$	$\frac{l^2}{400h}$	$25h$	$\frac{l^2}{200h}$
		$y-y$	$50b$	$\frac{l^2}{400b}$	$25b$	$\frac{l^2}{200b}$

注：r 为曲率半径；f 为弯曲矢高；l 为弯曲弦长；t 为钢板厚度。

表 3-7　钢材矫正后的允许偏差　（单位：mm）

项目		允许偏差	图例
钢板的局部平面度	$t\leqslant14$	1.5	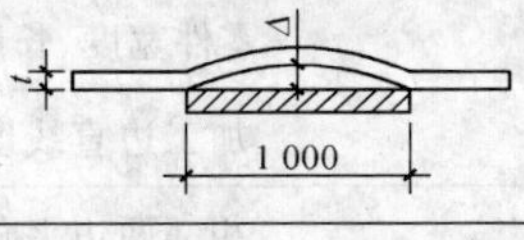
	$t>14$	1.0	
型钢弯曲矢高		l/1 000 且不应大于 5.0	
角钢肢的垂直度		b/100 双肢栓接角钢的角度不得大于 90°	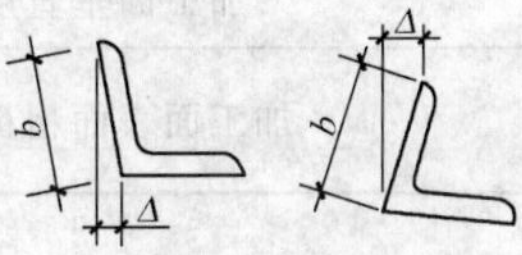
槽钢翼缘对腹板的垂直度		b/80	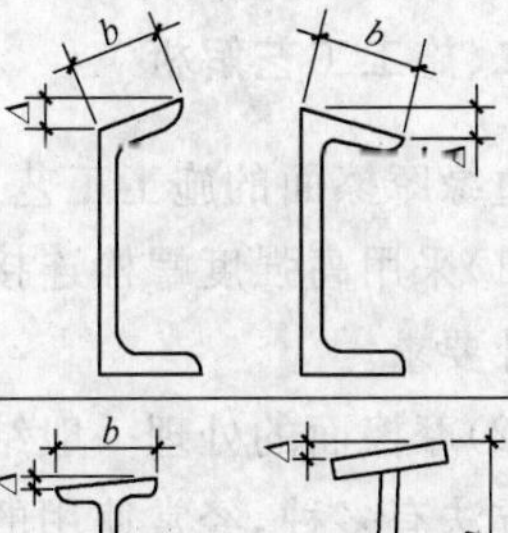
工字钢、H 型钢翼缘对腹板的垂直度		b/100 且不大于 2.0	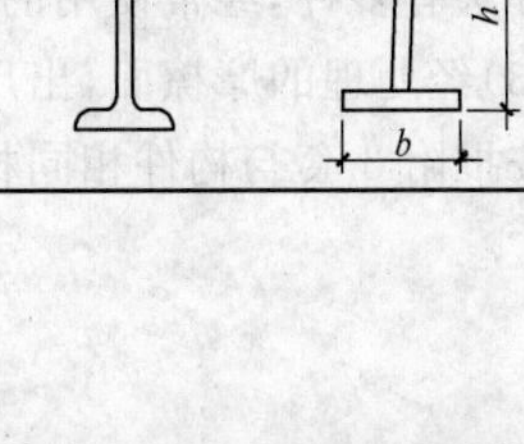

二、施工工艺解析

(1)冷矫正和冷弯曲可以用压力机、胎具固定和千斤顶加压等方法矫正。

(2)采用热加工成型时,用火焰加热,加热温度控制在900℃～1 000℃,对于低合金结构钢加热后应自然冷却。

第三节 边缘加工

一、验收条文

边缘加工的验收标准,见表3－8。

表3－8 边缘加工的验收标准

项目	内 容
主控项目	气割或机械剪切的零件,需要进行边缘加工时,其刨削量不应小于2.0 mm。 检查数量:全数检查。 检验方法:检查工艺报告和施工记录
一般项目	边缘加工允许偏差见表3－9。 检查数量:按加工面数抽查10%,且不应少于3件。 检验方法:观察检查和实测检查

表3－9 边缘加工的允许偏差 (单位:mm)

项 目	允许偏差
零件宽度、长度	±1.0
加工边直线度	l/3 000,且不应大于2.0
相邻两边夹角	±6′
加工面垂直度	0.025t,且不应大于0.5
加工面表面粗糙度	$\overset{50}{\bigtriangledown}$

二、施工工艺解析

边缘摩擦面的施工工艺

(1)采用高强度螺栓连接时,应对构件摩擦面进行加工处理。处理后的抗滑移系数应符合设计要求。

(2)摩擦面的处理一般结合钢构件表面处理方法一并进行,摩擦面处理完不用涂装。其处理方法有多种,经常使用的方法有喷砂(丸)法、砂轮打磨法、钢丝刷人工除锈等。

(3)经处理的摩擦面,出厂前应按批做抗滑移系数试验,最小值应符合设计的要求;出厂时应按批附3套与构件相同材质、相同处理方法的试件,由安装单位复验抗滑移系数。在运输过程中试件摩擦面不得损伤。

(4)处理好的摩擦面,应采取防油污和损伤的保护措施

第四节　管、球加工

一、验收条文

管、球加工的验收标准,见表 3－10。

表 3－10　管、球加工的验收标准

项目	内　容
主控项目	(1)螺栓球成型后,不应有裂纹、褶皱、过烧。 检查数量:每种规格抽查 10%,且不应少于 5 个。 检验方法:10 倍放大镜观察检查或表面探伤。 (2)钢板压成半圆球后,表面不应有裂纹、褶皱;焊接球其对接坡口应采用机械加工,对接焊缝表面应打磨平整。 检查数量:每种规格抽查 10%,且不应少于 5 个。 检验方法:10 倍放大镜观察检查或表面探伤
一般项目	(1)螺栓球加工的允许偏差见表 3－11。 检查数量:每种规格抽查 10%,且不应少于 5 个。 检验方法:见表 3－11。 (2)焊接球加工的允许偏差见表 3－12。 检查数量:每重规格抽查 10%,切不应少于 5 个。 检验方法:见表 3－12。 (3)钢网架(桁架)用钢管杆件加工的允许偏差见表 3－13。 检查数量:每种规格抽查 10%,且不应少于 5 根。 检验方法:见表 3－13

表 3－11　螺栓球加工的允许偏差　(单位:mm)

项　目		允许偏差	检验方法
圆度	$d\leqslant120$	1.5	用卡尺和游标卡尺检查
	$d>120$	2.5	
同一轴线上两铣平面平行度	$d\leqslant120$	0.2	用百分表 V 形块检查
	$d>120$	0.3	
铣平面距球中心距离		±0.2	用游标卡尺检查
相邻两螺栓孔中心线夹角		±30′	用分度头检查
两铣平面与螺栓孔轴线垂直度		0.005 r	用百分表检查

续上表

项　目		允许偏差	检验方法
球毛坯直径	$d\leqslant120$	+2.0 −1.0	用卡尺和游标卡尺检查
	$d>120$	+3.0 −1.5	

表 3−12　焊接球加工的允许偏差　(单位:mm)

项目	允许偏差	检验方法
直径	$\pm0.005d$ ±2.5	用卡尺和游标卡尺检查
圆度	2.5	用卡尺和游标卡尺检查
壁厚减薄量	$0.13t$,且不应大于 1.5	用卡尺和测厚仪检查
两半球对口错边	1.0	用套模和游标卡尺检查

表 3−13　钢网架(桁架)用钢管杆件加工的允许偏差　(单位:mm)

项目	允许偏差	检验方法
长度	±1.0	用钢尺和百分表检查
墙面对管轴的垂直度	$0.005r$	用百分表 V 形块检查
管口曲线	1.0	用套模和游标卡尺检查

二、施工工艺解析

(1)焊接空心球节点制作工艺解析见表 3−14。

表 3−14　焊接空心球节点制作工艺解析

项目	内　容
画线、放样	(1)板宽 B 的选择以所有球圆片相邻点相切计算,如图 3−1 所示,板长长度越长利用率越高。 (2)其板宽计算公式: $$B=D_0+D_0\times(n-1)\times\sin60^\circ$$ 式中　n——料的行数; D_0——下料直径; B——板宽。 直径公式:空心球下料尺寸计算如图 3−2 所示。

续上表

项目	内　　容
画线、放样	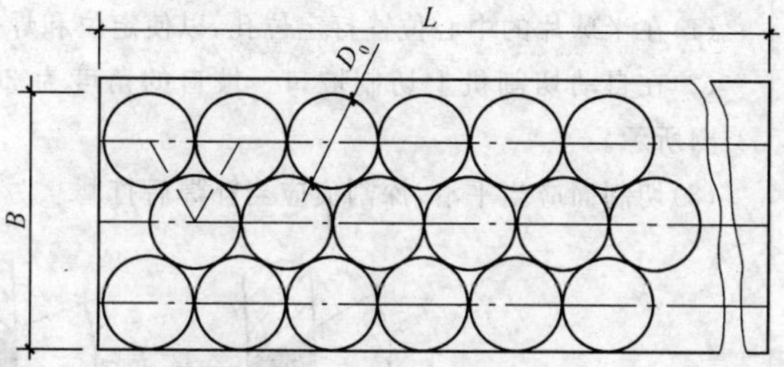 图 3－1　焊接球下料布置 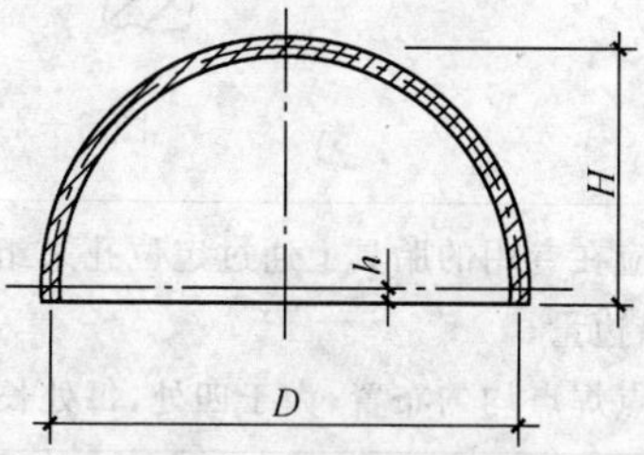 图 3－2　半球加工 $D_0=2\sqrt{D\times H}$ 式中　D——球片中径等于球直径减一个壁厚； H——半球高，$D/2+h$，$h=5\sim10$ mm(切边余量)； D_0——下料直径
下料	(1)切割宜在切割机上进行，也可手工气割，割规的尺寸必须一致，圆片周边光滑无缺口，去除毛刺。 (2)同种规格摆放整齐，不同材质的应当有明显标注，以便区别
加热	(1)在炉子内摆放时，应当将球片间隔开，以便加热均匀。温度应控制在金属的相变以内，一般为(770±30)℃。 (2)加温时间不宜过长，以球片温度一致为准
压制	(1)凹模的内孔直径应经试验确定，并综合考虑热胀冷缩和磨损。凹模外形应采用如图 3－3 所示的形式。 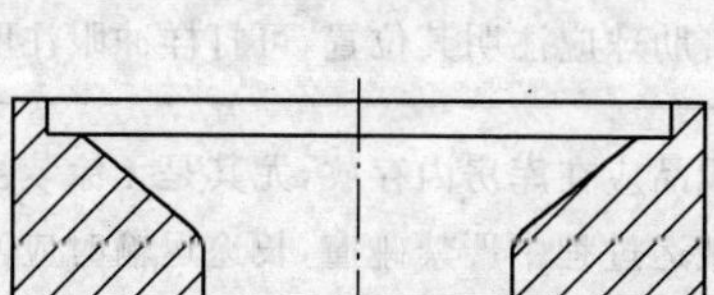 图 3－3　凹模 凸模外径是球的内径，要求在专用机床上制作。表面应当圆滑，尺寸准确。上、下模具必须严格对中，中间的间隙应考虑板加热后的膨胀。 (2)压制速度应根据实际情况选择。 (3)检验，压制过程中要检测其外形和拉薄程度。合格后方可批量压制

续上表

项目	内　容
切坡口	(1)在半球片的中心位置打定位孔，以使定位和焊接时通气。 (2)在自动切割机上切制坡口。坡口的角度为 30°，中间加肋时可适当减小。如图 3－4所示。 (3)切制面应当平滑，深割痕应当补焊后打磨 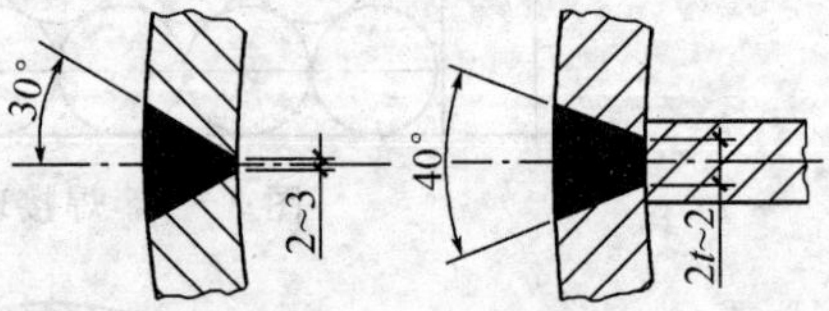 图 3－4　坡口形式
组对	(1)应在专用的胎具上通过定位孔来组对，中间保持 1～2 mm 间隙。用样板检查圆度和错边量。 (2)点焊点均匀布置，大于四处，每处长 30～40 mm。必须按正规方法施焊
打底	(1)清除毛刺和污物后，用 CO_2 气体保护焊打底，打底厚度均匀无漏点。应当使球体自动均速旋转，使焊接方向保持不变。 (2)用角向砂轮对焊口面进行打磨，并去除毛刺、飞溅
填充	(1)埋弧焊接在特制的专用机具上将球夹持并旋转，使焊接位置保持在上方一点，利用埋弧焊机进行最后施焊。 (2)严格执行埋弧焊接操作工艺
探伤	(1)超声波探伤，超差者应当气刨后打磨补焊。 (2)探伤判断原则按照国家标准《钢结构工程施工质量验收规范》(GB 50205—2001)的要求执行
合格、涂装	(1)外形检查、探伤合格后按设计要求进行涂装。 (2)涂装前应清除焊渣、飞溅物、油污等。一般涂装无机富锌漆
标识、入库	(1)标识。用钢印打标准型号标记。 (2)带肋球应注明其位置，可打样冲眼注明
成品保护	(1)成品应在库房内存放，尤其是无涂装裸品，应当避免雨水淋湿生锈腐蚀。 (2)搬运过程中严禁碰撞，长途运输时应当有隔离物保护。 (3)成品在工地应按施工要求摆放，型号和规格应清晰明确，便于安装
应注意的质量问题	(1)材料不仅检查材质而且检查壁厚，负公差容易引起拉薄超差。 (2)压制成半球时，应及时检查外形和拉薄量，并应做相应调整。 (3)探伤出现质量问题应进行分析，对症解决。 (4)编号应当准确，清楚。带肋球在球表面打上肋的位置标识

(2)螺栓球及附件制作工艺解析见表3－15。

表3－15　螺栓球及附件制作工艺解析

项目	内　容
毛坯计算	螺栓球的坯料为棒料，毛坯下料为净重的1.3倍左右，大批量生产可通过实验确定最佳系数，料坯的直径为球直径的2/3左右
下料	用机械方法按规定尺寸下料
加热与锻造	(1)加热温度应使钢材在900℃～1 000℃温度范围内进行。 (2)锻压必须严格按照锻压工艺进行
检查	(1)尺寸应当符合螺栓球外形尺寸标准。 (2)成型后，不应有裂纹、褶皱、过烧
基准孔加工	在专用机床上加工基准面，并制成基准螺纹，为其他螺纹加工做基准
螺纹加工	(1)球螺纹孔加工在多维加工机床或专用的胎具上由车床加工。任何加工都必须保证加工精度。 (2)如图3－5所示打底孔，攻螺纹必须严格按照机加工工艺进行。底孔直径过大和螺纹有效深度不够是球加工的通病，应当避免。 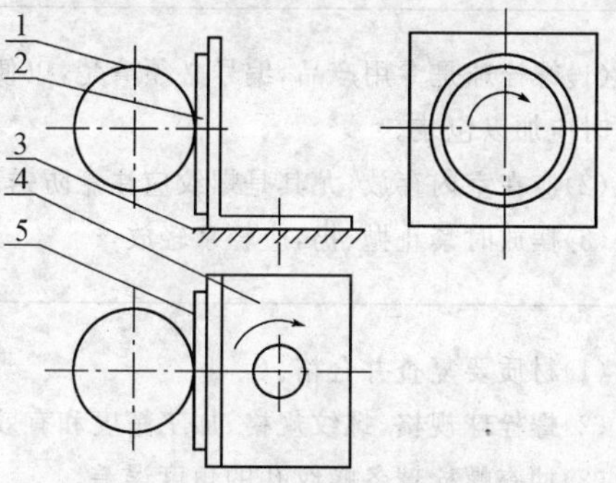 图3－5　螺栓球加工夹具 1－螺栓球；2－定位销；3－刀架座； 4－支座；5－角度盘
标记	(1)各孔的直径、螺纹精度、长度应符合设计要求。各孔相对位置、相交角度符合规范要求后，应在基准面上打下钢印以示标记。 (2)应当按设计要求编号进行标识
涂装和入库	(1)认真清除油污、毛刺。 (2)涂装刷漆应均匀，漆膜厚度应符合规定，螺纹内及接触面禁止涂漆。 (3)入库时应按规格和编号有序存放

续上表

<table>
<tr><th>项目</th><th>内　容</th></tr>
<tr><td>封板、锥头、套筒</td><td>(1)材料，封板、锥头、套筒一般采用 Q235 或 Q345 钢。
(2)棒料直接或热轧制后机加工成形。
(3)封板、锥头、套筒如图 3－6 所示，其连接焊缝以及锥头的任何截面必须与连接的钢管等强，焊缝底部宽度可根据连接钢管壁厚取 2～5 mm。封板厚度应按实际受力大小计算决定，且不宜小于钢管外径的 1/5。锥头底板厚度不宜小于锥头底部内径 1/4。封板及锥头底部厚度见表 3－16。锥头底板外径应较套筒外接圆直径或螺栓头直径再加1～2 mm，锥头底板孔径宜大于螺栓直径 1 mm。锥头倾角宜取 30°～40°。 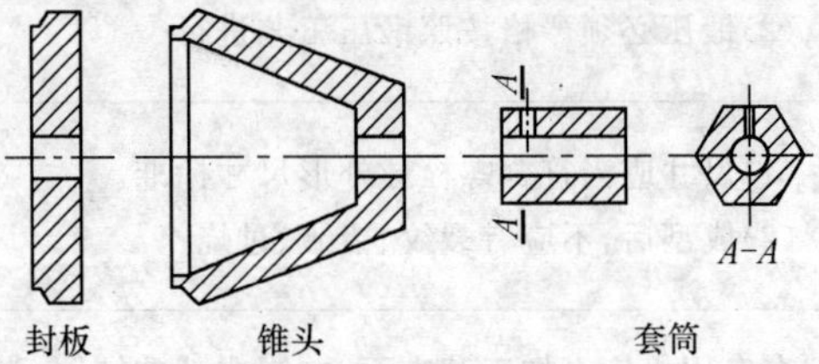
封板　锥头　A　A　A-A　套筒
图 3－6　封板、锥头、套筒
(4)套筒(六角形无纹螺母)外形尺寸应符合扳手开口系列，端部要求平整，内孔可比螺栓直径大 1 mm。并保证套筒任何截面均具有足够的抗压强度。
(5)销子或螺钉宜采用高强度钢材，如 40Cr。其直径可取螺栓直径的 0.16～0.18 倍，且不宜小于 3 mm。螺钉直径可采用 M5～M10</td></tr>
<tr><td>成品保护</td><td>(1)螺栓球是专用产品，编号必须清楚，以便识别。在运输、堆放时注意不要损坏，必要时应加以包装。
(2)应在室内存放，尤其是螺纹应注意防锈。
(3)摆放时禁止抛、扔，应轻拿轻放</td></tr>
<tr><td>应注意的质量问题</td><td>(1)材质要复查并合格。
(2)螺栓球规格、螺纹规格、加工精度和有效深度应严格检查。
(3)抽查螺栓球各螺纹孔的角度误差。
(4)对套筒、锥头外形尺寸进行抽查</td></tr>
</table>

表 3－16　封板或锥头底厚规格

螺纹规格	封板/锥头底厚度(mm)	螺纹规格	锥底厚度(mm)
M12、M14	14	M36～M42	35
M16	16	M45～M52	38
M20、M24	18	M56～M60	45
M27、M33	23	M64	48

第五节　制　　孔

一、验收条文

制孔的验收标准，见表 3－17。

表 3－17　制孔验收标准

项目	内　容
主控项目	A、B 级螺栓孔（Ⅰ类孔）应具有 H12 的精度，孔壁表面粗糙度 Ra 不应大于 12.5 μm。其孔径的允许偏差见表 3－18。 C 级螺栓孔（Ⅱ类孔），孔壁表面粗糙度 R_a 不应大于 25 μm，其允许偏差见表 3－19。 检查数量：按钢构件数量抽查 10%，且不应少于 3 件。 检验方法：用游标卡尺或孔径量规检查
一般项目	(1)螺栓孔孔距的允许偏差见表 3－20。 检查数量：按钢构件数量抽查 10%，且不应少于 3 件。 检验方法：用钢尺检查。 (2)螺栓孔孔距的允许偏差超过《钢结构工程施工质量验收规范》(GB 50205—2001)（见表 3－19）规定的允许偏差时，应采用与母材材质相匹配的焊条补焊后重新制孔。 检查数量：全数检查。 检验方法：观察检查

表 3－18　A、B 级螺栓孔径的允许偏差　（单位：mm）

序号	螺栓公称直径、螺栓孔直径	螺栓公称直径允许偏差	螺栓孔直径允许偏差
1	10～18	0.00 －0.21	＋0.18 0.00
2	18～30	0.00 －0.21	＋0.21 0.00
3	30～50	0.00 －0.25	＋0.25 0.00

表 3－19　C 级螺栓孔径的允许偏差　　（单位：mm）

项目	允许偏差
直径	＋1.0 0.0
圆度	2.0
垂直度	0.03t，且不应大于 2.0

表 3－20　螺栓孔孔距允许偏差　　（单位：mm）

螺栓孔孔距范围	≤500	501～1 200	1 201～3 000	＞3 000
同一组内任意两孔间距离	±1.0	±1.5	—	—
相邻两组的端孔间距离	±1.5	±2.0	±2.5	±3.0

注：1. 在节点中连接板与一根杆件相连的所有螺栓孔为一组；

2. 对接接头在拼接板一侧的螺栓孔为一组；

3. 在两相邻节点或接头间的螺栓孔为一组，但不包括上述两款所规定的螺栓孔；

4. 受弯构件翼缘上的连接螺栓孔，每米长度范围内的螺栓孔为一组。

二、施工材料要求

制孔的施工材料，见表 3－21。

表 3－21　制孔的施工材料

项目	内　　容
碳素结构钢	按照现行国家标准《碳素结构钢》(GB/T 700—2006)的规定，碳素结构钢分 4 个牌号，即 Q195、Q215、Q235 和 Q275。每个牌号内又分为不同的质量等级（最多可达 4 种，表示为 A、B、C、D）。钢的牌号由代表屈服强度的字母（Q）、屈服强度数值（如 235）、质量等级符号（如 A）、脱氧方法符号（如 F）4 个部分按顺序组成，例如：Q235AF。 碳素结构钢一般应以热轧、控轧或正火状态交货。钢材表面质量应符合相关产品标准规定要求。 1. 碳素结构钢牌号及化学成分 (1)钢的牌号和化学成分（熔炼分析）见表 3－22。 ①D 级钢应有足够细化晶粒的元素，并在质量证明书中注明细化晶粒元素的含量。当采用铝脱氧时，钢中酸溶铝含量应不小于 0.015％，或总铝含量应不小于 0.020％。 ②钢中残余元素铬、镍、铜含量应各不大于 0.30％，氮含量应不大于 0.008％。 a. 氮含量允许超过上述第②项的规定值，但氮含量每增加 0.001％，磷的最大含量应减少 0.005％，熔炼分析氮的最大含量应不大于 0.012％；如果钢中的酸溶铝含量不小于 0.015％或总铝含量不小于 0.020％，氮含量的上限值可以不受限制。固定氮的元素应在质量证明书中注明。

续上表

项目	内　容
碳素结构钢	b. 经需方同意，A 级钢的铜含量可不大于 0.35%。此时，供方应做铜含量的分析，并在质量证明书中注明其含量。 ③钢中砷的含量应不大于 0.080%。用含砷矿冶炼生铁所冶炼的钢，砷含量由供需双方协议规定。如原料中不含砷，可不作砷的分析。 ④在保证钢材力学性能符合本标准规定的情况下，各牌号 A 级钢的碳、锰、硅含量可以不作为交货条件，但其含量应在质量证明书中注明。 ⑤在供应商品连铸坯、钢锭和钢坯时，为了保证轧制钢材各项性能达到《碳素结构钢》(GB/T 700—2006)的要求，可以根据需方要求规定各牌号的碳、锰含量下限。 (2)成品钢材、连铸坯、钢坯的化学成分允许偏差应符合《钢的成品化学成分允许偏差》(GB/T 222—2006)的规定。氮含量允许超过规定值，但必须符合上述②中的要求，成品分析氮含量的最大值应不大于 0.014%；如果钢中的铝含量达到上述②中规定的含量，应在质量证明书中注明，氮含量上限值可不受限制。 沸腾钢成品钢材和钢坯的化学成分偏差不作保证。 2. 碳素结构钢力学性能 (1)钢材的拉伸和冲击试验结果见表 3－23，弯曲试验结果见表 3－24。 (2)用 Q195 和 Q235B 级沸腾钢轧制的钢材，其厚度(或直径)不大于 25 mm。 (3)做拉伸和冷弯试验时，型钢和钢棒取纵向试样；钢板、钢带取横向试样，断后伸长率允许比表 1－5 降低 2%(绝对值)。窄钢带取横向试样如果受宽度限制时，可以取纵向试样。 (4)如供方能保证冷弯试验见表 1－6，可不作检验。A 级钢冷弯试验合格时，抗拉强度上限可以不作为交货条件。 (5)厚度不小于 12 mm 或直径不小于 16 mm 的钢材应做冲击试验，试样尺寸为 10 mm×10 mm×55 mm。经供需双方协议，厚度为 6～12 mm 或直径为 12～16 mm 的钢材可以做冲击试验，试样尺寸为 10 mm×7.5 mm×55 mm 或 10 mm×5 mm×55 mm 或 10 mm×产品厚度×55 mm，其试验结果应不小于规定值的 50%。 (6)夏比(V 型缺口)冲击吸收功值按一组 3 个试样单值的算术平均值计算，允许其中 1 个试样的单个值低于规定值，但不得低于规定值的 70%。 如果没有满足上述条件，可从同一抽样产品上再取 3 个试样进行试验，先后 6 个试样的平均值不得低于规定值，允许有 2 个试样低于规定值，但其中低于规定值 70%的试样只允许 1 个
低合金高强结构钢	1. 牌号及化学成分 (1)钢的牌号及化学成分(熔炼分析)见表 3－25。 (2)当需要加入细化晶粒元素时，钢中应至少含有 Al、Nb、V、Ti 中的一种。加入的细化晶粒元素应在质量证明书中注明含量。 (3)当采用全铝(Al_t)含量表示时，Al_t 应不小于 0.020%。 (4)钢中氮元素含量见表 3－25，如供方保证，可不进行氮元素含量分析。如果钢中加入 Al、Nb、V、Ti 等具有固氮作用的合金元素，氮元素含量不作限制，固氮元素含量应在质量证明书中注明。

续上表

项目	内　容
低合金高强结构钢	(5)各牌号的Cr、Ni、Cu作为残余元素时，其含量各不大于0.30%，如供方保证，可不作分析；当需要加入时，其含量见表3－25或由供需双方协议规定。 (6)为改善钢的性能，可加入Re元素时，其加入量按钢水重量的0.02%～0.20%计算。 (7)在保证钢材力学性能符合本标准规定的情况下，各牌号A级钢的C、Si、Mn化学成分可不作交货条件。 2. 力学性能及工艺性能 (1)拉伸试验。 钢材拉伸试验的性能见表3－26。 (2)夏比(V型)冲击试验。 ①钢材的夏比(V型)冲击试验的试验温度和冲击吸收能量见表3－27。 ②厚度不小于6 mm或直径不小于12 mm的钢材应做冲击试验，冲击试样尺寸取10 mm×10 mm×55 mm的标准试样；当钢材不足以制取标准试样时，应采用10 mm×7.5 mm×55 mm或10 mm×5 mm×55 mm小尺寸试样，冲击吸收能量应分别不小于表3－27规定值的75%或50%，优先采用较大尺寸试样。 ③钢材的冲击试验结果按一组3个试样的算术平均值进行计算，允许其中有1个试验值低于规定值，但不应低于规定值的70%，否则，应从同一抽样产品上再取3个试样进行试验，先后6个试样试验结果的算术平均值不得低于规定值，允许有2个试样的试验结果低于规定值，但其中低于规定值70%的试样只允许有一个。 (3)Z向钢厚度方向断面收缩率应符合《厚度方向性能钢板》(GB/T 5313—2010)的规定。 (4)当需方要求做弯曲试验时，弯曲试验见表3－28。当供方保证弯曲合格时，可不做弯曲试验

表3－22　碳素结构钢的牌号和化学成分

牌号	统一数字代号①	等级	厚度(或直径)(mm)	脱氧方法	化学成分(质量分数)(%)，≤				
					C	Si	Mn	P	S
Q195	U11952	—	—	F、Z	0.12	0.30	0.50	0.035	0.040
Q215	U12152	A	—	F、Z	0.15	0.35	1.20	0.045	0.050
	U12155	B							0.045
Q235	U12352	A	—	F、Z	0.22	0.35	1.40	0.045	0.050
	U12355	B			0.20②				0.045
	U12358	C		Z	0.17			0.040	0.040
	U12359	D		TZ				0.035	0.035

续上表

牌号	统一数字代号①	等级	厚度(或直径)(mm)	脱氧方法	化学成分(质量分数)(%),≤				
					C	Si	Mn	P	S
Q275	U12752	A	—	F、Z	0.24	0.35	1.50	0.045	0.050
	U12755	B	≤40	Z	0.21			0.045	0.045
			>40		0.22				
	U12758	C	—	Z	0.20			0.040	0.040
	U12759	D		TZ				0.035	0.035

①表中为镇静钢、特殊镇静钢牌号的统一数字,沸腾钢牌号的统一数字代号如下:

Q195F——U11950;

Q215AF——U12150,Q215BF——U12153;

Q235AF——U12350,Q235BF——U12353;

Q225AF——U12750。

②经需方同意,Q235B的碳含量可不大于0.22%。

表3-23 碳素结构钢力学性能

牌号	等级	屈服强度① R_{eH}(N/mm²),≥						抗拉强度② R_m(N/mm²)	断后伸长率 A(%),≥					冲击试验(V型缺口)	
		厚度(或直径)(mm)							厚度(或直径)(mm)					温度(℃)	冲击吸收功(纵向)(J),≥
		≤16	>16~40	>40~60	>60~100	>100~150	>150~200		≤40	>40~60	>60~100	>100~150	>150~200		
Q195	—	195	185	—	—	—	—	315~430	33	—	—	—	—	—	—
Q215	A	215	205	195	185	175	165	335~450	31	30	29	27	26	—	—
	B													+20	27
Q235	A	235	225	215	215	195	185	370~500	26	25	24	22	21	—	—
	B													+20	27③
	C													0	
	D													−20	
Q275	A	275	265	255	245	225	215	410~540	22	21	20	18	17	—	—
	B													+20	27
	C													0	
	D													−20	

①Q195的屈服强度值仅供参考,不作交货条件。

②厚度大于100 mm的钢材,抗拉强度下限允许降低20 N/mm²。宽带钢(包括剪切钢板)抗拉强度上限不作交货条件。

③厚度小于25 mm的Q235B级钢材,如供方能保证冲击吸收功值合格,经需方同意,可不作检验。

表 3－24 碳素结构钢弯曲试验

牌号	试样方向	冷弯试验 180° $B=2a$①	
		钢材厚度(或直径)②(mm)	
		≤60	60～100
		弯心直径 d	
Q195	纵	0	
	横	0.5a	
Q215	纵	0.5a	1.5a
	横	a	2a
Q235	纵	a	2a
	横	1.5a	2.5a
Q27－5	纵	1.5a	2.5a
	横	2a	3a

①B 为试样宽度,a 为试样厚度(或直径)。

②钢材厚度(或直径)大于 100 mm 时,弯曲试验由双方协商确定。

表 3－25 低合金高强度结构钢的牌号及化学成分

牌号	质量等级	化学成分[①,②](质量分数)(%)														
		C	Si	Mn	P	S	Nb	V	Ti	Cr	Ni	Cu	N	Mo	B	Als
					不大于											不小于
Q345	A	≤0.20	≤0.50	≤1.70	0.035	0.035	0.07	0.15	0.20	0.30	0.50	0.30	0.012	0.10	—	—
	B				0.035	0.035										
	C				0.030	0.030										0.015
	D	≤0.18			0.030	0.025										
	E				0.025	0.020										
Q390	A	≤0.20	≤0.50	≤1.70	0.035	0.035	0.07	0.20	0.20	0.30	0.50	0.30	0.15	0.10	—	—
	B				0.035	0.035										
	C				0.030	0.030										0.015
	D				0.030	0.025										
	E				0.025	0.020										

续上表

牌号	质量等级	化学成分[①,②](质量分数)(%)														
		C	Si	Mn	P	S	Nb	V	Ti	Cr	Ni	Cu	N	Mo	B	Als
					不大于											不小于
Q420	A				0.035	0.035										—
	B				0.035	0.035										
	C	≤0.20	≤0.50	≤1.70	0.030	0.030	0.07	0.20	0.20	0.30	0.80	0.30	0.15	0.20	—	0.015
	D				0.030	0.025										
	E				0.025	0.020										
Q460	C				0.030	0.030										
	D	≤0.20	≤0.60	≤1.80	0.030	0.025	0.11	0.20	0.20	0.30	0.80	0.55	0.15	0.20	0.004	0.015
	E				0.025	0.020										
Q500	C				0.030	0.030										
	D	≤0.18	≤0.60	≤1.80	0.030	0.025	0.11	0.12	0.20	0.60	0.80	0.55	0.15	0.20	0.004	0.015
	E				0.025	0.020										
Q550	C				0.030	0.030										
	D	≤0.18	≤0.60	≤2.00	0.030	0.025	0.11	0.12	0.20	0.80	0.80	0.80	0.015	0.30	0.004	0.015
	E				0.025	0.020										
Q620	C				0.030	0.030										
	D	≤0.18	≤0.60	≤2.00	0.030	0.025	0.11	0.12	0.20	1.00	0.80	0.80	0.15	0.30	0.004	0.015
	E				0.025	0.020										
Q690	C				0.030	0.030										
	D	≤0.18	≤0.60	≤2.00	0.030	0.025	0.11	0.12	0.20	1.00	0.80	0.80	0.15	0.30	0.004	0.015
	E				0.025	0.020										

①型材及棒材P、S含量可提高0.005%，其中A级钢上限可为0.045%。

②当细化晶粒元素组合加入时，20(Nb+V+Ti)≤0.22%，20(Mo+Cr)≤0.30%。

表 3－26　钢材的拉伸性能

牌号	质量等级	拉伸试验①,②,③																					
		以下公称厚度(直径,边长)下屈服强度(R_{eL})(MPa)									以下公称厚度(直径,边长)抗拉强度(R_m)(MPa)							断后伸长率(A)(%) 公称厚度(直径,边长)					
		≤16 mm	>16~40 mm	>40~63 mm	>63~80 mm	>80~100 mm	>100~150 mm	>150~200 mm	>200~250 mm	>250~400 mm	≤40 mm	>40~63 mm	>63~80 mm	>80~100 mm	>100~150 mm	>150~250 mm	>250~400 mm	≤40 mm	>40~63 mm	>63~100 mm	>100~150 mm	>150~250 mm	>250~400 mm
Q345	A																	≥20	≥19	≥19	≥18	≥17	
	B									—							—						—
	C	≥345	≥335	≥325	≥315	≥305	≥285	≥275	≥265		470~630	470~630	470~630	470~630	450~600	450~600							
	D									≥265							450~600	≥21	≥20	≥20	≥19	≥18	≥17
	E																						
Q390	A																						
	B																						
	C	≥390	≥370	≥350	≥330	≥330	≥310	—	—	—	490~650	490~650	490~650	490~650	470~620	—	—	≥20	≥19	≥19	≥18	—	—
	D																						
	E																						
Q420	A																						
	B																						
	C	≥420	≥400	≥380	≥360	≥360	≥340	—	—	—	520~680	520~680	520~680	520~680	500~650	—	—	≥19	≥18	≥18	≥18	—	—
	D																						
	E																						
Q460	C																						
	D	≥460	≥440	≥420	≥400	≥400	≥380	—	—	—	550~720	550~720	550~720	550~720	530~700	—	—	≥17	≥16	≥16	≥16	—	—
	E																						

续上表

牌号	质量等级	拉伸试验①,②,③																					
		以下公称厚度(直径,边长)下屈服强度(R_{eL})(MPa)									以下公称厚度(直径,边长)抗拉强度(R_m)(MPa)							断后伸长率(A)(%) 公称厚度(直径,边长)					
		≤16 mm	>16~40 mm	>40~63 mm	>63~80 mm	>80~100 mm	>100~150 mm	>150~200 mm	>200~250 mm	>250~400 mm	≤40 mm	>40~63 mm	>63~80 mm	>80~100 mm	>100~150 mm	>150~250 mm	>250~400 mm	≤40 mm	>40~63 mm	>63~100 mm	>100~150 mm	>150~250 mm	>250~400 mm
Q500	C																						
	D	≥500	≥480	≥470	≥450	≥440	—	—	—	—	610~770	600~760	590~750	540~730	—	—	—	≥17	≥17	≥17	—	—	—
	E																						
Q550	C																						
	D	≥550	≥530	≥520	≥500	≥490	—	—	—	—	670~830	620~810	600~790	590~780	—	—	—	≥16	≥16	≥16	—	—	—
	E																						
Q620	C																						
	D	≥620	≥600	≥590	≥570	—	—	—	—	—	710~880	690~880	670~860	—	—	—	—	≥15	≥15	≥15	—	—	—
	E																						
Q690	C																						
	D	≥690	≥670	≥660	≥640	—	—	—	—	—	770~940	750~920	730~900	—	—	—	—	≥14	≥14	≥14	—	—	—
	E																						

①当屈服不明显时,可测量 $R_{p0.2}$ 代替下屈服强度。

②宽度不小于 600 mm 的扁平材,拉伸试验取横向试样;宽度小于 600 mm 的扁平材、型材及棒材取纵向试样,断后伸长率最小值相应提高 1%(绝对值)。

③厚度>250~400 mm 的数值适用于扁平材。

表 3－27　夏比(V 型)冲击试验的试验温度和冲击吸收能量

牌号	质量等级	试验温度(℃)	冲击吸收能量(KV_2)①(J)		
			公称厚度(直径、边长)		
			12～150 mm	＞150～250 mm	＞250～400 mm
Q345	B	20	≥34	≥27	
	C	0			
	D	－20			27
	E	－40			
Q390	B	20	≥34	—	—
	C	0			
	D	－20			
	E	－40			
Q420	B	20	≥34	—	—
	C	0			
	D	－20			
	E	－40			
Q460	C	0	≥34	—	—
	D	－20		—	—
	E	－40		—	—
Q500、Q550、Q620、Q690	C	0	≥55	—	—
	D	－20	≥47	—	—
	E	－40	≥31	—	—

①冲击试验取纵向试样。

表 3－28　低合金高强度结构钢弯曲试验

牌号	试样方向	180°弯曲试验 (d＝弯心直径，a＝试样厚度直径)	
		钢材厚度(直径，边长)	
		≤16 mm	＞16～100 mm
Q345 Q390 Q420 Q460	宽度不小于 600 mm 扁平材，拉伸试验收取横向试样。宽度小于 600 mm 的扁平材、型材及棒材取纵向试样	$2a$	$3a$

三、施工机械要求

制孔的施工机械，见表3－29。

表3－29　制孔的施工机械

项目	内　容
切割、磨削机具	1. 半自动切割机 如图3－7所示为半自动切割机的一种。它可由可调速的电动机拖动，沿着轨道可做直线运动；如改装导引半径杆，可做圆运动。这样，切割嘴就可以割出直线或不同半径的圆弧。 2. 风动砂轮机 风动砂轮机是机械化手持工具之一，它以压缩空气为动力，携带方便。使用安全可靠（不会触电），因而得到了广泛的应用。 风动砂轮机的外形，如图3－8所示；其技术规格见表3－30。 3. 电动砂轮机 电动砂轮机由罩壳、砂轮、长端盖、电动机、开关和手把组成，如图3－9所示。 电动砂轮机的砂轮是由三相异步鼠笼式电动机带动旋转。电动机的转速一般在2 800 r/min左右。采用手柄型腔内装置开关，以通、断电源。 电动砂轮机的规格，按砂轮直径可分100 mm、125 mm和150 mm三种。表3－31为手提式电动砂轮机的型号及有关数据。 砂轮机的功能是磨削工作。如以钢丝轮代替砂轮，可用来清理金属表面的铁锈、旧漆等；如以布轮代替砂轮，还可以进行抛光工作。 4. 龙门剪板机 龙门剪板机是板材剪切中应用较广的剪板机。它的特点是：剪切速度快、精度高、进料容易、使用方便。在龙门剪板机上，可以沿直线轮廓剪切各种形状的板材毛坯件。 常见的龙门剪板机是斜刃剪切，其剪刃与被剪钢板的一小部分接触。因此，它比平刃剪切的剪切力要小得多。为防止剪切时钢板移动，床面有压料及栅料装置；同时为控制剪料的尺寸，剪床的前后设有可调节的定位挡板等装置，如图3－10所示。表3－32列出了部分国产剪板机的主要技术规格。 5. 联合冲剪机 联合冲剪机集冲压、剪切、剪断等功能于一体，如图3－11所示为QA34-25型联合冲剪机的外形示意图。 (1)QA34-25型联合冲剪机功能。 QA34-25型联合冲剪机有三种功能：板材剪切、型材剪断和冲压。它有三个独立的工作部位：QA34-25型板剪头配以相应的模具，可以剪断圆钢、方钢、角钢、槽钢等型钢；冲头部位配以相应的模具，可以用来完成冲孔、落料等冲压工序；而剪切部位则可直接用来剪断扁钢和条状板材料。QA34-25型联合冲剪机如图3－12所示。 (2)QA34-25型联合冲剪机的技术性能，见表3－33。 6. 振动剪床 振动剪床如图3－13所示。 表3－34列出了振动剪床的几种主要技术参数
矫正、冲压机械	1. 型钢矫正机 (1)多辊型钢矫正机。 如图3－14所示为W51-63型多辊型钢矫正机。

续上表

项目	内　容
矫正、冲压机械	W51-63 型型钢矫正机可矫正型钢的尺寸如下： 圆钢直径 20～63 mm； 方钢边长 20～63 mm； 六角钢的内切圆直径 25～63 mm； 扁钢规格 20 mm×(63～120)mm； 其他型钢，如角钢、槽钢、工字钢等，可参考上述型钢尺寸进行换算。 (2)各种矫正机械、顶直矫正机械如图 3－15 所示，其技术性能分别见表 3－35～表 3－37。 (3)辊式平板机。 辊式平板机轧辊，如图 3－16 所示，其技术性能，见表 3－38。 2. 冲床 冲床按机器的形式分为偏心冲床和曲轴冲床。曲轴冲床结构形式如图 3－17 所示，床身结构呈框架形式，和开式曲柄压力机相比，这种结构的刚性较好，且所承受的载荷比较均匀。因此，能承受较大的冲击力
切削、锯割工具	1. 风铲 风铲属风动冲击工具。其特点是结构简单、效率高、体积小、重量轻。 2. 手锯 手锯由锯弓和锯条两部分构成。锯弓是用来夹持和拉紧锯条的工具，有固定式和可调式，如图 3－18 所示。 锯条由碳素工具钢制成。常用锯条长 300 mm，宽 12 mm，厚 0.8 mm，见表 3－39。锯齿的形状如图 3－19 所示，分粗齿、中齿、细齿三种，见表 3－39。 3. 机械锯 机械锯的种类很多，这里只简单介绍其中两种。 (1)弓锯床：机用锯条规格见表 3－40。 (2)砂轮锯：如图 3－20 所示，它由切割动力头、可转夹钳、中心调整机构及底座等部分组成。 根据切割需要，可转夹钳能调整为与砂轮主轴成 0°、15°、30°、45°的夹角。砂轮中心和整个动力头，也可根据需要调整和旋转所需的角度。 4. 锉刀 使用锉刀对工件表面进行切削加工，使工件达到所要求的尺寸、形状和表面粗糙度的工序称为锉削。 (1)锉刀的结构，如图 3－21 所示。 锉刀的规格见表 3－41。锉齿的排列如图 3－22 所示。锉削时锉痕不重叠，锉出的表面比较光洁；在锉削硬材料时也较省力。 (2)锉刀的种类如图 3－23 所示。 5. 凿子 (1)凿子主要用于凿削消除毛坯件表面多余的金属、毛刺、分割材料、锡焊缝、铆钉，切坡口以及不便于机械加工的场合，如图 3－24 所示。 凿子切削的几何角度，如图 3－25 所示。使用时后角大小对凿削的影响，如图 3－26 所示。 (2)凿子的刃磨方法，如图 3－27 所示。 (3)凿子的握持法，如图 3－28 所示。

续上表

<table>
<tr><th>项目</th><th>内　容</th></tr>
<tr><td>切削、锯割工具</td><td>(4)凿削坡口：焊接坡口指构件在焊接前，焊口边缘加工出一定斜度，以保证焊透，如图 3－29 所示。
6. 型锤
常见型锤的形状如图 3－30 所示</td></tr>
<tr><td>测量、划线工具</td><td>1. 直角尺
直角尺用于画较短的垂直线及校量垂直角度等，如图 3－31 所示。
直角尺在使用前应校验其准确度。检查准确度的校验方法很多，一般采用画垂直线检查其垂直度的方法。
2. 卡钳
卡钳有内、外卡两种，如图 3－32 所示。
内卡钳用于量孔径或槽道的大小；外卡钳用于量零件的厚度和圆柱形零件的外径等。
卡钳的规格按全长有：100 mm，125 mm，200 mm，250 mm，300 mm，350 mm，400 mm，450 mm，500 mm，600 mm 等。
内、外卡钳均属间接量具，量得的间隙需用尺确定数值。使用内、外卡钳应注意铆合铆钉的紧固，以防止卡钳松动，造成测量错误。
3. 划线工具
划线工具主要有划针、划规(或称地规)和划线盘等。
(1)划针。
划针用于较精确零件划线。使用时应沿直尺或样板边缘进行划线，如图 3－33 所示。
(2)划规。
划规是划圆弧和圆使用的工具，如图 3－34(a)所示。划规使用应保证规尖的硬度，用前规尖需经淬火处理。使用时，在零件上用样冲所冲的坑作为一腿定点，按所要求的半径叉开另一腿进行划线。划线时，应注意规上铆钉的紧固和两规尖固定半径距离要准确，否则划出的圆或圆弧半径会出现误差。
地规用于划较大及大圆弧。它的两个规头可以卸下，并根据所划半径大小，用制动螺栓调节半径距离，如图 3－34(b)所示。其操作方法与划规相同，但划较大半径圆弧线时，需两人配合进行。
(3)勒子和划线盘。
勒子用于型钢零件和板材零件边缘划直线。如孔心线、刨边线和铲边线等，如图 3－35(a)所示。
划线盘主要用于圆柱、容器封头、球体等曲面划线，也是机械加工划线不可缺少的主要划线工具。使用时，将划线盘底座下平面和工件同时放于固定基准面上，定位划线基准用制动螺栓固定，平行移动划线盘即可划线，如图 3－35(b)所示。
4. 中心冲
中心冲是常用的定位标准小型工具。中心冲也叫样冲，是用来在零件的加工线及孔心位上冲打标记的工具。中心冲一般用工具钢制成，其长度一般为 90～150 mm，锥形角度应磨成 60°，如图 3－36 所示。
使用时，中心冲与零件平面应倾斜一定的角度，作准确定位，冲打时再与零件垂直。冲打的方向应由前往后冲打。冲打应准确，要求冲打中心偏差为±0.5 mm，一般冲打曲线或直线的相邻冲打中心间距为 20～30 mm。标记中心线时，其两端分别冲打三点，相邻冲打中心间距为 40～50 mm</td></tr>
</table>

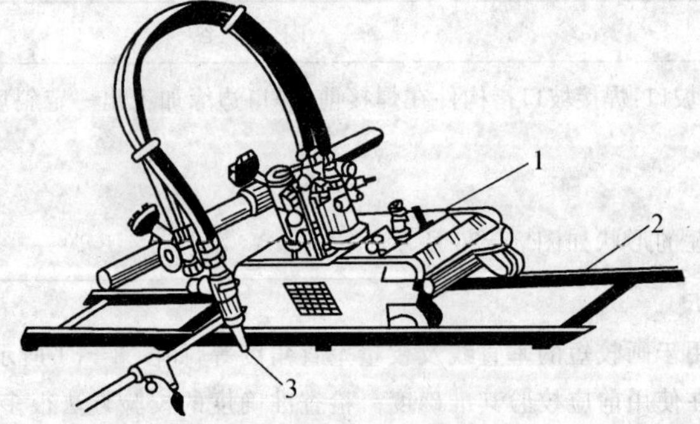

图 3－7　半自动切割机

1－气割小车；2－轨道；3－切割嘴

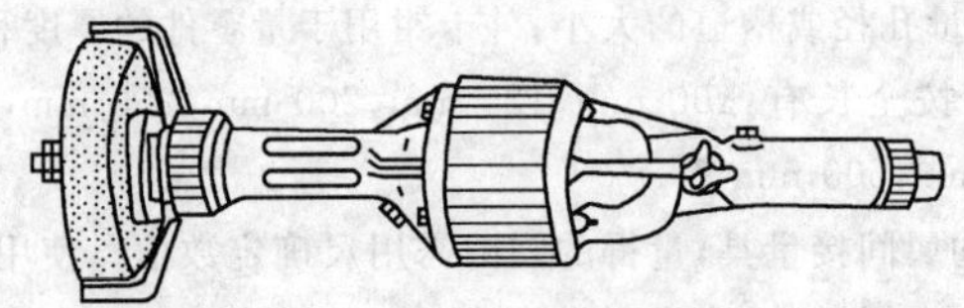
图 3－8　风动砂轮机

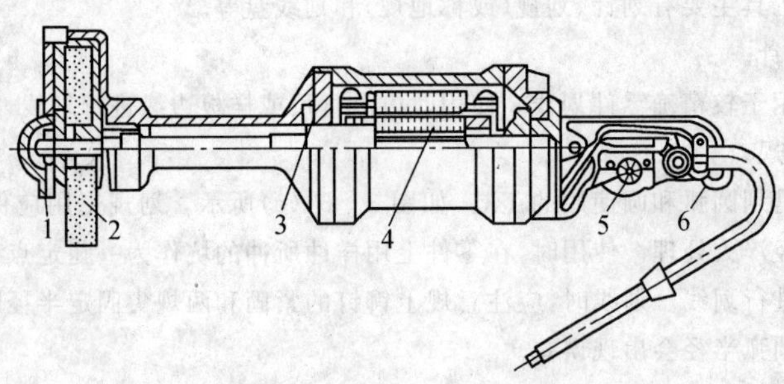

图 3－9　手提式电动砂轮机

1－罩壳；2－砂轮；3－长端盖；4－电动机；5－开关；6－手把

表 3－30　风动砂轮机的技术规格

型号	砂轮最大直径(mm)	工作气压(N/cm^2)	空转转速(r/min)	空载耗气量(m^3/min)	负荷转速(r/min)	负荷耗气量(m^3/min)
S40	40	50	19 000	0.35	9 000	0.5
S50	50	50	17 000	0.4	8 000	0.6
S60	60	50	14 000	0.6	7 000	0.7
S100	100	50	7 500～3 500	≤0.8	4 000	≤1
S150	100	50	5 500～3 500	1.2	3 100	1.7

表 3－31　手提式电动砂轮机规格

型号	J35-125	J35-150
使用砂轮最大尺寸(mm)	125×(16～32)	150×(20～32)
额定功率(kW)	0.3	0.5
额定转速(r/min)	2 700	2 700
自重(kg)	8	10

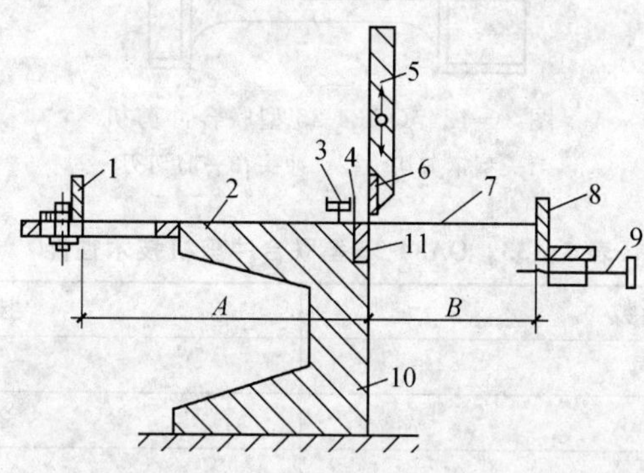

图 3－10　龙门式剪板机及剪切示意图

1－前挡板；2－床面；3－压料装置；4－栅板；5－刀架托板；6－上剪刀片；7－板料；8－后挡板；9－螺杆；10－床身；11－下剪刀片

表 3－32　部分剪板机的主要技术规格　(单位：mm)

型 号	Q11-1.6 ×1 600	Q11-4 ×2 000	Q11-6.3 ×2 000	Q1-12 ×2 000	Q11-20 ×2 000
被剪板厚(mm)	1.6	4	6.3	12	20
被剪板宽(mm)	1 600	2 000	2 000	2 000	2 000
剪切角 ϕ	1°	2°	2°	2°	4°15′
行程次数(次/min)	55	22	40	30	18
后挡距离(mm)	500	25～500	500	750	750
功率(kW)	1.1	5.5	7.5	13	28

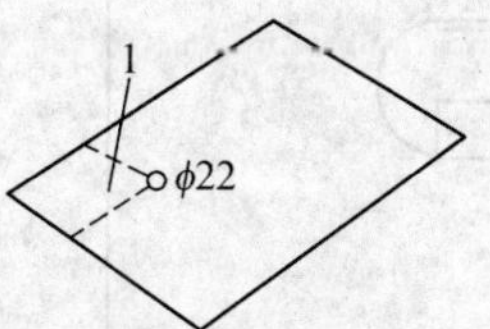

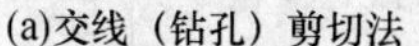

(a)交线（钻孔）剪切法

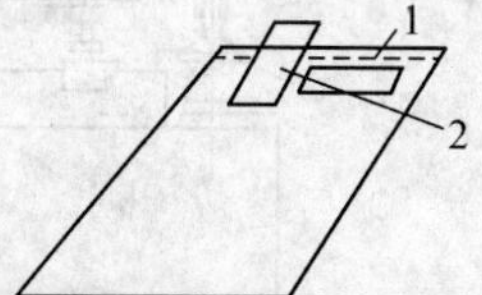

(b)边缘（临时）垫铁剪切法

图 3－11　特殊剪切示意图

1－剪切线；2－垫搭铁

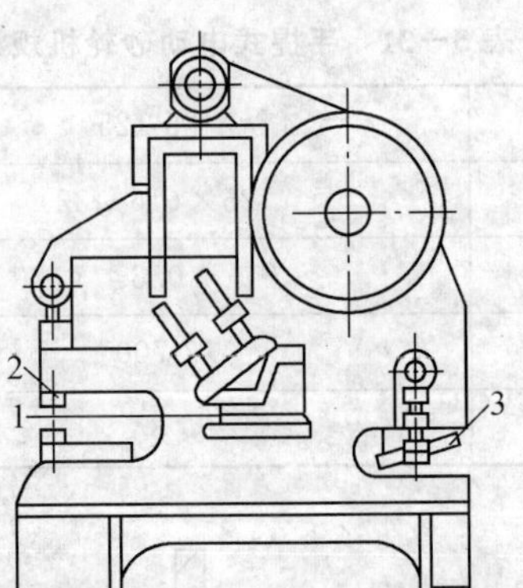

图 3－12 QA34-25 型联合冲剪机

1—型钢剪切头；2—冲头；3—剪切刃

表 3－33 QA34-25 型联合冲剪机技术性能

技术参数		技术数据
可剪最大板厚(mm)		25
一次行程可剪扁钢(mm)		28×160
剪切型钢最大规格(mm)	圆钢	$\phi5$
	方钢	55×55
	角钢∟	8×150×150
	槽钢[	9×300×126
冲孔	厚度 25 mm 时的最大直径(mm)	$\phi35$
滑块行程(mm)		36
剪刃刀片角度(°)		11
剪刃刀片长度(mm)		350
电动机功率(kW)		7.5

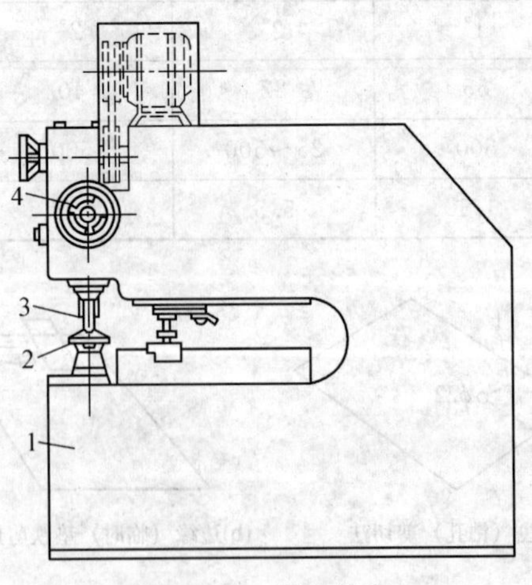

图 1－13 振动剪床

1—机体；2—下剪刀；3—上剪刀；4—升降手轮

表 3－34　振动剪床的技术参数

材料厚度(mm)	2.5	4	5	6.3
行程次数(次/min)	1 420	850/1 200	1 400/2 800	1 000/2 000
行程长度(mm)	5.6	7	1.7/3.5	6/1.9
功率(kW)	1	2.8	1.5	1.9

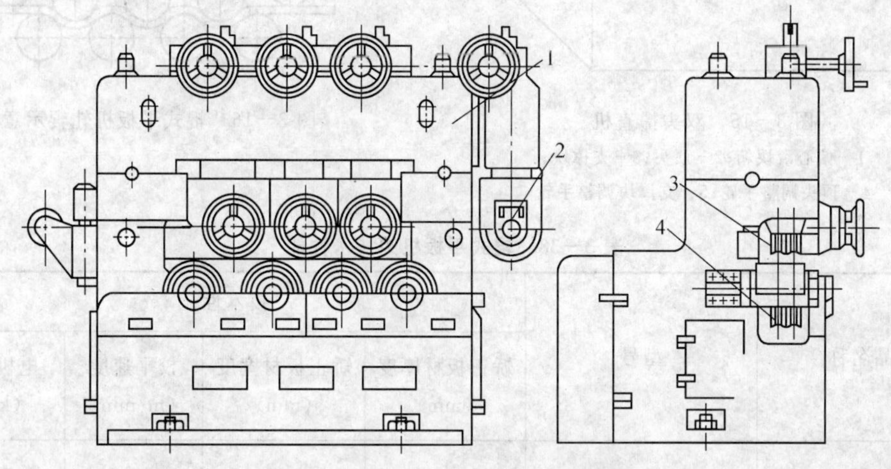

图 3－14　W51-63 型多辊型钢矫正机

1－机体；2－压辊轮；3－下矫正轮；4－上矫正轮

表 3－35　2 000 kN 油压环正弯曲机的技术性能

公称压力(kN)	工作液体压力(N/mm²)	最大行程(mm)	机床中心高(mm)	滑块工作尺寸(高×宽)(mm)	滑块行程速度(mm/min)			冲头与滑块间距(mm)		两垫块间调整距离(mm)		支承机构调整距离(mm)	电机功率(kW)
					工作	空程	回程	最大	最小	最大	最小		
2 000	25	450	180	460×450	300	1 250	5 300	425	75	1 800	300	15	13

表 3－36　3 150 kN 型钢矫正机技术性能

公称压力(kN)	滑块行程(mm)	滑块行程次数(次/min)	滑块调整距离(mm)	顶、垫块高度(mm)	顶、垫块间调整距离(mm)		垫块调整距离(mm)		支承辊调整高度(mm)	电机功率(kW)
					最大	最小	最大	最小		
3 150	65	25	600	600	900	50	2 300	350	280	28

表 3－37　双头撑直机技术性能

最大调直能力	滑块行程(mm)	滑动块行程次数(次/min)	顶、垫块高度(mm)	顶、垫块调整距离(mm)		垫块调整距离(mm)		支承辊调整距离(mm)	电机功率(kW)
				最大	最小	最大	最小		
∟150×6 □80	48	26	200	260	165	830	150	120	7

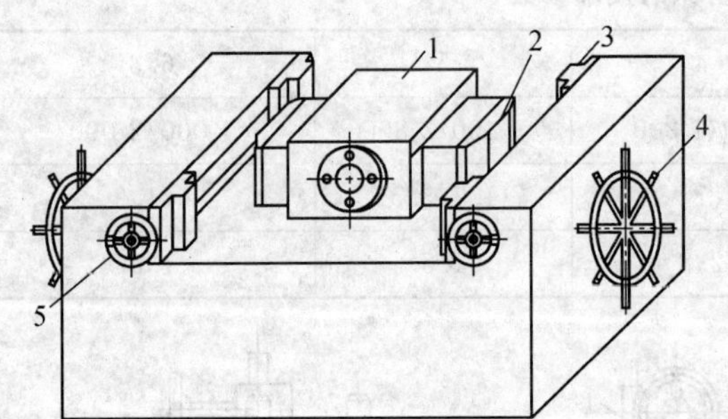

图 3－15 双头撑直机

1－偏心滑块箱；2－顶头；3－支撑块；
4－顶头调整手轮；5－支撑块调整手轮

图 3－16 辊式平板机轧辊示意图

表 3－38 辊式平板机的技术性能

产品名称	型号	技术性能			
		矫正板材厚度（mm）	矫正板材宽度（mm）	校平速度（m/min）	电机功率（kW）
十一辊板料校平机	Z925	4～16	2 500	9	73.5
十三辊板料校平机	W43-10×2 000	10	2 000	9	50

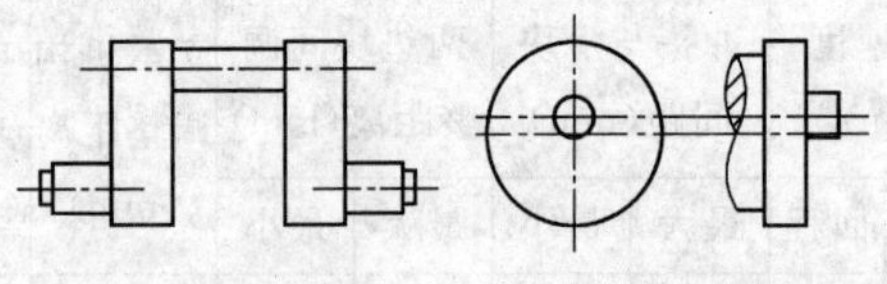

(a)曲轴冲床的曲轴　(b)偏心冲床的偏心轮

图 3－17 冲床结构形式

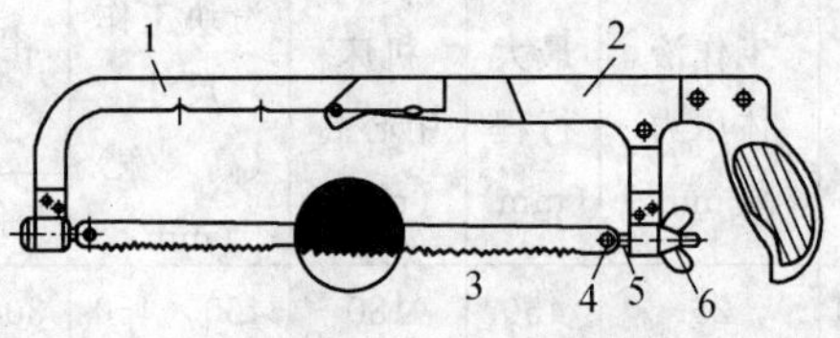

图 3－18 可调式锯弓

1－可调部分；2－固定部分；
3－锯条；4－销子；
5－活动拉杆；6－碟形拉紧螺母

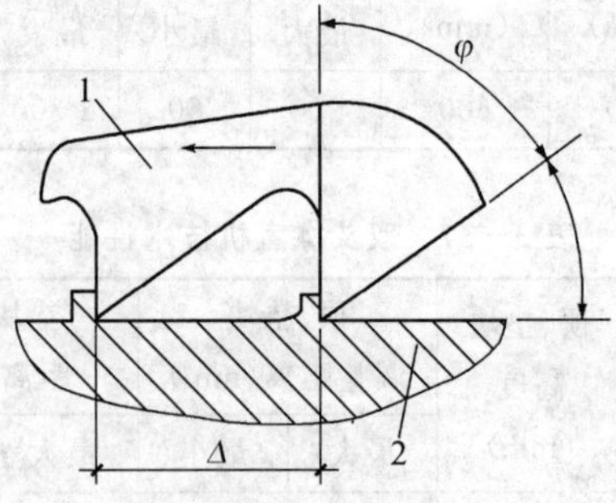

图 3－19 锯齿形状

1－锯齿；2－工件；Δ－齿锯；φ－锯齿内角

表 3－39 手锯锯条使用范围

粗细等级	长度(mm)	每 25 mm 内齿数	适用范围
粗	300	14～18	软钢、铝、紫铜、层压材料、塑料
中		22～24	一般碳钢、硬质轻金属、黄铜、厚壁钢材
细		32	小而薄的钢材、板材
由细逐步变粗		20～32	开始齿距小,容易起锯

表 3－40 机用锯条规格 (单位:mm)

公称长度	宽度	厚度	齿距	公称长度	宽度	厚度	齿距
300,350	25	1.25	1.8,2.5	500,550	40	2.0	4.0,6.3
350	32	1.6	2.5,4.0	500,550	45	2.5	4.0,6.3
400,450	32	1.6	2.5,4.0	600	50	2.5	4.0,6.3
400.450	38	1.8	4.0,6.3				

图 3－20 砂轮锯

1－切割动力头;2－中心调整机构;3－底座;4－可转夹钳

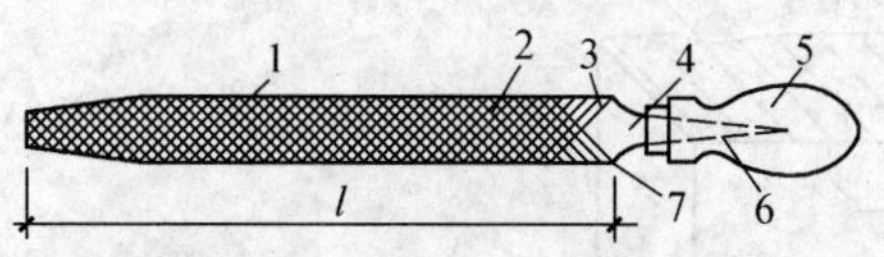

图 3－21 锉刀

1－锉刀面;2－锉刀边;3－底齿;4－锉刀尾;
5－柄;6－舌;7－面齿;l－长度

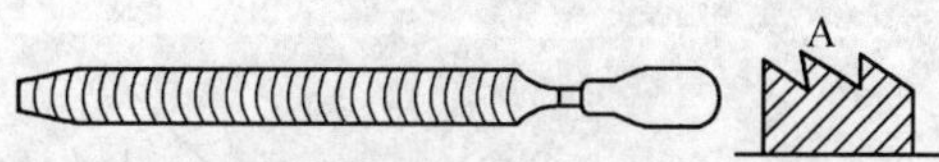

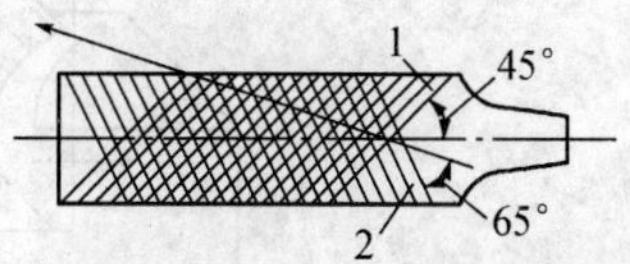

图 3－22 锉齿排列

A－锯齿放大;1－底齿;2－面齿

表 3－41 锉刀规格

锉纹号	习惯称呼	规格(长度,不连柄)								
		100	125	150	200	250	300	350	400	450
		每 10 mm 轴向长度内的主锉纹条数								
1	粗	14	12	11	10	9	8	7	6	5.5
2	中	20	18	16	14	12	11	10	9	8
3	细	28	25	22	20	18	16	14	12	11
4	双细	40	36	32	28	25	22	20	—	—
5	油光	56	50	45	40	36	32	—	—	—

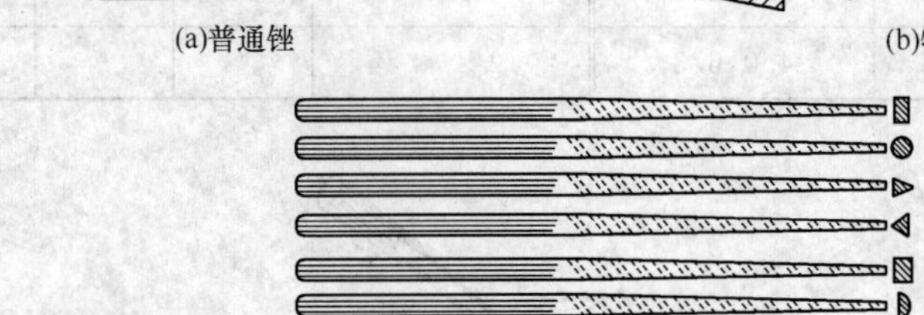

(a)普通锉 (b)特种锉 (c)整形锉

图 3－23 锉刀种类

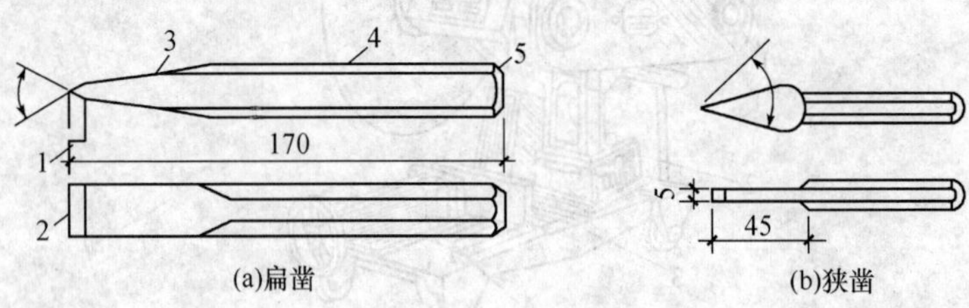

(a)扁凿 (b)狭凿

图 3－24 凿子

1－切削部分;2－切削刃;3－斜面;4－柄;5－头部

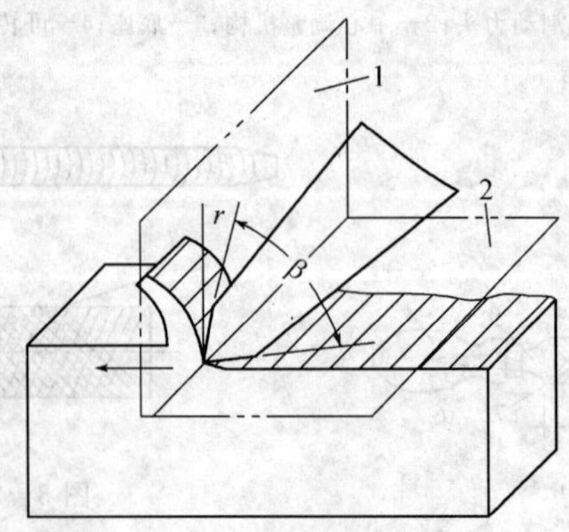

图 3－25 凿削时的角度

1－基面;2－切削平面

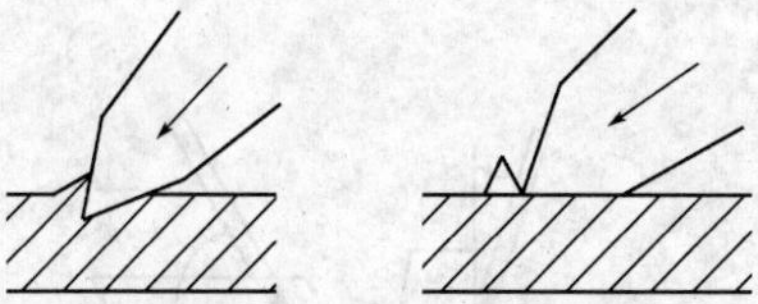

(a)后角大 (b)后角太小

图 3－26 后角大小对凿削的影响

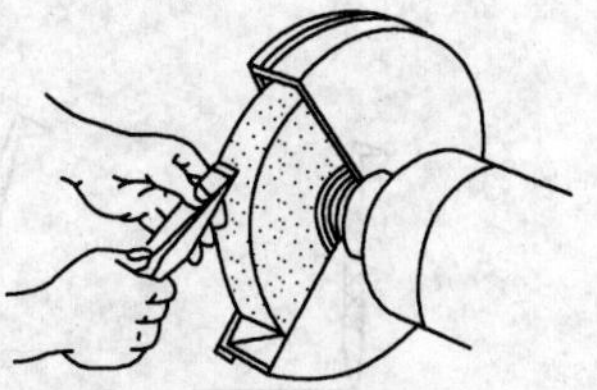

图 3－27 凿子的刃磨

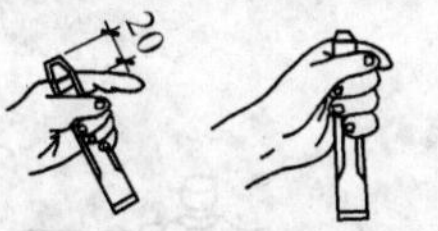

图 3－28 凿子的握持方法

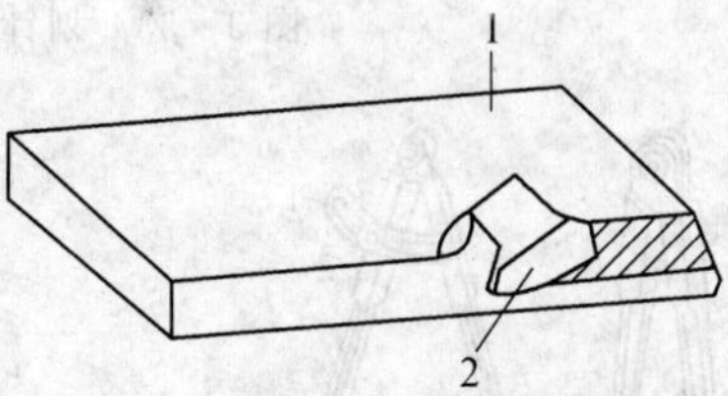

图 3－29 凿削焊接坡口

1－工件；2－凿子刃

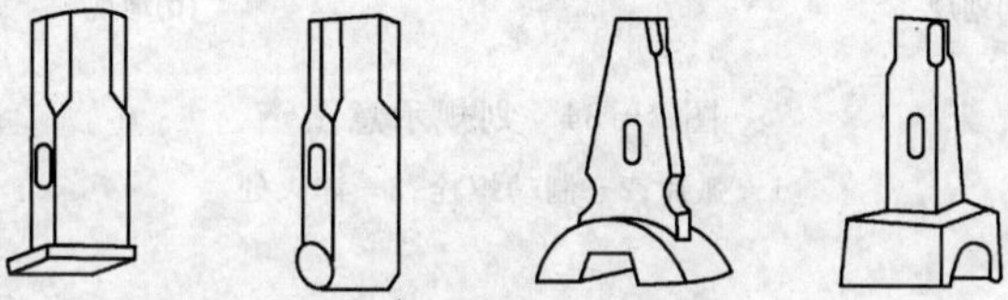

图 3－30 几种常见型锤

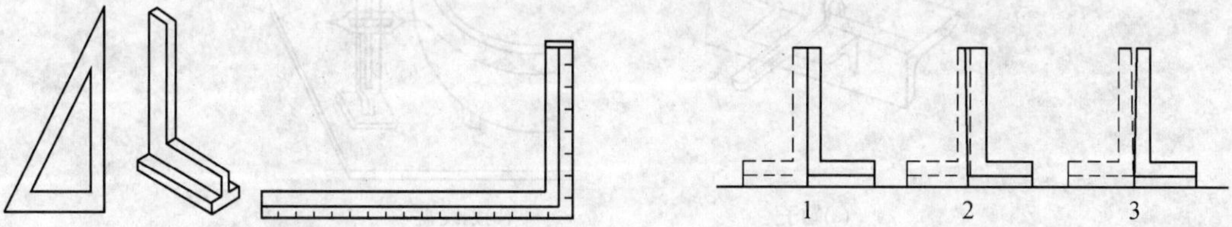

(a)直角尺 (b)检验

图 3－31 直角尺及检验示意图

1－良好；2、3－不良

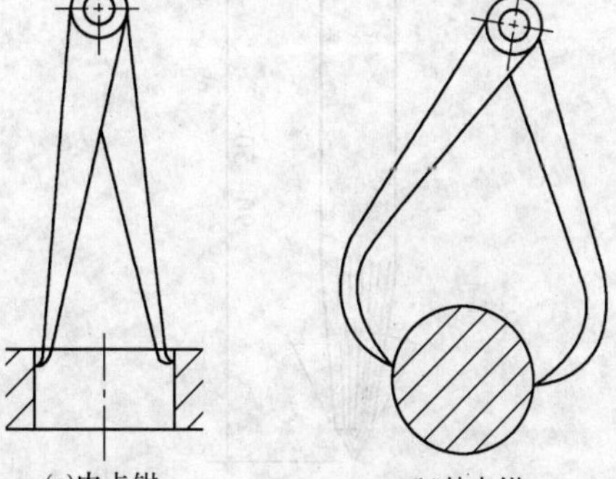

(a)内卡钳 (b)外卡钳

图 3－32 卡钳

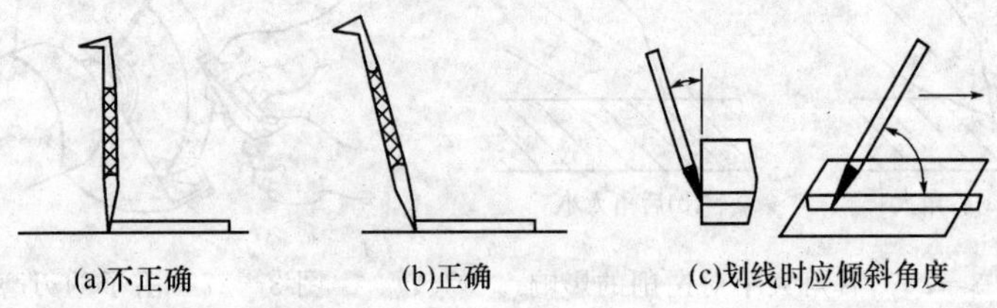

图 3－33 划针划线示意图

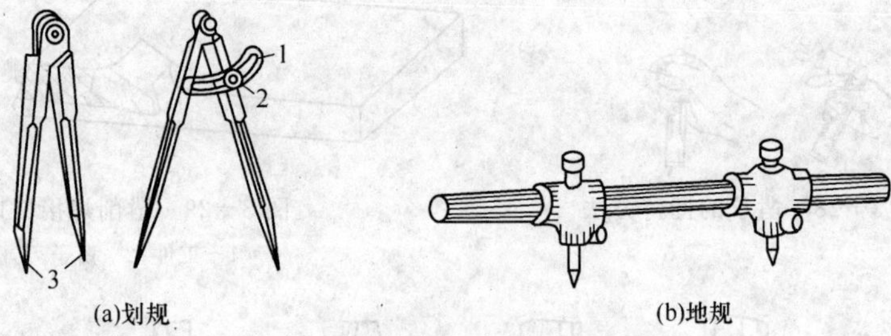

图 3－34 划规示意图

1－弧片；2－制动螺栓；3－淬火处

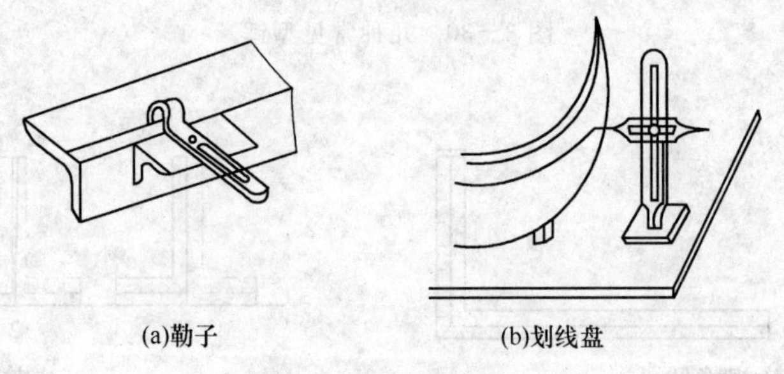

图 3－35 勒子和划线盘划线示意图

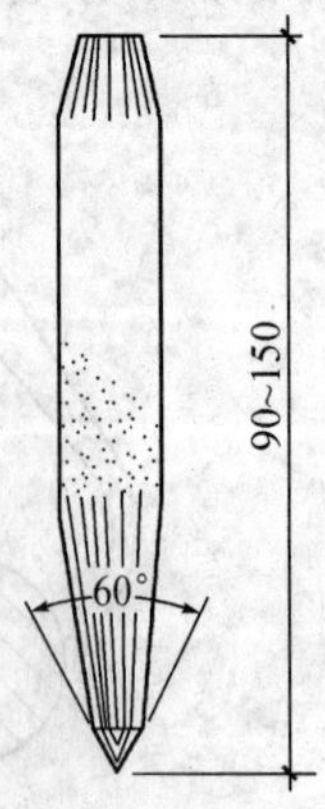

图 3－36 中心冲示意图

四、施工工艺解析

(1)号料前必须了解原材料的材质及规格，检查原材料的质量。不同材质的零件应分别号料，并依据先大后小的原则依次进行。

(2)样板、样杆上应用油漆写明加工号、构件编号、规格，同时标注上孔直径、工作线、弯曲线等各种加工符号，必要时打上冲眼作标记。

(3)放样和样板、样杆如图 3－37 所示，允许偏差见表 3－42。

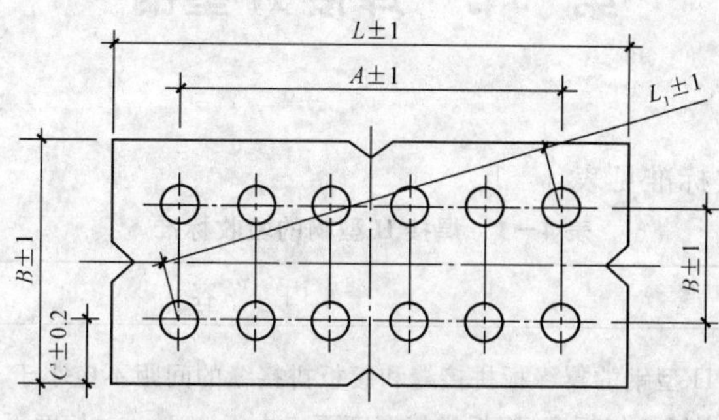

图 3－37　放样和样板、样杆

表 3－42　放样和样板、样杆允许偏差　(单位：mm)

项目	允许偏差
平行线距离和分段尺寸	±1.0
对角线差(L_1)	±1.0
宽度、长度(B、L)	±1.0
孔距(A)	±1.0
加工样板角度(C)	±0.20°

(4)应预留收缩量(包括现场焊接收缩量)及切割、铣端等需要的加工余量。

①铣端余量：剪切后加工的一般每边加 3～4 mm，气割后加工的则每边加4～5 mm。

②切割余量：自动气割割缝宽度 3 mm，手工气割割缝宽度为 4 mm(与钢板厚度有关)。

③焊接收缩量根据构件的结构特点由工艺给出。

(5)主要受力构件和需要弯曲的构件，在号料时应按工艺规定的方向取料，弯曲件的外侧不应有冲样点和伤痕缺陷。

(6)号料时应做到有利于切割和保证零件质量。

(7)本次号料后的剩余材料应进行余料标识，包括余料编号，规格、材质及炉批号等，以便余料下次使用。

第四章　钢构件组装与预拼接工程

第一节　焊接H型钢

一、验收条文

焊接H型钢的验收标准见表4－1。

表4－1　焊接H型钢的验收标准

项目	内　容
翼缘板拼接缝和腹板拼接缝	焊接H型钢的翼缘板拼接缝和腹板拼接缝的间距不应小于200 mm。翼缘板拼接长度不应小于2倍板宽;腹板拼接宽度不应小于300 mm,长度不应小于600 mm。 检查数量:全数检查。 检验方法:观察和用钢尺检查
允许偏差	焊接H型钢的允许偏差应符合《钢结构工程施工质量验收规范》(GB 50205—2001)附录C中表C.0.1的规定。 检查数量:按钢构件数抽查10%,宜不应少于3件。 检验方法:用钢尺、角尺、塞尺等检查

二、施工材料要求

焊接H型钢施工材料,见表4－2。

表4－2　焊接H型钢的焊接材料

项目	内　容
碳钢焊条	1. 型号分类 (1)焊条型号根据熔敷金属的力学性能、药皮类型、焊接位置和焊接电流种类划分,见表4－3。 (2)焊条型号编制方法如下:字母“E”表示焊条;前两位数字表示熔敷金属抗拉强度的最小值;第三位数字表示焊条的焊接位置,“0”及“1”表示焊条适用于全位置焊接(平、立、仰、横),“2”表示焊条适用于平焊及平角焊,“4”表示焊条适用于向下立焊;第三位和第四位数字组合时表示焊接电流种类及药皮类型。在第四位数字后附加“R”表示耐吸潮焊条;附加“M”表示耐吸潮和力学性能有特殊规定的焊条;附加“－1”表示冲击性能有特殊规定的焊条。

续上表

<table>
<tr><th>项目</th><th>内　容</th></tr>
<tr><td>碳钢焊条</td><td>2. 技术要求
(1)尺寸。
①焊条尺寸见表4－4。
a. 允许制造直径2.4 mm或2.6 mm焊条代替2.5 mm焊条，直径3.0 mm焊条代替3.2 mm焊条，直径4.8 mm焊条代替5.0 mm焊条，直径5.8 mm焊条代替6.0 mm焊条。
b. 根据需方要求，允许通过协议供应其他尺寸的焊条。
②焊条夹持端长度见表4－5。
(2)药皮。
①焊芯和药皮不应有任何影响焊条质量的缺陷。
②焊条引弧端药皮应倒角，焊芯端面应露出，以保证易于引弧。焊条露芯应符合如下规定：
a. 低氢型焊条，沿长度方向的露芯长度不应大于焊芯直径的1/2或1.6 mm两者的较小值；
b. 其他型号焊条，沿长度方向的露芯长度不应大于焊芯直径的2/3或2.4 mm两者的较小值；
c. 各种直径焊条沿圆周方向的露芯不应大于圆周的1/2。
③焊条偏心度应符合如下规定：
a. 直径不大于2.5 mm焊条，偏心度不应大于7%；
b. 直径为3.2 mm和4.0 mm焊条，偏心度不应大于5%；
c. 直径不小于5.0 mm焊条，偏心度不应大于4%。
(3)T型接头角焊缝。
①角焊缝表面经肉眼检查应无裂纹、焊瘤、夹渣及表面气孔，允许有个别稍短而且深度小于1 mm的咬边。
②角焊缝的焊脚尺寸应符合《碳钢焊条》(GB/T 5117—1995)的规定。凸形角焊缝的凸度及角焊缝的两焊脚长度之差见表4－6。
③角焊缝的两纵向断裂表面经肉眼检查应无裂纹。焊缝根部未熔合的总长度应不大于焊缝总长度的20%。对于E4312、E4313和E5014型焊条施焊的角焊缝，当未熔合的深度不大于最小焊脚的25%时，允许连续存在；对于其他型号焊条施焊的角焊缝，当未熔合的深度不大于最小焊脚的25%时，连续未熔合的长度不应大于25 mm。角焊缝试验不检验内部气孔。
(4)力学性能。
①熔敷金属拉伸试验及E4322型焊条焊缝横向拉伸试验结果应符合《碳钢焊条》(GB/T 5117—1995)的规定。
②焊缝金属夏比V型缺口冲击试验结果应符合《碳钢焊条》(GB/T 5117—1995)的规定。
③E4322型焊条焊缝金属纵向弯曲试样经弯曲后，在焊缝上不应有大于3.2 mm的裂纹。
(5)焊缝射线探伤。
焊缝金属探伤见表4－7。</td></tr>
</table>

续上表

项目	内　容
碳钢焊条	(6)药皮含水量、熔敷金属扩散氢含量。 低氢型焊条药皮含水量和熔敷金属中扩散氢含量见表4－8。除E5018M型焊条外,其他低氢型焊条制造厂可向用户提供焊条药皮含水量或熔敷金属中扩散氢含量的任一种检验结果,如有争议应以焊条药皮含水量结果为准。E5018M型焊条制造厂必须向用户提供药皮含水量和熔敷金属中扩散氢含量检验结果
低合金钢焊条	1. 型号分类 (1)型号划分原则。 焊条根据熔敷金属的力学性能、化学成分、药皮类型、焊接位置及电流种类划分型号,见表4－9。 (2)型号编制方法。 字母“E”表示焊条;前两位数字表示熔敷金属抗拉强度的最小值;第三位数字表示焊条的焊接位置,“0”及“1”表示焊条适用于全位置焊接(平焊、立焊、仰焊及横焊),“2”表示焊条适用于平焊及平角焊;第三位和第四位数字组合时表示焊接电流种类及药皮类型;后缀字母为熔敷金属的化学成分分类代号,并以短划线“-”与前面数字分开,若还具有附加化学成分时,附加化学成分直接用元素符号表示,并以短划线“-”与前面后缀字母分开。对于E50××-×、E55××-×、E60××-×型低氢焊条的熔敷金属化学成分分类后缀字母或附加化学成分后面加字母“R”时,表示耐吸潮焊条。 2. 技术要求 (1)尺寸。 ①焊条尺寸见表4－10。 a. 允许制造直径2.4 mm或2.6 mm焊条代替直径2.5 mm,直径3.0 mm焊条代替直径3.2 mm,直径4.8 mm焊条代替直径5.0 mm,直径5.8 mm焊条代替直径6.0 mm焊条。 b. 根据需方要求,允许通过协议供应其他尺寸焊条。 ②焊条夹持端长度见表4－11。 (2)药皮。 ①焊芯和药皮不应有影响焊条质量的缺陷。 ②焊条引弧端药皮应倒角,焊芯端面应露出,以保证易于引弧。焊条露芯应符合如下规定。 a. E××15-×、E××16-×和E××18-×型焊条,沿长度方向的露芯长度不应大于焊芯直径的1/2或1.6 mm两者的较小值。 b. 其他型号焊条,沿长度方向的露芯长度不大于焊芯直径的2/3或2.4 mm两者的较小值。 c. 各种直径焊条沿圆周方向的露芯均不应大于圆周的1/2。 ③焊条偏心度同“碳钢焊条”相关规定。 (3)T型接头角焊缝。 ①角焊缝表面经肉眼检查应无裂纹、焊瘤、夹渣及表面气孔。允许有个别稍短而且深度小于1 mm的咬边。

续上表

项目	内　容
低合金钢焊条	②角焊缝的焊脚尺寸应符合《低合金钢焊条》(GB/T 5118—1995)的规定。凸形角焊缝的凸度及角焊缝的两焊脚长度之差见表 4－11。 ③角焊缝的两纵向断裂表面经肉眼检查应无裂纹。焊缝根部未熔合的总长度应不大于焊缝总长度的 20%，连续未熔合的长度不大于 25 mm。角焊缝试验不检验内部气孔。 (4)力学性能。 ①熔敷金属拉伸试验结果应符合《低合金钢焊条》(GB/T 5118—1995)的规定。 ②焊缝金属夏比 V 型缺口冲击试验结果应符合《低合金钢焊条》(GB/T 5118—1995)的规定。 (5)焊缝射线探伤。 焊缝射线探伤见表 4－12。 (6)药皮含水量或熔敷金属扩散氢含量。 焊条药皮含水量或熔敷金属扩散氢含量应符合《低合金钢焊条》(GB/T 5118—1995)的规定
碳钢药芯焊丝	1. 型号分类 (1)焊丝型号分类的依据。 ①熔敷金属的力学性能； ②焊接位置； ③焊丝类别特点，包括保护类型、电流类型、渣系特点等。 (2)焊丝型号的表示方法为：E×××T-×ML，字母“E”表示焊丝、字母“T”表示药芯焊丝。型号中的符号按排列顺序分别说明如下： ①熔敷金属力学性能字母“E”后面的前 2 个符号“××”表示熔敷金属的力学性能； ②焊接位置字母“E”后面的第 3 个符号“×”表示推荐的焊接位置，其中，“0”表示平焊和横焊位置，“1”表示全位置； ③焊丝类别特点短划线后面的符号“×”表示焊丝的类别特点； ④字母“M”表示保护气体为(75%～80%)Ar＋CO_2。当无字母“M”时，表示保护气体为 CO_2 或为自保护类型； ⑤字母“L”表示焊丝熔敷金属的冲击性能在－40℃时，其 V 型缺口冲击功不小于 27 J。当无字母“L”时，表示焊丝熔敷金属的冲击性能符合一般要求。 2. 技术要求 (1)焊丝熔敷金属拉伸试验和 V 型缺口冲击试验结果应符合《碳钢药芯焊丝》(GB/T 10045—2001)的规定。 (2)单道焊线对接接头横向拉伸试验结果应符合《碳钢药芯焊丝》(GB/T 10045—2001)的规定。 (3)单道焊丝对接接头纵向辊筒弯曲(缠绕式导向弯曲)试验，试样弯曲后，在焊缝上不应有长度超过 3.2 mm 的裂纹或其他表面缺陷。 (4)焊丝熔敷金属化学成分应符合《碳钢药芯焊丝》(GB/T 10045—2001)的规定。 (5)对不同型号焊丝所要求的试验项目见表 4－13。 (6)焊缝金属射线探伤应符合《金属熔化焊焊接接头射线照相》(GB/T 3323—2005)中Ⅱ级规定。

续上表

项目	内　容
碳钢药芯焊丝	(7)角焊缝试验。 ①角焊缝经目测检查应无咬边、焊瘤、夹渣、裂纹和表面气孔。 ②角焊缝两纵向断裂表面经目测检查应无裂纹、气孔、夹渣,焊缝根部未熔合不能超过焊缝全长的20%。 ③角焊缝的焊脚尺寸应不超过9.5 mm,不同焊脚尺寸所对应的凸度和焊脚差见表4－14。 (8)焊丝直径及极限偏差见表4－15。 (9)焊丝表面应平滑光洁,不应有毛刺、凹坑、划痕、锈皮,也不应有其他对焊接性能或焊接设备操作性能具有不良影响的杂质。 (10)焊丝应适合在自动或半自动焊接设备上均匀、连续地送进。 (11)焊丝的药芯应填充均匀,以使焊接工艺性能和熔敷金属力学性能不受影响
低合金钢药芯焊丝	(1)分类:按药芯类型分为非金属粉型药芯焊丝和金属粉型药芯焊丝。 非金属粉型药芯焊丝按化学成分分为钼钢、铬钼钢、镍钢、锰钼钢和其他低合金钢等五类;金属粉型药芯焊丝按化学成分分为铬钼钢、镍钢、锰钼钢和其他低合金钢等四类。 (2)型号:非金属粉型药芯焊丝型号按熔敷金属的抗拉强度和化学成分、焊接位置、药芯类型和保护气体进行划分;金属粉型药芯焊丝型号按熔敷金属的抗拉强度和化学成分进行划分。非金属粉型药芯焊丝型号为E×××T×-××(-JHX),其中字母“E”表示焊丝,字母“T”表示非金属粉型药粉型药芯焊丝,其他符号说明如下。 ①熔敷金属抗拉强度以字母“E”后面的前两个符号“××”表示熔敷金属的最低抗拉强度。 ②焊接位置以字母“E”后面的第三个符号“×”表示推荐的焊接位置,见表4－16。 ③药芯类型以字母“T”后面的符号“×”表示药芯类型及电流种类,见表4－16。 ④熔敷金属化学成分以第一个短划“-”后面的符号“×”表示熔敷金属化学成分代号。 ⑤保护气体以化学成分代号后面的符号“×”表示保护气体类型:“C”表示CO_2气体;“M”表示Ar＋(20%～25%)CO_2混合气体;当该位置没有符号出现时,表示不采用保护气体,为自保护型,见表4－16。 ⑥更低温度的冲击性能(可选附加代号)以型号中如果出现第二个短划线“-”及字母“J”时,表示焊丝具有更低温度的冲击性能。 ⑦熔敷金属扩散氢含量(可选附加代号)以型号中如果出现第二个短划线“-”及字母“H×”时,表示熔敷金属扩散氢含量,×为扩散氢含量最大值。 (3)焊丝尺寸:焊丝尺寸见表1－15。 (4)焊丝质量。 ①焊丝表面应光滑,无毛刺、凹坑、划痕、锈蚀、氧化皮和油污等缺陷,也不应有其他不利于焊接操作或对焊缝金属有不良影响的杂质。 ②焊丝的填充粉应分布均匀,以使焊接工艺性能和熔敷金属力学性能不受影响。 (5)角焊缝试验。 ①角焊缝经目测检查应无咬边、焊瘤、夹渣、裂纹和表面气孔等。 ②角焊缝的两纵向断裂表面经目测检查应无裂纹、气孔和夹渣。焊缝要挟部未熔合的总长度应不大于焊缝总长度的20%。

续上表

<table>
<tr><th>项目</th><th>内 容</th></tr>
<tr><td>低合金钢药芯焊丝</td><td>③焊脚尺寸应不大于 10 mm,对应的焊缝凸度和两焊脚长度差见表 4－17。
(6)焊丝送丝性能:缠绕的焊丝应适于在自动和半自动焊机上连续送丝。焊丝接头处应适当加工,以保证均匀连续送丝</td></tr>
</table>

表 4－3 碳钢焊条型号与特性

<table>
<tr><th>焊条型号</th><th>药皮类型</th><th>焊接位置</th><th>电流种类</th></tr>
<tr><td colspan="4">E43 系列－熔敷金属抗拉强度≥420 MPa(43 kgf/mm²)</td></tr>
<tr><td>E4300</td><td>特殊型</td><td rowspan="9">平、立、仰、横</td><td rowspan="3">交流或直流正、反接</td></tr>
<tr><td>E4301</td><td>钛铁矿型</td></tr>
<tr><td>E4303</td><td>钛钙型</td></tr>
<tr><td>E4310</td><td>高纤维素钠型</td><td>直流反接</td></tr>
<tr><td>E4311</td><td>高纤维素钾型</td><td>交流或直流反接</td></tr>
<tr><td>E4312</td><td>高钛钠型</td><td>交流或直流正接</td></tr>
<tr><td>E4313</td><td>高钛钾型</td><td>交流或直流正、反接</td></tr>
<tr><td>E4315</td><td>低氢钠型</td><td>直流反接</td></tr>
<tr><td>E4316</td><td>低氢钾型</td><td>交流或直流反接</td></tr>
<tr><td rowspan="2">E4320</td><td rowspan="3">氧化铁型</td><td>平</td><td>交流或直流正、反接</td></tr>
<tr><td>平角焊</td><td>交流或直流正接</td></tr>
<tr><td>E4322</td><td>平</td><td>交流或直流正接</td></tr>
<tr><td>E4323</td><td>铁粉钛钙型</td><td rowspan="2">平、平角焊</td><td rowspan="2">交流或直流正、反接</td></tr>
<tr><td>E4324</td><td>铁粉钛型</td></tr>
<tr><td rowspan="2">E4327</td><td rowspan="2">铁粉氧化铁型</td><td>平</td><td>交流或直流正、反接</td></tr>
<tr><td>平角焊</td><td>交流或直流正接</td></tr>
<tr><td>E4328</td><td>铁粉低氢型</td><td>平、平角焊</td><td>交流或直流反接</td></tr>
<tr><td colspan="4">E50 系列－熔敷金属抗拉强度≥490 MPa(50 kgf/mm²)</td></tr>
<tr><td>E5001</td><td>钛铁矿型</td><td rowspan="9">平、立、仰、横</td><td rowspan="2">交流或直流正、反接</td></tr>
<tr><td>E5003</td><td>钛钙型</td></tr>
<tr><td>E5010</td><td>高纤维素钠型</td><td>直流反接</td></tr>
<tr><td>E5011</td><td>高纤维素钾型</td><td>交流或直流反接</td></tr>
<tr><td>E5014</td><td>铁粉钛型</td><td>交流或直流正、反接</td></tr>
<tr><td>E5015</td><td>低氢钠型</td><td>直流反接</td></tr>
<tr><td>E5016</td><td>低氢钾型</td><td rowspan="2">交流或直流反接</td></tr>
<tr><td>E5018</td><td>铁粉低氢钾型</td></tr>
<tr><td>E5018M</td><td>铁粉低氢型</td><td>直流反接</td></tr>
</table>

续上表

<table>
<tr><th>焊条型号</th><th>药皮类型</th><th>焊接位置</th><th>电流种类</th></tr>
<tr><td>E5023</td><td>铁粉钛钙型</td><td rowspan="2">平、平角焊</td><td>交流或直流正、反接</td></tr>
<tr><td>E5024</td><td>铁粉钛型</td><td>交流或直流正、反接</td></tr>
<tr><td>E5027</td><td>铁粉氧化铁型</td><td rowspan="2">平、平角焊</td><td>交流或直流正接</td></tr>
<tr><td>E5028</td><td rowspan="2">铁粉低氢型</td><td rowspan="2">交流或直流反接</td></tr>
<tr><td>E5048</td><td>平、仰、横、立向下</td></tr>
</table>

注:1. 焊接位置栏中文字涵义:平——平焊、立——立焊、仰——仰焊、横——横焊、平角焊——水平角焊、立向下——向下立焊。

2. 焊接位置栏中立和仰系指适用于立焊和仰焊的直径不大于 4.0 mm 的 E5014、E××15、E××16、E5018 和 E5018M 型焊条及直径不大于 5.0 mm 的其他型号焊条。

3. E4322 型焊条适宜单道焊。

表 4-4　碳钢焊条尺寸　(单位:mm)

<table>
<tr><th colspan="2">焊条直径</th><th colspan="2">焊条长度</th></tr>
<tr><th>基本尺寸</th><th>极限偏差</th><th>基本尺寸</th><th>极限偏差</th></tr>
<tr><td>1.6</td><td rowspan="10">±0.05</td><td>200~250</td><td rowspan="10">±2.0</td></tr>
<tr><td>2.0</td><td rowspan="2">250~350</td></tr>
<tr><td>2.5</td></tr>
<tr><td>3.2</td><td rowspan="3">350~450</td></tr>
<tr><td>4.0</td></tr>
<tr><td>5.0</td></tr>
<tr><td>5.6</td><td rowspan="4">450~700</td></tr>
<tr><td>6.0</td></tr>
<tr><td>6.4</td></tr>
<tr><td>8.0</td></tr>
</table>

表 4-5　碳钢焊条夹持端长度　(单位:mm)

焊条直径	夹持端长度
≤4.0	10~30
≥5.0	15~35

注:用于重力焊的焊条,夹持端长度不得小于 25 mm。

表 4-6　碳钢焊脚长度之差　(单位:mm)

<table>
<tr><th>焊脚尺寸</th><th>凸度,≤</th><th>两焊脚之差,≤</th></tr>
<tr><td>≤3.2</td><td rowspan="2">1.2</td><td>0.8</td></tr>
<tr><td>≤4.0</td><td>1.2</td></tr>
</table>

续上表

焊脚尺寸	凸度，≤	两焊脚之差，≤
≤4.8	1.6	1.6
≤5.6		2.0
≤6.4		2.4
≤7.1		2.8
≤8.0	2.0	3.2
≤8.7		3.6
≤9.5		4.0

表 4－7　碳钢焊缝金属射线探伤底片要求

焊条型号	焊缝金属射线探伤底片要求
E××01、E××15、E××16、E5018、E5018M、E4320、E5048	Ⅰ级
E4300、E××03、E××10、E××11、E4313、E5014、E××23、E××24、E××27、E××28	Ⅱ级
E4312、E4322	—

表 4－8　低氢型焊条药皮含水量和熔敷金属中扩散氢含量

焊条型号	药皮含水量(%)，≤		熔敷金属扩散氢含量(mL/100 g)，≤	
	正常状态	吸潮状态	甘油法	色谱法或水银法
E××15、E××15-1、E××16、E××16-1、E5018、E5018-1、E××28、E5048	0.60	—	8.0	12.0
E××15R、E××15-1R、E××16R、E××16-1R、E5018R、E5018-1R、E××28R、E5048R	0.30	0.40	6.0	10.0
E5018M	0.10	0.40	—	4.0

表 4—9 低合金钢焊条型号与特性

焊条型号	药皮类型	焊接位置	电流种类
E50 系列一熔敷金属抗拉强度≥490 MPa(50 kgf/mm²)			
E5003-×	钛钙型	平、立、仰、横	交流或直流正、反接
E5010-×	高纤维素钠型		直流反接
E5011-×	高纤维素钾型		交流或直流反接
E5015-×	低氢钠型		直流反接
E5016-×	低氢钾型		交流或直流反接
E5018-×	铁粉低氢型		
E5020-×	高氧化铁型	平角焊	交流或直流正接
		平	交流或直流正、反接
E5027-×	铁粉氧化铁型	平角焊	交流或直流正接
		平	交流或直流正、反接
E55 系列一熔敷金属抗拉强度≥540 MPa(55 kgf/mm²)			
E5500-×	特殊型	平、立、仰、横	交流或直流正、反接
E5503-×	钛钙型		
E5510-×	高纤维素钠型		直流反接
E5511-×	高纤维素钾型		交流或直流反接
E5513-××	高钛钾型		交流或直流正、反接
E5515-×	低氢钠型		直流反接
E5516-×	低氢钾型		交流或直流反接
E5518-×	铁粉低氢型		
E60 系列一熔敷金属抗拉强度≥590 MPa(60 kgf/mm²)			
E6000-×	特殊型	平、立、仰、横	交流或直流正、反接
E6010-×	高纤维素钠型		直流反接
E6011-×	高纤维素钾型		交流或直流反接
E6013-×	高钛钾型		交流或直流正、反接
E6015-×	低氢钠型		直流反接
E6016-×	低氢钾型		交流或直流反接
E6018-×	铁粉低氢型		

续上表

焊条型号	药皮类型	焊接位置	电流种类
E70 系列—熔敷金属抗拉强度≥690 MPa(70 kgf/mm²)			
E7010-×	高纤维素钠型	平、立、仰、横	直流反接
E7011-×	高纤维素钾型		交流或直流反接
E7013-×	高钛钾型		交流或直流正、反接
E7015-×	低氢钠型		直流反接
E7016-×	低氢钾型		交流或直流反接
E7018-×	铁粉低氢型		
E75 系列—熔敷金属抗拉强度≥740 MPa(75 kgf/mm²)			
E7515-×	低氢钠型	平、立、仰、横	直流反接
E7516-×	低氢钾型		交流或直流反接
E7518-×	铁粉低氢型		
E80 系列—熔敷金属抗拉强度≥780 MPa(80 kgf/mm²)			
E8015-×	低氢钠型	平、立、仰、横	直流反接
E8016-×	低氢钾型		交流或直流反接
E8018-×	铁粉低氢型		
E85 系列—熔敷金属抗拉强度≥830 MPa(85 kgf/mm²)			
E851 5-×	低氢钠型	平、立、仰、横	直流反接
E8516-×	低氢钾型		交流或直流反接
E8518-×	铁粉低氢型		
E90 系列—熔敷金属抗拉强度≥880 MPa(90 kgf/mm²)			
E9015-×	低氢钠型	平、立、仰、横	直流反接
E9016-×	低氢钾型		交流或直流反接
E9018-×	铁粉低氢型		
E100 系列—熔敷金属抗拉强度≥980 MPa(100 kgf/mm²)			
E10015-×	低氢钠型	平、立、仰、横	直流反接
E10016-×	低氢钾型		交流或直流反接
E10018-×	铁粉低氢型		

注:1. 后缀符号×代表熔敷金属化学成分分类代号如 A1、B1、B2 等。

2. 焊接位置栏中文字涵义:平——平焊;立——立焊;仰——仰焊;横——横焊;平角焊——水平角焊。

3. 表中立和仰系指适用于立焊和仰焊的直径不大于 4.0 mm,E××15-×、E××16-×及 E××18-×型及直径不大于 5.0 mm 的其他型号焊条。

表 4－10 低合金钢焊条尺寸 (单位:mm)

焊条直径		焊条长度	
基本尺寸	极限偏差	基本尺寸	极限偏差
2.0,2.5	±0.05	250～350	±2
3.2,4.0,5.0		350～450	
5.6,6.0,6.4,8.0		450～700	

表 4－11 低合金钢焊条夹持端长度 (单位:mm)

焊条直径	夹持端长度
≤4.0	10～30
≥5.0	15～35

表 4－12 低合金钢焊缝射线探伤要求

焊条型号	射线探伤要求
E××15-× E××16-× E××18-× E5020-×	Ⅰ级
E××00-× E××03-× E××10-× E××11-× E××13-× E5027-×	Ⅱ级

表 4－13 要求的试验项目①

型号②	化学分析	射线探伤试验	拉伸试验	弯曲试验	冲击试验	角焊缝试验
E×××T-1,E×××T-1M	要求	要求	要求	—	要求	要求
E×××T-4	要求	要求	要求	—	—	要求
E×××T-5,E×××T-5M	要求	要求	要求	—	要求	要求
E×××T-6	要求	要求	要求	—	要求	要求
E×××T-7	要求	要求	要求	—	—	要求
E×××T-8	要求	要求	要求	—	要求	要求
E×××T-9,E×××T-9M	要求	要求	要求	—	要求	要求
E×××T-11	要求	要求	要求	—	—	要求
E×××T-12,E×××T-12M	要求	要求	要求	—	要求	要求

续上表

型号[2]	化学分析	射线探伤试验	拉伸试验	弯曲试验	冲击试验	角焊缝试验
E×××T-G	要求	要求	要求	—	—	要求
E×××T-2,E×××T-2M	—	—	要求[4]	要求	—	要求
E××0T-3[3]	—	—	要求[4]	要求	—	—
E××0T-10[3]	—	—	要求[4]	要求	—	要求
E××1T-13[3]	—	—	要求[4]	要求	—	要求
E××1T－14[3]	—	—	要求[4]	要求	—	要求
E×××T-GS[3]	—	—	要求[4]	要求	—	要求

①对角焊缝试验,E××0T-×类焊丝应在角焊位置进行试验,对E××1T-×类焊丝,应在立焊位置和仰焊位置进行试验。

②对于型号带有L和/或H标记的焊丝应对其进行进一步的验证试验。

③用于单道焊接。

④做横向拉伸试验,其他所有的型号要求进行熔敷金属拉伸试验。

表4－14　角焊缝试样尺寸要求　(单位:mm)

测量的焊脚尺寸	最大凸度	最大焊脚差
3.2	2.0	0.8
3.6	2.0	1.2
4.0	2.0	1.2
4.4	2.0	1.6
4.8	2.0	1.6
5.2	2.0	2.0
5.6	2.0	2.0
6.0	2.0	2.4
6.4	2.0	2.4
6.7	2.4	2.8
7.1	2.4	2.8
7.5	2.4	3.2
8.0	2.4	3.2
8.3	2.4	3.6
8.7	2.4	3.6
9.1	2.4	4.0
9.5	2.4	4.0

表 4－15　低合金钢焊丝直径与极限偏差　　(单位:mm)

焊丝直径	0.8,1.0,1.2,1.4,1.6	2.0,2.4,2.8,3.2,4.0
极限偏差	±0.05	±0.08

表 4－16　低合金钢药芯类型、焊接位置、保护气体及电流种类

焊丝	药芯类型	药芯特点	型号	焊接位置	保护气体[①]	电流种类
非金属粉型	1	金红石型，熔滴呈喷射过渡	E××0T1-×C	平、横	CO_2	直流反接
			E××0T1-×M		Ar+(20%～25%)CO_2	
			E××1T1-×C	平、横、仰、立向上	CO_2	
			E××1T1-×M		Ar+(20%～25%)CO_2	
	4	强脱硫、自保护型，熔滴呈粗滴过渡	E××0T4-×	平、横	—	
	5	氧化钙－氟化物型熔滴呈粗滴过渡	E××0T4-×C		CO_2	
			E××0T5-×M		Ar+(20%～25%)CO_2	
			E××1T5-×C	平、横、仰、立向上	CO_2	直流反接或正接[②]
			E××1T5-×M		Ar+(20%～25%)CO_2	
	6	自保护型，熔滴呈喷射过渡	E××0T6-×	平、横	—	直流反接
	7	强脱硫、自保护型，熔滴呈喷射过渡	E××0T7-×			直流正接
			E××1T7-×	平、横、仰、立向上		
	8	自保护型，熔滴呈喷射过渡	E××0T8-×	平、横		
			E××1T8-×	平、横、仰、立向上		
	9	自保护型，熔滴呈喷射过渡	E××0T11-×	平、横		
			E××1T11-×	平、横、仰、立向下		
	×[③]	注[③]	E××0T×-G	平、横		注[③]
			E××1T×-G	平、横、仰、立向上或向下		
			E××0T×-GC	平、横	CO_2	
			E××1T×-GC	平、横、仰、立向上或向下		
			E××0T×-GM	平、横	Ar+(20%～25%)CO_2	
			E××1T×-GM	平、横、仰、立向上或向下		
	G	不规定	E××0TG-×	平、横	不规定	不规定
			E××1TG-×	平、横、仰、立向上或向下		
			E××0TG-G	平、横		
			E××1TG-G	平、横、仰、立向上或向下		

续上表

焊丝	药芯类型	药芯特点	型号	焊接位置	保护气体①	电流种类
	金属粉型	主要为纯金属和合金，熔渣极少，熔滴呈喷射过渡	W××C－B2，－B2L E××C－B3，－B3L E××C－B6，－B8 E××C－Ni1，－Ni2，Ni3 E××C－D2	不规定	Ar＋(1%～5%)CO_2	不规定
			E××C－B2 E××C－K3，－K4 E××C－W2		Ar＋(5%～25%)O_2	
		不规定	E××C－G	不规定		

①为保护焊缝金属性能，应采用表中规定的保护气体。如供需双方协商也可采用其他保护气体。

②某些 E××1T5-×C，-×M 焊丝，为改善立焊和仰焊的焊接性能，焊丝制造厂也可能推荐采用直流正接。

③可以是上述任一种药芯类型，其药芯特点及电流种类应符合该类药芯焊丝相对应的规定。

表 4－17　角焊缝试样的凸度与焊脚长度差　(单位：mm)

焊脚尺寸(测量值)	凸度	两焊脚长度差
3.0，3.5，4.0	≤2.0	≤1.0
4.5		≤1.5
5.0，5.5		≤2.0
6.0，6.5		≤2.5
7.0，7.5，8.0	≤2.5	≤3.0
8.5，9.0		≤3.5
9.5		≤4.0

注：对于 E×××T5-×C，×M 焊丝，最大凸度可以比规定值大 0.8 mm。

三、施工机械要求

焊接 H 型钢的施工机械要求见表 4－18。

表 4－18　焊接 H 型钢的施工机械要求

项目	内　容
机械准备	(1)搭设拼装工具胎架和焊接工作平台。 (2)切割设备、焊接设备(CO_2 气体保护焊机、埋弧焊机)吊装设备、运输设备。 (3)撬棍、卡栏、大锤、吊链、索具等

续上表

项目	内　　容
作业条件	(1)完成施工详图设计，并经原设计人员审核签字认可。 (2)完成制作工艺(施工方案)、作业指导书等。 (3)各种工艺评定试验及工艺性能试验完成。 (4)主要材料已进厂，并经复验。 (5)各种机械设备调试验收合格。 (6)所有生产工人都进行了施工前培训，取得相应资格的上岗证书

四、施工工艺解析

焊接 H 型钢的施工工艺解析见表 4－19。

表 4－19　焊接 H 型钢的施工工艺解析

项目	内　　容
下料	(1)下料应将钢板上的铁锈，油污清除干净，以保证切割质量。 (2)宜采用多头切割机多线同时下料，防止侧弯。 (3)应根据配料单规定的尺寸落料，并适当考虑机加工及焊接收缩量。 (4)开坡口，采用坡口倒角机或半自动切割机，坡口形式如图 4－1 所示。 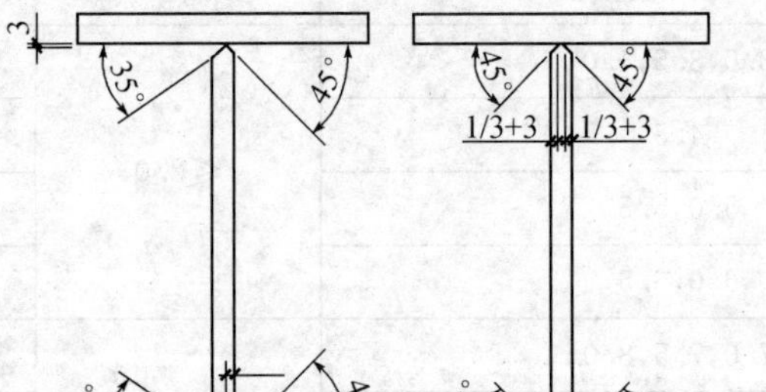 3 35° 45° 45° 45° 1/3+3 1/3+3 35° 45° 45° 45° 3 图 4－1　焊接 H 型钢全熔透和半熔透焊缝坡口角度 (5)确定构件长度和坡口角度，可在锯切机和端铣机上进行。坡口应当铣制，手工开坡口必须砂轮打磨。 (6)下料后，将割缝处的流渣清除干净，进行平整
拼装	(1)H 型钢装配在专用平台上进行，装配前，应先将焊接区域内的氧化皮、铁锈等杂物清除干净；然后用石笔在翼缘板上放线，标明腹板位置，有拼接也应标明位置，将腹板翼缘板分别靠紧定位装置，检测各相关尺寸和角度，卡紧固定。如图 4－2 所示。

续上表

项目	内　　容
拼装	(2)点焊材质应与主焊缝材质相同，点焊长度 50 mm 左右，间距 300 mm，焊高不大于 6 mm，且不超过设计高度的 2/3。为保证腹板与翼缘板的垂直，可用角钢临时焊接定位，如图 4－2 所示 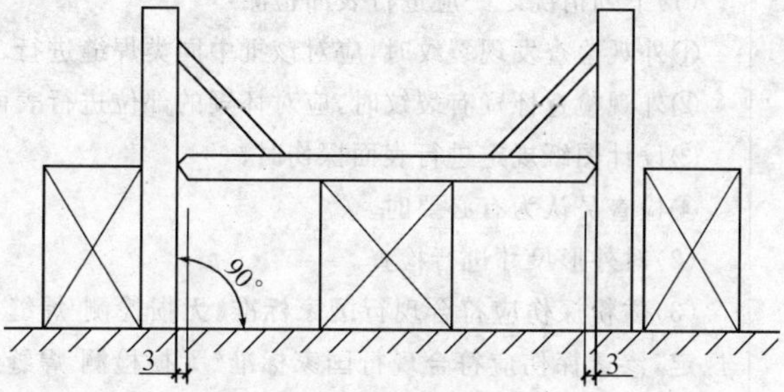 图 4－2　组装平台简示
焊接	(1)在专用胎具上截面呈倾斜放置，船形焊接。可用 CO_2 气体保护焊打底，再埋弧焊。也可直接用埋弧焊完成。 (2)工艺参数应参照工艺评定确定的数据，不得随意更改。 (3)具体焊接时应根据实际焊缝高度，确定填充焊的遍数，构件要勤翻身，防止构件产生扭曲变形。如果构件长度大于 4 m，可采用分段施焊的方法。 (4)对于需要进行焊前预热或焊后热处理的焊缝，其预热温度或后热温度应符合国家现行有关标准的规定或通过工艺试验确定。预热区在焊道两侧，每侧宽度均应大于焊件厚度 1.5 倍以上，且不应小于 100 mm；后热处理应在焊后立即进行，保温时间应根据板厚按每 25 mm 板厚 0.5 h 确定
矫正	(1)机械矫正：应清除一切焊渣和杂物，磨平，在翼缘矫正机上进行。注意构件的规格应在矫正机规定的范围内。一般要求往返几次矫正，每次矫正量 1～2 mm。局部可用压力机进行矫正。 (2)火焰矫正：根据构件的变形情况，确定加热位置、形状和顺序。温度不易过高，通常在600℃～650℃。一般用来调整侧弯和扭曲
制孔	(1)应严格控制孔的相对位置和大小，尤其是高强度螺栓配孔。一般应用钻模定位，打孔要用摇臂钻，钻头应当符合规定。 (2)气割制孔应先打中心孔，并在圆周上打四个冲眼，作检查用。由样规控制切割
装焊其他零件	(1)应当利用定位线和样板组装零件，点焊后应按设计尺寸严格检查。 (2)焊接采用手工焊或 CO_2 气体保护焊
校正	(1)对于焊接变形，通常可以用冷压校正，利用卡栏和千斤顶进行机械校正。 (2)对于较大的变形或扭曲可用热变形处理，加工温度和停止时间应按操作规程进行

续上表

项目	内　容
打磨	(1)坡口切割面应当进行砂轮打磨,去除焊渣和硬化层。 (2)H型钢制作完成后,应当整体清除焊接遗留的焊渣、焊疤和飞溅等残留物
检查	(1)下列情况之一应进行表面检测: ①外观检查发现裂纹时,应对该批中同类焊缝进行100%的表面检测; ②外观检查怀疑有裂纹时,应对怀疑的部位进行表面探伤; ③设计图纸规定进行表面探伤时; ④检查员认为有必要时。 (2)对外形尺寸进行检查。 (3)磁粉探伤应符合现行国家标准《无损检测 焊缝磁粉检测》(JB/T 6061—2007)的规定,渗透探伤应符合现行国家标准《无损检测 焊缝渗透检测》(JB/T 6062—2007)的规定。 (4)所有焊缝应冷却到环境温度后进行外观检查,Ⅱ、Ⅲ类钢材的焊缝应以焊接完成24 h后检查结果作为验收依据,Ⅳ类钢应以焊接完成48 h后的检查结果作为验收依据。 (5)抽样检查的焊缝数如不合格率小于2%时,该批验收应定为合格;不合格率大于5%时,该批验收应定为不合格;不合格率为2%～5%时,应加倍抽检,且必须在原不合格部位两侧的焊缝延长线各增加一处,如在所有抽检中不合格率不大于3%时,该批验收应定为合格,大于3%时,该批验收应定为不合格。当批量验收不合格时,应对该批余下焊缝全数进行检查。当检查出一处裂纹缺陷时,应加倍抽查,如在加倍抽检焊缝中未检查出其他裂纹缺陷时,该批验收应定为合格,当检查出多处裂纹缺陷或加倍抽查又发现裂纹缺陷时,应对该批余下焊缝的全数进行检查。 (6)无损检测。 无损检测应在外观检查合格后进行。设计要求全焊透的焊缝,其内部缺陷的检验应符合下列要求: ①一级焊缝应进行100%检验,其合格等级应为现行国家标准《钢焊缝手工超声波探伤方法及质量分级》(GB 11345—1989)B级检验的Ⅱ级及Ⅱ级以上; ②二级焊缝应进行抽检,抽检比例应不小于20%,其合格等级为现行国家标准《钢焊缝手工超声波探伤方法及质量分级》(GB 11345—1989)B级检验的Ⅲ级及Ⅲ级以上; ③全焊透的三级焊缝可不进行无损检测; ④局部探伤的焊缝,有不允许的缺陷时,应在缺陷两端的延伸部位增加探伤长度,增加长度不应小于焊缝长度的10%,且不应小于200 mm;当仍有不允许的缺陷时,应对该焊缝百分之百的探伤检查; ⑤验收合格后才能进行包装。包装应保护构件不受损伤,零件不变形,不损坏,不散失; ⑥所有查出的不合格部位应当按规定进行补修至检查合格。 (7)喷砂及涂装。 ①清理毛刺、焊渣、飞溅物等。 ②对技术要求的或摩擦面进行喷砂处理。 ③根据涂装工艺进行底漆和面漆涂装,对焊接范围和摩擦面应进行保护,不涂装

第二节　组　　装

一、验收条文

组装的验收标准，见表 4－20。

表 4－20　组装验收标准

项目	内　　容
主控项目	吊车梁和吊车桁架不应下挠。 检查数量：全数检查。 检验方法：构件直立，在两端支承后，用水准仪和钢尺检查
一般项目	(1)焊接连接组装的允许偏差应符合《钢结构工程施工质量验收规范》(GB 50205—2001)附录 C 中表 C.0.2 的规定。 检查数量：按构件数抽查 10%，且不应少于 3 个。 检验方法：用钢尺检验。 (2)顶紧接触面应有 75%以上的面积紧贴。 检查数量：按接触面的数量抽查 10%，且不应少于 10 个。 检验方法：用 0.3 mm 塞尺检查，其塞入面积应小于 25%，边缘间隙不应大于 0.8 mm。 (3)桁架结构杆件轴线交点错位的允许偏差不得大于 3.0 mm，允许偏差不得大于 4.0 mm。 检查数量：按构件数抽查 10%，且不应少于 3 个，每个抽查构件按节点数抽查 10%，且不应少于 3 个节点。 检验方法：尺量检查

二、施工材料要求

组装的施工材料，参考第三章第五节“施工材料要求”的内容。

三、施工机械要求

组装的施工机械，参考第四章第一节“施工机械要求”的内容。

四、施工工艺解析

组装的施工工艺，参考第四章第一节“施工工艺解析”的内容。

第三节　端部铣平及安装焊缝坡口

一、验收条文

端部铣平及安装焊缝坡口验收标准，见表 4－21。

表 4—21 端部铣平及安装焊缝坡口验收标准

项目	内容
主控项目	端部铣平的允许偏差见表 4—22。 检查数量:按铣平面数量抽查 10%,且不应少于 3 个。 检验方法:用钢尺、角尺、塞尺等检查
一般项目	(1)安装焊缝坡口的允许偏差见表 4—23。 检查数量:按坡口数量抽查 10%,且不应少于 3 条。 检验方法:用焊缝量规检查。 (2)外露铣平面应防锈保护。 检查数量:全数检查。 检验方法:观察检查

表 4—22 端部铣平的允许偏差 (单位:mm)

项 目	允许偏差
两端铣平时构件长度	±2.0
两端铣平时零件长度	±0.5
铣平面的平面度	0.3
铣平面对轴线的垂直度	l/1 500

表 4—23 安装焊缝坡口的允许偏差

项 目	允许偏差
坡口角度	±5°
钝边	±1.0 mm

二、施工材料要求

端部铣平及安装焊缝坡口的施工材料,参考第四章第一节“施工材料要求”的内容。

三、施工机械要求

端部铣平及安装焊缝坡口的施工机械,参考第四章第一节“施工机械要求”的内容。

四、施工工艺解析

端部铣平及安装焊缝坡口的施工工艺,参考第四章第一节“施工工艺解析”的内容。

第四节　钢构件外形尺寸

一、验收标准条文

钢构件外形尺寸的验收标准，见表4—24。

表4—24　钢构件外形尺寸验收标准

项目	内　容
主控项目	钢构件外形尺寸主控项目的允许偏差见表4—25。 检查数量：全数检查。 检验方法：用钢尺检查
一般项目	钢构件外形尺寸一般项目的允许偏差应符合《钢结构工程施工质量验收规范》(GB 50205—2001)附录C中表C.0.3～表C.0.9的规定。 检查数量：按构件数量抽查10%，且不应少于3件。 检验方法：见《钢结构工程施工质量验收规范》(GB 50205—2001)附录C中表C.0.3～表C.0.9

表4—25　钢构件外形尺寸主控项目的允许偏差　(单位：mm)

项　目	允许偏差
单层柱、梁、桁架受力支托(支承面)表面至第一个安装孔距离	±1.0
多节柱铣平面至第一个安装孔距离	±1.0
实腹梁两端最外侧安装孔距离	±3.0
构件连接处的截面几何尺寸	±3.0
柱、梁连接处的腹板中心线偏移	2.0
受压构件(杆件)弯曲矢高	l/1 000，且不应大于10.0

二、施工材料要求

钢构件外形尺寸的施工材料，参考第四章第一节“施工材料要求”的内容。

三、施工机械要求

钢构件外形尺寸的施工机械，参考第四章第一节“施工机械要求”的内容。

四、施工工艺解析

钢构件外形尺寸的施工工艺，参考第四章第一节“施工工艺解析”的内容。

第五节 预 拼 装

一、验收条文

预拼装的验收标准,见表4-26。

表4-26 预拼装验收标准

项目	内容
主控项目	高强度螺栓和普通螺栓连接的多层板叠,应采用试孔器进行检查,并应符合下列规定: (1)当采用比孔公称直径小1.0 mm的试孔器检查时,每组孔的通过率不应小于85%; (2)当采用比螺栓公称直径大0.3 mm的试孔器检查时,通过率应为100%。 检查数量:按预拼装单元全数检查。 检验方法:采用试孔器检查
一般项目	预拼装的允许偏差应符合《钢结构工程施工质量验收规范》(GB 50205—2001)附录D表D的规定。 检查数量:按预拼装单元全数检查。 检验方法:见《钢结构工程施工质量验收规范》(GB 50205—2001)附录D表D

二、施工材料要求

预拼装的施工材料,参考第三章第五节“施工材料要求”的内容。

三、施工机械要求

预拼装的施工机械,参考第三章第五节“施工机械要求”的内容。

四、施工工艺解析

预拼装的施工工艺,见表4-27。

表4-27 预拼装的施工工艺

项目	内容
平台铺设	根据预拼装单元的尺寸、数量确定组对平台的尺寸;组对平台通常选用钢管、型钢、道木作为支撑,对支撑进行找正、固定,并可根据施工需要在支撑上铺设钢板,也可以在支撑上直接进行预拼装
组装胎具	(1)每片在组装前应按1∶1比例在平台上放样。 (2)为了补偿焊接收缩,相邻立柱间距在设计尺寸基础上加大3~4 mm,每层横梁间距在设计尺寸基础上加大0.5~1 mm(即:第一层横梁加0.5~1 mm,第二层横梁加1~2 mm,依次类推,第n层横梁加0.5n~n mm。)。 (3)要注意根据设计尺寸校核相关的轴线尺寸,并在此基准上制作组装胎具,胎具制作时要标出杆件的控制边线。

续上表

<table>
<tr><th colspan="2">项目</th><th>内　　容</th></tr>
<tr><td colspan="2">组装胎具</td><td>(4)材料代用时，横梁部分应保证其标高不变，相应节点作变动，斜撑部分应按代用型钢的重心线汇交，并与各片设计轴线相符，其轴线交点允许偏差≤2 mm，如图 4－3 所示。当组对板厚度不同时，应按板中心重合组对。
(5)组装胎具必须经检查确认无误后方可使用</td></tr>
<tr><td colspan="2">成片组焊</td><td>(1)将焊完节点板并检验合格的各段立柱分别放入组装胎具中，进行找平(水平度偏差小于 3 mm)，并测量对角线和跨度尺寸。
(2)组对横梁及斜撑(横梁及斜撑均为组合件，焊后经矫形检验合格后方可组对)，先组对柱顶、柱底及分段处的横梁，然后再依次组对其余横梁及斜撑。
(3)进行成片焊接</td></tr>
<tr><td rowspan="2">成框组焊</td><td>组焊工艺一</td><td>(1)分别组焊完成的片状结构，经检验合格，在成框组装前，以其中一片为基准，先在组装胎具上按照侧端的实际尺寸划出柱顶、分段处、柱底等处横梁的位置。
(2)检查尺寸无误后，将上述部位横梁与该片组对及点焊，并将其找平找正。
(3)在上述截面加十字支撑进行加固(也可用倒链固定)，横梁上部应加定位板。如图 4－4 所示。
(4)吊起另一片，吊装时可分一段保持平稳起吊，然后按施工图进行组对横梁、斜撑。
(5)经检查，各部分尺寸均符合图纸要求后，再进行点固和焊接</td></tr>
<tr><td>组焊工艺二</td><td>当左右两侧片组对焊接完成后，在组对平台上将两侧片立起，按框架结构尺寸调整位置，检查合格后固定；组对两片之间的横梁、斜撑等，检验合格后按程序焊接</td></tr>
<tr><td colspan="2">焊接</td><td>(1)焊接应认真执行相应的焊接工艺，按照规定的操作参数施焊。
(2)焊接时，焊工要对称均匀分布，每个节点先焊对接焊缝，后焊角焊缝，采用小线能量分段跳焊。每个焊工所采取线能量要基本一致。以减少焊接应力和变形，从而保证框架的垂直度，空间对角线以及每层梁的水平度允差的要求。
(3)所有框架上节点焊接工作全部完成并进行矫形后，经检验合格，再组焊立柱底板。
(4)焊接时除柱脚处须加刚性固定外，其余部分均处于自由状态</td></tr>
<tr><td colspan="2">出厂要求</td><td>(1)预制构件、成片或成框结构预制工作完成后，应由质量检验人员进行整体检查。确认合格后，在显著位置粘贴上产品合格证明标签。
(2)按照要求做好标识，包括装置名称、单元名称、结构编号及分段编号。
(3)按约定的出厂条件，完善油漆等防腐保护。半成品或成品件在厂内吊运、转移时应采取隔垫措施，防止损伤已完成的防腐层。
(4)预制件应方便运输，除尺寸满足运输要求外，还应有足够的刚度与强度，否则应有临时加固措施。必要时应标识出吊装索具捆绑点的位置</td></tr>
</table>

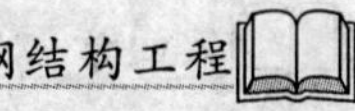

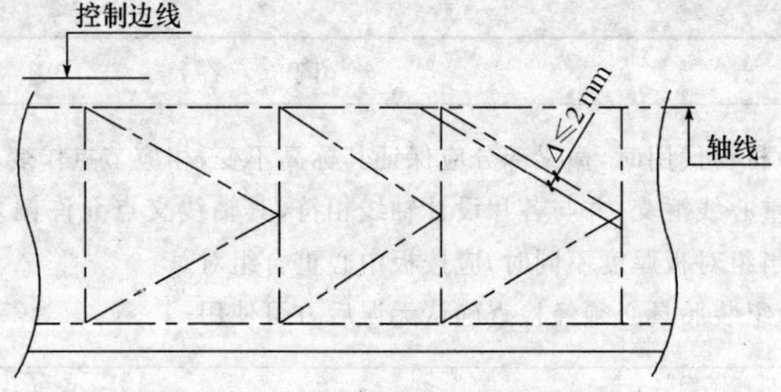

图 4－3 组装胎具的横梁与斜撑

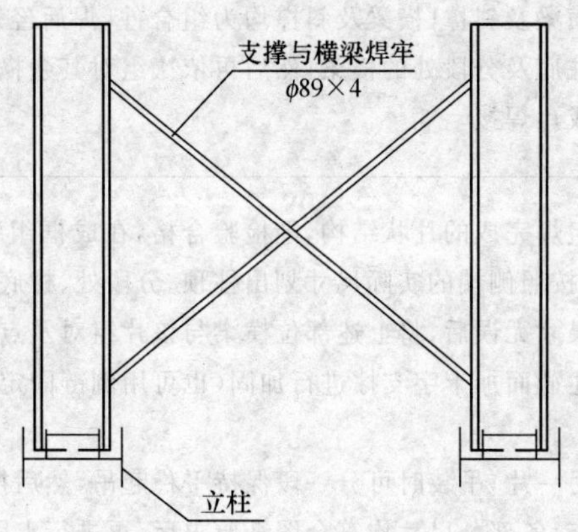

图 4－4 横梁上部加定位板

第五章　单层钢结构安装工程

第一节　基础和支承面

一、验收条文

基础和支承面的验收标准，见表5－1。

表5－1　基础和支承面验收标准

项目	内　容
主控项目	(1)建筑物的定位轴线、基础轴线和标高、地脚螺栓的规格及其紧固应符合设计要求。 检查数量：按柱基数抽查10%，且不应少于3个。 检验方法：用经纬仪、水准仪、全站仪和钢尺现场实测。 (2)基础顶面直接作为柱的支承面和基础顶面预埋钢板或支座作为柱的支承面时，其支承面、地脚螺栓(锚栓)位置的允许偏差见表5－2。 检查数量：按柱基数抽查10%，且不应少于3个。 检验方法：用经纬仪、水准尺、全站仪、水平尺、钢尺实测。 (3)采用座浆垫板时，座浆垫板的允许偏差见表5－3。 检查数量：资料全数检查。按柱基数抽查10%，且不应少于3个。 检验方法：用水准仪、全站仪、水平尺和钢尺现场实测。 (4)采用杯口基础时，杯口尺寸的允许偏差见表5－4。 检查数量：按基础数抽查10%，且不应少于4处。 检验方法：观察及尺量检查
一般项目	地脚螺栓(锚栓)尺寸的偏差见表5－5。地脚螺栓(锚栓)的螺纹应受到保护。 检查数量：按柱基数抽查10%，且不应少于3个。 检验方法：用钢尺现场实测

表5－2　支承面、地脚螺栓(锚栓)位置的允许偏差　　(单位：mm)

项　目		允许偏差
支承面	标高	±30
	水平度	l/1 000
地脚螺栓(锚栓)	螺栓中心偏移	5.0
预留孔中心偏移		10.0

表 5－3　座浆垫板的允许偏差　　(单位:mm)

项　　目	允许偏差
顶面标高	0.0 －3.0
水平度	l/1 000
位置	20.0

表 5－4　杯口尺寸的允许偏差　　(单位:mm)

项　　目	允许偏差
底面标高	0.0 －5.0
杯口深度 H	±5.0
杯口垂直度	H/100,且不应大于 10.0
位置	10.0

表 5－5　地脚螺栓尺寸(锚栓)尺寸的允许偏差　　(单位:mm)

项　　目	允许偏差
螺栓(锚栓)露出长度	＋30.0 0.0
螺纹长度	＋30.0 0.0

二、施工材料要求

基础和支承面的施工材料,见表 5－6。

表 5－6　基础和支承面施工材料

项目	内　容
钢构件及柱间支撑	钢柱及柱间支撑等,应具有产品质量合格证明文件,包括:钢材、焊接材料、涂装材料、高强度螺栓、焊钉及瓷环等产品质量合格证明文件,按规定和设计要求进行的复验。具体要求参见第一章钢焊接工程中施工材料的相关内容
配套材料	配套材料主要有普通螺栓、切割用气体、脚手架、爬梯、护栏、道木、钢垫板等,应具有产品质量合格证明文件,具体要求参考表 4－2 和表 2－2

三、施工机械要求

基础和支承面的施工机械,见表 5－7。

表 5－7 基础和支承面的施工机械

<table>
<tr><th colspan="2">项目</th><th>内 容</th></tr>
<tr><td colspan="2">施工机械设备基本要求</td><td>(1)主要施工机具包括塔式起重机、汽车式起重机、履带式起重机、交直流电焊机、CO_2 气体保护焊机、空压机、碳弧气刨、砂轮机、超声波探伤仪、磁粉探伤、着色探伤、焊缝检查量规、大六角头和扭剪型高强度螺栓扳手、高强度螺栓初拧电动扳手、栓钉机、千斤顶、葫芦、卷扬机、滑车及滑车组、钢丝绳、索具、经纬仪、水准仪、全站仪等。
(2)每大使用的工具应清扫擦洗干净。上班前机具应进行仔细检查，下班及时收集，损坏的设备工具不得随意废弃，应按“可回收废弃物”、“不可回收废弃物”分类处理。
(3)电动机具应保持完好状态，并有安全接地装置，防止火灾、人员伤亡事件发生，造成设备部件报废、机械设备事故，浪费资源并加大对环境的污染；摆放好接油盘进行回收油污，如未被污染，可再次利用，节约能源；对于废弃油污，则交专门单位回收处理，防止乱扔污染环境。
(4)当发现设备有异常或存在问题时，应安排专人检查排除或送维修单位立即抢修，防止设备带病作业，加大能源消耗、浪费资源，设备漏油污染土地、污染地下水。
(5)设备接油盘宜采用厚度 0.5～1 mm 铁皮，油盘大小不宜小于机械设备的水平投影面积，防止漏油污染土地、污染地下水</td></tr>
<tr><td rowspan="2">主要施工机械设备的选用</td><td>起重机械</td><td>(1)W25 型履带式起重机最大起重量为 25 t，其工作性能见表 5－8。
(2)W2001 型履带式起重机最大起重量为 50 t，其工作性能见表 5－9。
(3)TQ60/80 塔式起重机为有轨行走式，最大起重量为 10 t，工作性能见表 5－10。
(4)88HC 塔式起重机可作有轨运行式、固定式、附着式及内爬式几种使用，其最大起重量为6 t，工作性能见表 5－11。
(5)TC-452 汽车式起重机最大起重量为 45 t，其工作性能见表 5－12 和表 5－13，工作范围如图 5－1 所示。
(6)NK-800 汽车式起重机最大起重量为 80 t，其工作性能见表 5－14 和表 5－15，工作范围如图 5－2 所示。
(7)常用 10～200 kN 电动卷扬机主要技术规格见表 5－16。
(8)千斤顶。
①常用 LQ 型螺旋千斤顶技术规格，见表 5－17。
②常用 QY 型油压千斤顶技术规格，见表 5－18</td></tr>
<tr><td>其他机械设备</td><td>(1)滑轮及滑轮组。
①滑轮的类型如图 5－3 所示。
②滑轮与滑轮组的绳索张力见表 5－19。
(2)钢丝绳。
①常用钢丝绳的分类、特点及用途见表 5－20。
②钢丝绳直径的选择。</td></tr>
</table>

续上表

<table>
<tr><th colspan="2">项目</th><th>内容</th></tr>
<tr><td>主要施工机械设备的选用</td><td>其他机械设备</td><td>按钢丝绳所要求的安全系数选择钢丝绳直径，所选钢丝绳的破断拉力应满足
$$S_p \geqslant S_{max} \cdot n$$
式中 S_p——整根钢丝绳的破断拉力(kN)；
S_{max}——钢丝绳最大静拉力(kN)；
n——钢丝绳最小安全系数，见表 5－21。
(3)绳具。
①钢丝绳夹如图 5－4 所示。
钢丝绳夹是一种连接力最强的标准钢丝绳夹。使用时，应把绳夹的夹座扣在钢丝绳的工作段上，U 型螺栓扣在钢丝绳的尾段上。钢丝绳夹不得在钢丝绳上交替布置。每一连接处所需钢丝绳夹的最少数量，推荐见表 5－22。钢丝绳夹之间的距离 A 等于 6～7 倍钢丝绳直径，如图 5－5所示。紧固绳夹时须考虑每个绳夹的合理受力，离套环最近处的绳夹(第一个绳夹)应尽可能地靠紧套环，但仍须保证绳夹的正确拧紧，不得损坏钢丝绳的外层钢丝。离套环最远处的绳夹不得首先单独紧固。
②索具卸扣，外形如图 5－6 所示。
③螺旋扣(花篮螺丝)，外形如图 5－7 所示。
④吊索(千斤绳)如图 5－8 所示。
对于封闭式吊索，采用编结固接时，编结长度不小于钢丝绳直径的 30 倍。
对于开口式吊索，采用编结固接时，编结长度不小于钢丝绳直径的 25 倍</td></tr>
</table>

表 5－8 W25 履带式起重机工作性能

起重臂长度 l (m)	主要性能	起重臂仰角 θ(°)				
		76	69	61	45	30
13	起重量 Q(t)	25	16	10	6.5	5
	幅度 R(m)	4.5	5.7	7.8	10.5	12.5
	提升高度 H(m)	11.5	11	10	8.1	5.4
16	起重量 Q(t)	19	13	8	5	3.4
	幅度 R(m)	5.3	6.8	9.3	12.5	15.1
	提升高度 H(m)	14.4	13.9	12.7	10.2	6.9
20	起重量 Q(t)	15	9.4	6	3.2	2.2
	幅度 R(m)	6.3	8.1	11.3	15.4	18.6
	提升高度 H(m)	18.3	17.6	16.2	13	8.9
28	起重量 Q(t)	9	5	2.3	1	—
	幅度 R(m)	8.1	10.6	15.3	21.1	—
	提升高度 H(m)	26	25.2	23.2	18.7	—

表 5－9 W2001 履带式起重机工作性能

起重臂长度 l (m)	主要性能	起重臂仰角 θ(°)						
		78	75	70	65	60	55	50
15	起重量 Q(t)	(90°) 50	36.3	26.6	21.1	17.3	14.6	12.7
	幅度 R(m)	4.5	5.48	6.73	7.94	9.1	10.2	11.25
	提升高度 H(m)	11.8	11.6	11.2	10.7	10	9.4	8.6
20	起重量 Q(t)	33	26	19	14.8	12	10.3	8.8
	幅度 R(m)	5.77	6.78	8.44	10	11.6	13	14.46
	提升高度 H(m)	16.7	16.4	15.9	15.2	14.4	13.5	12.4
25	起重量 Q(t)	25.7	20	14.3	11.2	9	7.5	6.4
	幅度 R(m)	6.8	8.07	10.15	12.15	14.1	15.95	17.7
	提升高度 H(m)	21.5	21.2	20.5	19.7	18.7	17.6	16.2
30	起重量 Q(t)	20	15.8	11.5	8.7	6.9	5.7	4.8
	幅度 R(m)	8	9.35	11.85	14.3	16.6	18.8	20.9
	提升高度 H(m)	28	27.6	26.8	25.8	24.6	23.2	21.6
35	起重量 Q(t)	16.4	12.7	8.8	6.6	5.2	4.2	3.45
	幅度 R(m)	8.9	10.65	13.6	16.4	19.1	21.7	24.1
	提升高度 H(m)	32.9	32.4	31.5	30.3	28.9	27.3	25.4
40	起重量 Q(t)	8	6.7	5.1	3.9	3	2.3	4.9
	幅度 R(m)	10	12	15.3	18.5	21.6	24.6	27.3
	提升高度 H(m)	37.7	37.2	36.2	34.8	33.2	31.4	29.4

表 5－10 TQ60/80 塔式起重机工作性能

起重臂长度 l (m)	起重臂仰角 θ(°)	10°12′～20°12′			28°12′～20°12′			39°～48°12′			52°42′～62°42′			62°42′		
	塔型	高塔	中塔	低塔	高塔	中塔	低塔	高塔	中塔	低塔	高塔	中塔	低塔	高塔	中塔	低塔
30	起重量 Q(t)	2.0			2.2			2.5			3.2			4.1		
	幅度 R(m)	30			27.3			24			18.7			14.6		
	提升高度 H(m)	48	38	28	57	47	37	61	51	41	66	56	46	68	58	48
25	起重量 Q(t)	2.4	2.8	3.2	2.6	3.0	3.5	3.0	3.6	4.0	3.8	4.5	5.0	4.9	5.7	6.6
	幅度 R(m)	25			23.1			20			15.8					
	提升高度 H(m)	47	37	27	53	43	33	58	48	38	62	52	42	64	54	44

续上表

起重臂长度 l (m)	起重臂仰角 θ(°)	10°12′～20°12′			28°12′～20°12′			39°～48°12′			52°42′～62°42′			62°42′		
	塔型	高塔	中塔	低塔	高塔	中塔	低塔	高塔	中塔	低塔	高塔	中塔	低塔	高塔	中塔	低塔
20	起重量 Q(t)	3	3.5	4.0	3.3	3.8	4.4	3.8	4.4	5.0	4.7	5.5	6.3	6.0	7.0	8.0
	幅度 R(m)	20			18.2			15.8			12.8			10.0		
	提升高度 H(m)	46	36	26	52	42	32	55	45	35	58	48	38	60	50	40
15	起重量 Q(t)	4	4.7	5.4	4.3	5.0	5.8	4.9	5.8	6.6	6.2	7.2	8.2	7.8	9.1	10.3
	幅度 R(m)	15			14			12.3			9.7			7.7		
	提升高度 H(m)	45	35	25	50	40	30	52	42	32	53	43	33	55	45	35

表 5－11　88HC 塔式起重机工作性能

起重臂长度 l (m)	最大起重量为 6 t 时的幅度值(m)	幅度(m)											
		19.0	20.0	22.5	25.0	27.5	30.0	32.5	35.0	37.5	40.0	42.5	45.0
		起重量(t)											
45	2.15～17.3	5.4	5.09	4.44	3.93	3.50	3.15	2.85	2.60	2.38	2.19	2.02	1.90
40	2.15～18.0	5.65	5.34	4.65	4.11	3.67	3.31	3.00	2.74	2.51	2.30	—	—
35	2.15～18.7	5.87	5.54	4.84	4.29	3.83	3.45	3.14	2.90	—	—	—	—
30	2.15～19.5	6.0	5.81	5.08	4.50	4.03	3.65	—	—	—	—	—	—
25	2.15～19.8	6.0	5.90	5.16	4.60	—	—	—	—	—	—	—	—

注：提升高度——固定式 40.1 m，行走式 44.4 m。

表 5－12　TC-452 汽车式起重机主臂工作性能

幅度(m)	主臂长度(m)			
	10.4	17.6	24.8	32.0
	起重量(t)			
3.0	45	—	—	—
4.0	36	25	18	—

续上表

幅度(m)	主臂长度(m)			
	10.4	17.6	24.8	32.0
	起重量(t)			
6.0	25	21	18	12
8.0	16.3	15.2	13.6	11.3
10.0	—	10.2	10.3	9.2
12.0	—	7.2	7.5	7.6
14.0	—	5.4	5.6	6.0
18.0	—	—	3.2	3.7
20.0	—	—	2.5	2.9
24.0	—	—	—	1.8
28.0	—	—	—	0.9
30	—	—	—	0.6

注:起重量包括吊钩重 0.4 t,20 t 吊钩重 0.28 t。

表 5－13　TC-452 汽车式起重机副臂工作性能

主臂仰角(°)	副臂长度(m)	
	8.7	14.2
	起重量(t)	
80	4.0	2.5
75	3.6	2.2
70	3.0	1.85
65	2.5	1.6
60	2.1	1.4
55	1.6	1.2
50	1.1	0.8
45	0.7	0.5
40	0.3	—

注:起重量包括吊钩重,如带有主钩工作,应同时减去主副钩重量,5 t 副钩重 0.20 t。

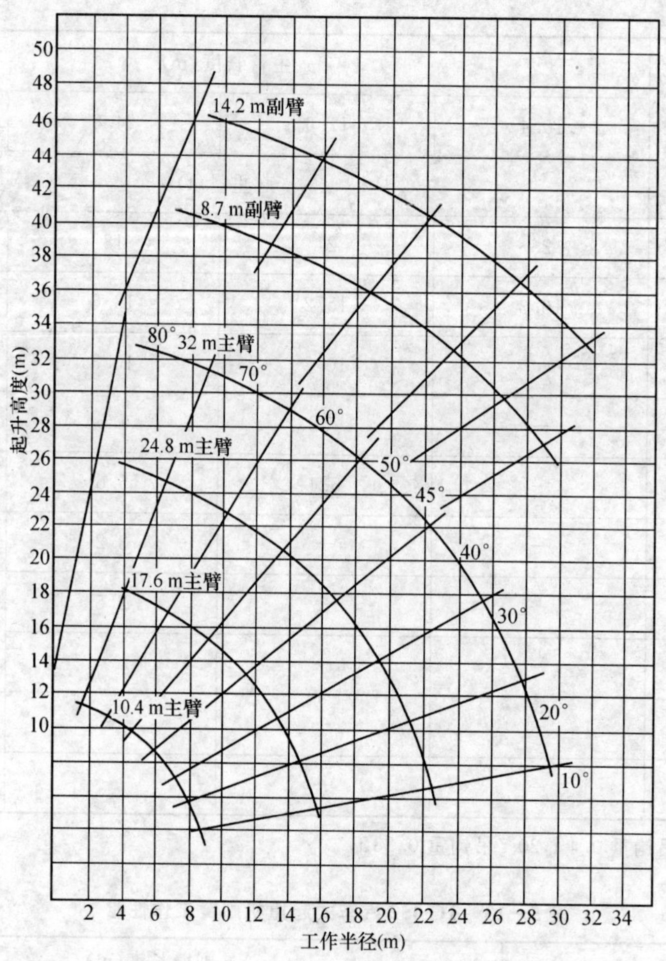

图 5－1　TG-452 汽车式起重机工作范围

表 5－14　NK-800 汽车式起重机主臂工作性能

幅度(m)	主臂长度(m)						
	12	18	24	30	36	40	44
	起重量(t)						
3.5	80	45	35	—	—	—	—
4.0	70	45	35	27	—	—	—
5.0	56	40	32	27	—	—	—
6.0	45	34.3	27.2	25	22	—	—
7.0	35.6	29.1	23.7	21.5	20.3	18.0	—
8.0	27.8	25.4	21.0	18.8	17.7	15.7	12.0

续上表

幅度(m)	主臂长度(m)						
	12	18	24	30	36	40	44
	起重量(t)						
10.0	19.2	19.2	17.0	15.0	13.8	12.6	11.4
12.0	—	14.2	14.2	12.4	11.2	10.4	9.5
15.0	—	9.4	9.4	9.4	8.7	8.2	7.6
17.8	—	—	6.2	6.2	6.2	6.8	6.3
20.0	—	—	4.5	4.5	4.5	5.1	5.6
23.0	—	—	—	3.0	3.0	3.5	3.9
26.0	—	—	—	—	1.7	2.2	2.6
28.0	—	—	—	—	—	1.6	1.9
31.0	—	—	—	—	—	—	1.1

注:起重量(包括吊钩重),80 t吊钩重1 t,26 t吊钩重0.5 t。

表5-15　NK-800汽车式起重机副臂工作性能

起重臂仰角(°)	44 m主臂+9.5 m副臂(二者轴线夹角5°)		44 m主臂+15 m副臂(二者轴线夹角5°)	
	幅度(m)	起重量(t)	幅度(m)	起重量(t)
80.4	11.0	6.0	12.6	4.0
78.6	13.0	5.2	14.6	3.75
75.2	16.0	4.4	18.2	3.05
70.8	20.0	3.6	22.5	2.55
66.0	24.0	3.0	27.2	2.1
63.8	26.0	2.75	29.1	2.05
58.0	30.3	1.5	34.0	1.2
55.4	32.0	1.2	—	—

注:起重量(包括吊钩重),6 t吊钩重0.25 t。

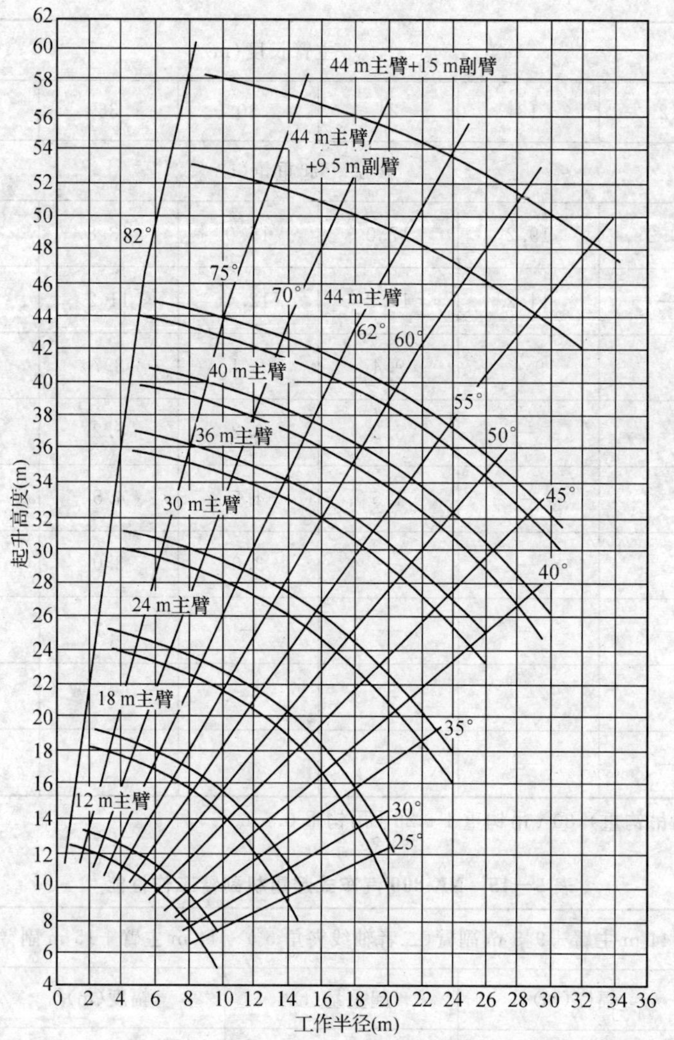

图 5－2　NK-800 汽车式起重机工作范围

表 5－16　10～200 kN 电动卷扬机技术规格

种类	型号	钢丝绳额定拉力(kN)	钢丝绳额定速度(m/min)	卷筒容绳量(m)	钢丝绳直径 d(不小于)(mm)	卷筒的节径 D(不小于)(mm)	电动机功率(kW)	整机重量 G(不大于)(t)
快速单卷筒	JK1	10	30～50	100～200	9.3		7.5	0.51
	JK2	20	30～45	150～250	13		15	1.02
	JK3.2	32	30～40	250～350	17		22	1.96
	JK5	50	30～40	250～350	21.5	19D	45	3.06
快速双卷筒	2JK2	20	30～45	150～250	13		15	1.84
	2JK3.2	32	30～40	250～350	17		22	2.94
	2JK5	50	30～40	250～350	21.5		37	4.59

续上表

种类	型号	钢丝绳额定拉力(kN)	钢丝绳额定速度(m/min)	卷筒容绳量(m)	钢丝绳直径 d(不小于)(mm)	卷筒的节径 D(不小于)(mm)	电动机功率(kW)	整机重量 G(不大于)(t)
慢速单卷筒	JM3.2	32	9～12	150	17	19D	7.5	1.14
	JM5	50	9～12	250	21.5		11	1.79
	JM8	80	9～12	400	26		22	2.86
	JM12	12	8～11	600	32.5		28	7.34
	JM20	200	8～11	700	430		55	12.24

注：1. 整机重量不包括钢丝绳重量。

2. 钢丝绳应符合标准规定，其安全系数不小于 5。

3. 卷筒边缘外周至最外层钢丝绳的距离应不小于钢丝绳直径的 1.5 倍。

表 5－17 LQ 型螺旋千斤顶技术规格

型号	起重量(t)	试验负荷(t)	最低高度(mm)	提升高度(mm)	手柄长度(mm)	手柄操作力(N)	操作人数(人)	底座尺寸(mm)	重量(kg)
LQ-5	5	7.5	250	130	600	130	1	ϕ127	7.5
LQ-10	10	15	280	150	600	320	1	ϕ137	11
LQ-15	15	22.5	320	180	700	430	1～2	1ϕ55	15
LQ-30	30	39	395	200	1 000	850	2	ϕ180	27
LQ-50	50	—	700	400	1 385	1 260	3	ϕ317	109

注：LQ-50 型具有自落能力(需 3 t 以上的荷载)，可通过制动螺丝经调速齿轮来控制自落速度。当重物升高以后，需要停止时，另设有制动装置，能保证自锁作用。

表 5－18 QY 型油压千斤顶技术规格

型号	起重量(t)	提升高度(mm)	最低高度(mm)	调整高度(mm)	手柄长度(mm)	手柄操作力(N)	底座尺寸(mm)	重量(kg)
QY1.5	1.5	90	165	60	450	—	105×88	2.5
QY3	3	130	200	80	550	—	115×98	3.5
QY5G	5	160	235	100	620	—	120×108	5.0
QY5D	5	125	200	80	620	—	120×108	4.5
QY8	8	160	240	100	700	314	130×120	6.5
QY10	10	160	250	100	700	—	135×125	7.5
QY16	16	160	250	100	850	—	160×152	11
QY20	20	180	285	—	1 000	—	172×129	18

续上表

型号	起重量(t)	提升高度(mm)	最低高度(mm)	调整高度(mm)	手柄长度(mm)	手柄操作力(N)	底座尺寸(mm)	重量(kg)
QY32	32	180	290	—	1 000	—	200×160	24
QY50	50	180	305	—	1 000	—	230×188	40
QY100	100	180	350	—	1 000	—	320×260	97

注：1. G 表示高式，D 表示低式。

2. 净重不包括手柄重量，但包括油的重量。

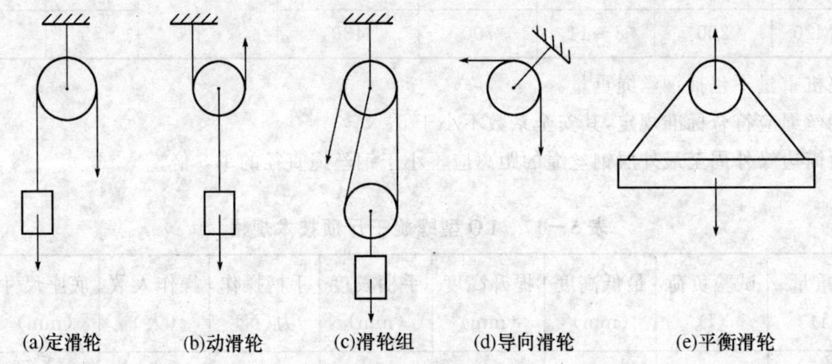

(a)定滑轮 (b)动滑轮 (c)滑轮组 (d)导向滑轮 (e)平衡滑轮

图 5—3 滑轮的类型

表 5—19 滑轮与滑轮组的绳索张力

类型	简图	张力	效率
定滑轮	S Q	$S=\frac{Q}{\eta}$	当滑轮采用滚动轴承时 $\eta=0.98$ 当滑轮采用青铜衬套时 $\eta=0.96$ 对于滑轮组 $\eta_{组}=\frac{1-\eta^m}{m(1-\eta)}$ 式中 m——倍率
动滑轮	S_1 S_2 Q	$S_1=\frac{Q}{1+\eta}$ $S_2=\eta S_1$	
滑轮组	S_1 S_2 S_3 S_4 S_5 S_6 Q	$S_{max}=\frac{Q}{\eta_{组}}$ 当绳索从定滑轮绕出时 $S_{max}=\frac{Q}{m\eta_{组}}$	当滑轮采用滚动轴承时 $\eta=0.98$ 当滑轮采用青铜衬套时 $\eta=0.96$ 对于滑轮组 $\eta_{组}=\frac{1-\eta^m}{m(1-\eta)}$ 式中 m——倍率

表 5－20　钢丝绳分类

分类		特　点	用 途
按钢丝绳绕制方法分	同向捻	钢丝绕成股的方向和股捻成绳的方向相同。如绳股右捻称为右同向捻;绳股左捻称左同向捻。 这种钢丝绳中钢丝之间接触好,表面比较光滑,挠性好,磨损小,使用寿命长,但易松散和扭转	在自由悬吊的起重机中不宜使用。在不怕松散的情况下有导轨时可以采用
	交互捻	钢丝绕成股的方向和股捻成绳的方向相反。如绳右捻,股左捻,称右交互捻;绳左捻,股右捻,称左交互捻。 这种钢丝绳的缺点是僵性较大,使用寿命较低,但不易松散和扭转	在起重机等中广泛应用
	混合捻	钢丝绕成股的方向和股捻成绳的方向一部分相同,一部分相反。 混合捻具有同向捻和交互捻的特点,但制造困难	应用较少
按钢丝绳中丝与丝的接触状态分	点接触	这是普通钢丝绳,股内钢丝直径相等,各层之间钢丝与钢丝相互交叉,呈点状接触。 钢丝间接触应力很高,使用寿命较低	一般应用
	线接触	由不同直径钢丝捻制而成,股内各层之间钢丝全长上下平行捻制,每层钢丝螺距相等,钢丝之间呈线状接触。 这种钢丝绳消除了点状接触的二次弯曲应力,能降低工作时总的弯曲应力,耐疲劳性能好,结构紧密,金属断面利用系数高,使用寿命长	广泛应用
	面接触	股内钢丝形状特殊,呈面状接触,密封式面接触钢丝绳表面光滑,抗蚀性能和耐磨性能好,能承受大的横向力	用作索道的承载索

表 5－21　钢丝绳最小安全系数

类型	特性和使用范围		最小安全系数
臂架式起重机	机构的工作级别	$M_1 \sim M_3$	4
		M_4	4.5
		M_5	5
各种用途的钢丝绳	拖拉绳(缆风绳)		4
	捆绑构件		8～9
	绳索(千斤绳)		6～8

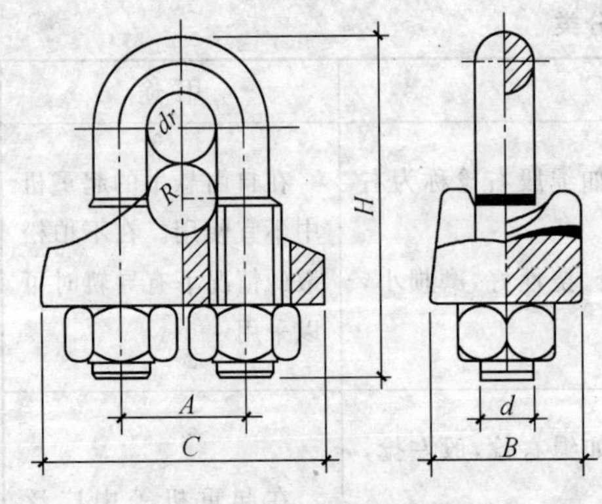

图 5－4 钢丝绳夹

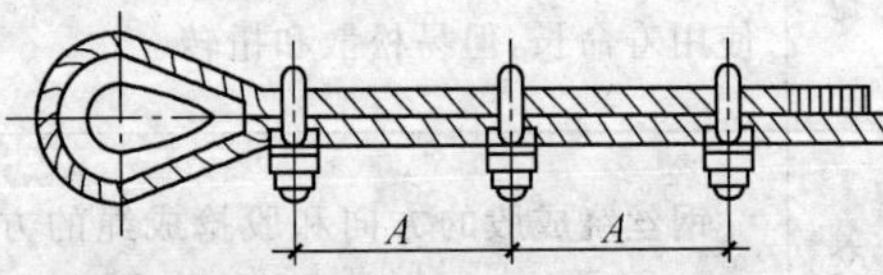

A A

图 5－5 钢丝绳夹的正确布置方法

表 5－22 每一连接处所需要绳夹数量

钢丝绳公称直径(mm)	钢丝绳夹的最少数量(组)
≤19	3
＞19～32	4
＞32～38	5
＞38～44	6
＞44～60	7

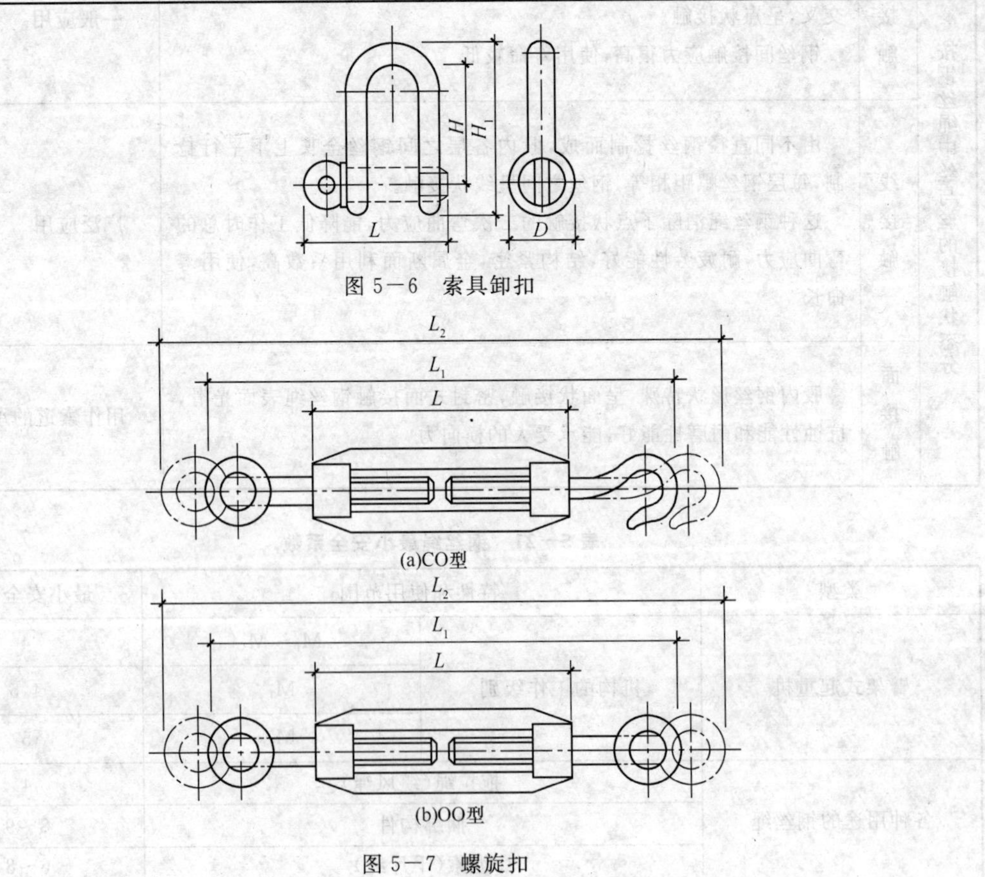

图 5－6 索具卸扣

(a)CO型

(b)OO型

图 5－7 螺旋扣

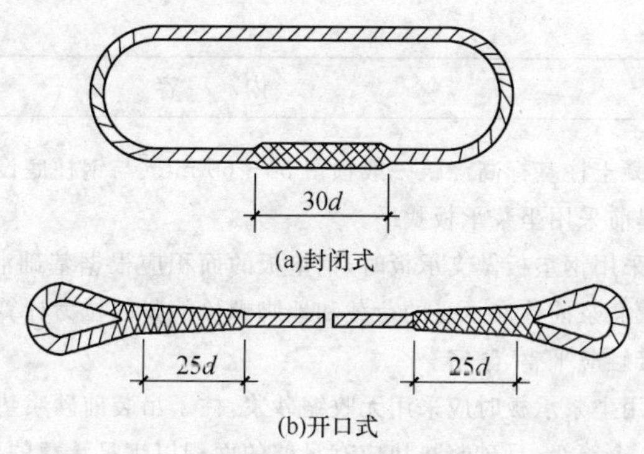

图 5－8　吊索

四、施工工艺解析

单层钢结构基础和支承面施工工艺解析见表 5－23。

表 5－23　单层钢结构基础和支承面施工工艺解析

项目		内容
轴线复测	复测准备	基础和支承面，钢结构安装前，土建部门已做完基础，为确保钢结构安装质量，进场后首先要求土建部门提供建筑物轴线、标高及其轴线基准点、标高水准点，依次进行复测轴线及标高
	复测方法	(1)矩形建筑物的验线宜选用直角坐标法。 (2)任意形状建筑物的验线宜选用极坐标法。 (3)平面控制点距欲测点距离较长，量距困难或不便量距时，宜选用角度(方向)交汇法。 (4)平面控制点距欲测点距离不超过所用钢尺全长，且场地量距条件较好时，宜选用距离交汇法。 (5)使用光电测距仪验线时，宜选用极坐标法
	验线部位	(1)建筑物平面控制图、主轴线及其控制桩。 (2)建筑物高程控制网及±0.000 高程线。 (3)控制网及定位放线中的最弱部位。 (4)建筑物平面控制网测角、边长相对误差见表 5－24
基础复测		(1)根据测量控制网对基础轴线、标高进行技术复核。如预埋的地脚螺栓是土建部门完成的对其轴线、标高等进行检查，对超标的必须采取补救措施。如加大柱底板尺寸，在柱底板按实际螺栓位置重新钻孔(或设计认可的其他措施)。 (2)检查地脚螺栓外露部分的情况，若有弯曲变形、螺牙损坏的，应修复。如图 5－9 所示
构件中心及标高检查		(1)将柱子的就位轴线弹测在柱基表面。 (2)对柱基标高进行找平。

续上表

项目	内　容
构件中心及标高检查	(3)混凝土柱基标高浇筑一般预留 50～60 mm(与钢柱底设计标高相比),在安装时用钢板或提前采用坐浆承板找平。 (4)当采用钢垫板做支承板时,钢垫板的面积应根据基础混凝土的抗压强度、柱脚底板下二次灌浆前柱底承受的荷载和地脚螺栓的紧固拉力计算确定。垫板与基础面和柱底面的接触应平整、紧密。 (5)采用坐浆承板时应采用无收缩砂浆,柱子吊装前砂浆垫块的强度应高于基础混凝土强度一个等级,且砂浆垫块应有足够的面积以满足承载的要求。 (6)钢垫板面积应根据基础混凝土的抗压强度、柱脚底板下细石混凝土二次浇灌前柱底承受的荷载和地脚螺栓(锚栓)的紧固拉力计算确定。 (7)垫板应设置在靠近地脚螺栓(锚栓)的柱脚底板加劲板或柱肢下,每根地脚螺栓(锚栓)侧应设 1～2 组垫板,每组垫板不得多于 5 块。垫板与基础面和柱底面的接触应平整、紧密。当采用成对斜垫板时,其叠合长度不应小于垫板长度的 2/3。二次浇灌混凝土前垫板间应焊接固定
安装钢柱、校正	(1)单层钢结构安装工程施工时对于柱子、柱间支撑和吊车梁一般采用单件流水法吊装。可一次性将柱子安装并校正后再安装柱间支撑、吊车梁等构件。此种方法尤其适合履带起重机操作。对于采用汽车式起重机时,考虑到移动不便,可以以 2～3 个轴线为一个单元进行作业。 (2)屋盖系统吊装通常采用"节间综合法",即将一个节间全部安装完,形成空间刚度单元,以此为基准,再展开其他单元的安装
钢柱的安装	(1)钢柱的刚性较好,吊装时为了便于校正最好采用一点吊装法。对大型钢柱,根据起重机配备和现场条件确定,可单机、二机、三机吊装等。 (2)进行柱子竖直度校正宜在清晨进行,柱子初步固定后,其偏差结果必须用正倒镜法测定,与正倒镜平均值相比不得超过工程允许偏差。 (3)安装方法。 ①旋转法:钢柱摆放时,柱脚在基础边,起重机边起钩边回转使柱子绕柱脚旋转立起。如图 5－10 所示。 ②滑行法:单机或双机抬吊钢柱时起重机只起钩,使钢柱脚滑行而将其吊起。为减少柱脚与地面的摩阻力,需要在柱脚下铺设滑行道。如图 5－11 所示。 ③递送法:双机或三机抬吊,其中一台为副机吊点在钢柱下面,起吊时配合主机起钩,随着主机的起吊,副机要行走或回转,在递送过程中,副机承担了一部分荷重,将钢柱脚递送到柱基础上面。如图 5－12 所示。 (4)杯口柱吊装时应注意。 ①在吊装前先将杯底清理干净。 ②操作人员在钢柱吊至杯口上方后,各自站好位置,稳住柱脚并将其插入杯口。 ③在柱子降至杯底时停止落钩,用撬棍用力使其中线对准杯底中线,然后缓慢将柱子落至底部。

续上表

项目	内　容
钢柱的安装	④拧紧柱脚螺栓。 (5)双机或多机抬吊注意事项。 ①尽量选用同类型起重机。 ②根据起重机的能力,对起吊点进行荷载分配。 ③各起重机的荷载不宜超过其相应起重能力的80%。 ④多机抬吊时,注意柱子运动或倾斜角度变化造成各机起重力的变化,严禁超载。 ⑤信号指挥准确、有效。 (6)钢柱校正:柱基标高调整,对准纵横十字线,柱身垂偏。 ①柱基标高调整。根据钢柱实长,柱底平整度,钢牛腿顶部与柱底的距离,重点要保证钢牛腿顶部标高值,来确定基础标高的调整数值。 ②纵横十字线。钢柱底部制作时在柱底板侧面打上通过安装中心的互相垂直的四个点,用三个点与基础面十字线对准即可。 (7)柱身垂偏校正。采用缆风校正,用两台呈90°的经纬仪检查校正,拧紧螺栓。缆风松开后再校正并适当调整。 (8)柱脚按设计要求焊接固定
柱间梁安装	高强度螺栓初拧、终拧(或按设计要求焊接),见高强度螺栓连接施工艺标准,或各相关工艺标准
吊车梁、平台及屋面结构安装	(1)钢吊车梁的安装,屋盖吊装之前,可采用单机吊、双机抬吊,利用柱子做拔杆设滑轮组(柱子经计算设缆风),另一端用起重机抬吊,一端为防止吊车梁碰牛脚,要用溜绳拉出一段距离,才能顺利起吊。 (2)屋盖吊装之后,最佳方案是利用屋架端头或柱顶栓滑轮组来抬吊吊车梁,这两种方法都要对屋架绑扎位置或柱顶通过验算而定。 (3)吊车梁就位后均应对标高、纵横轴线(包括直线度和轨距)和垂直度进行调整。 (4)钢吊车梁安装一般采用工具式吊耳或捆绑法进行吊装。在进行安装以前应将吊车梁的分中标记引至吊车梁的端头,以利于吊装时按柱牛腿的定位轴线临时定位。 (5)吊车梁的校正。 ①校正包括标高调整、纵横轴线和垂直度的调整。注意钢吊车梁的校正必须在结构形成刚度单元以后才能进行。 ②用经纬仪将柱子轴线投到吊车梁牛腿面等高处,根据图纸计算出吊车梁中心线到该轴线的理论长度 $L_{理}$。 ③每根吊车梁测出两点,用钢尺和弹簧秤校核这两点到柱子轴线的距离 $L_{实}$,看 $L_{实}$ 是否等于 $L_{理}$,以此对吊车梁纵轴线进行校正。 ④当吊车梁纵横轴线误差符合要求后,复查吊车梁跨度。 ⑤吊车梁的标高和垂直度的校正可通过对钢垫板的调整来实现。注意吊车梁的垂直度的校正应和吊车梁轴线的校正同时进行。

续上表

项目	内　容
吊车梁、平台及屋面结构安装	(6)吊车梁与轨道安装测量应符合下列规定。 ①吊车梁安装测量中，应根据制作好的吊车梁尺寸，在顶面和两个端面做出中心线，牛腿上吊车梁安装的中心线宜采用平行借线法测定，测定前应先校核跨距。吊车梁中心线投测允许误差为±3 mm，安装后梁面垫板标高允许偏差为±2 mm。 ②应根据厂房平面控制网，将吊车轨道中心线投测于吊车梁上，投测允许误差为±2 mm，中间加密点的间距不得超过柱距的 2 倍，并将各点平行引测于牛腿顶部的柱子侧面，作为轨道安装的依据。 ③轨道安装中心线应在屋架固定后测设。 ④轨道安装前应用吊钢尺法把标高引测到高出轨面 50 cm 的柱子侧面，再用三等水准的精度测设上部标高点，作为轨道安装的标高依据。 ⑤钢尺丈量应加尺长、温度、悬垂改正，轨道安装竣工后应有竣工测量资料。 ⑥轨道安装测量中，引测轨道标高控制点允许误差为±2 mm，轨道标高点允许误差为±2 mm。 ⑦屋架安装后应有测量记录，特别是屋架的竖直、节间平直度、标高、挠度(起拱)位置等的实测记录。 (7)钢屋架的吊装。 钢屋架侧向刚度较差，安装前需要进行稳定性验算，稳定性不足时应进行临时加固，如图5－13所示。 ①钢屋架的吊装注意事项如下。 a. 绑扎时必须在屋架的节点上，以防止钢屋架在吊点处发生变形。绑扎节点的选择应符合钢屋架标准图要求或经设计计算确定。 b. 屋架吊装就位时应以屋架下弦两端的定位标记和柱顶的轴线标记严格定位并点焊加以临时固定。 c. 第一榀屋架吊装就位后，应在屋架上弦两侧对称设缆风固定；第二榀屋架就位后，每坡用一个屋架间调整器，进行屋架垂直度校正，再固定两端支座处并安装屋架间水平及垂直支撑。 ②钢屋架的校正。 钢屋架垂直度的校正方法如下：在屋架下弦一侧拉一根通长钢丝(与屋架下弦轴线平行)，同时在屋架上弦中心线引出一个同等距离的标尺，用线坠校正。也可用一台经纬仪，放在柱顶一侧，与轴线平移距离，在对面柱子上标出同样距离的点，从屋架中线处用标尺挑出 a 距离，三点在一个垂直面上即可使屋架垂直。如图 5－14 所示。 (8)门式刚架安装。 门式刚架的特点一般是跨度大，侧向刚度很小。安装程序必须保证结构形式稳定的空间体系，并不导致结构的永久变形。 ①可将其组成对称形式，用铁扁担多吊点同时起吊，必要时梁架可临时加固。如图5－15所示。

续上表

项目	内　容
吊车梁、平台及屋面结构安装	②刚架柱安装工艺，与单层钢柱安装方法相同。 a. 柱顶标高调整，刚架柱标高调整时，先在柱身标定标高基准点，然后以水准仪测定其偏差值，调整螺母，当柱底板与柱基顶面高度大于 50 mm 时，几根螺栓承受压力不够时可适当加斜垫铁，以防止螺栓失稳。 b. 刚架柱垂直度精确校正，在初校正的基础上，安装刚架梁的同时还要跟踪校正刚架柱，当框架形成后，再校正一次，用缆风或柱间支撑固定。 c. 刚架梁安装，当跨度较大时，制作中分为几段，需现场在平台上再次拼装后吊装，或用一台或两台起重机加可移动式拼装支架直接将梁组拼后再与左、右柱安装。 (9)平面钢桁架的安装。 ①平面钢桁架的安装方法有单榀吊装法、组合吊装法、整体吊装法、顶升法。一般钢桁架侧面稳定性较差，在条件允许的情况下最好经扩大拼装后进行组合吊装，即在地面上将两榀桁架及其上的天窗架、檩条、支撑等拼装成整体，一次进行吊装，这样不但提高工作效率，也有利于提高吊装稳定性。 ②桁架临时固定如需用临时螺栓和冲钉，则每个节点应穿入的数量必须经过计算确定，并应符合下列规定： a. 不得少于安装孔的总数 1/3； b. 至少应穿两个临时螺栓； c. 冲钉穿入数量不宜多于临时螺栓的 30%； d. 扩钻后的螺栓的孔不得使用冲钉。 ③钢桁架的校正方式与钢屋架校正方式相同。 (10)预应力钢桁架的安装。 ①预应力钢桁架的安装分为以下几个步骤： a. 钢桁架现场拼装； b. 在钢桁架下弦安装张拉锚固点； c. 对钢桁架进行张拉； d. 对钢桁架进行吊装。 ②在预应力钢桁架安装时应注意的事项： a. 受施工条件限制，预应力索不可能紧贴桁架下弦，但应尽量靠近； b. 在张拉时为防止桁架下弦失稳，应经过计算后按实际情况在桁架下弦加设固定隔板； c. 在吊装时应注意不得碰撞张拉索。 (11)大跨度预应力立体拱桁架安装。 ①拱桁架现场组装。 拱桁架整体组装，如图 5－16 所示一榀拱桁架分为几段，以最重的拱桁架为主，分别在工厂拼装好，验收合格后运至现场，进行立式整体组装。 a. 胎架坐于钢路基上，用钢垫板找平。 b. 为确保胎架有足够的支承强度，拱架按最大单段重量计，由几根立柱支撑。每个支点按静荷载吨位，安全系数取 3，计算出每根立柱承载力。

续上表

项目	内　　容
吊车梁、平台及屋面结构安装	c. 胎架由测量人员测量定位，确认无误后，电焊固定。对每个支出点进行水准测量，若发现支承座不在下一个平面上时，用钢板垫片垫平，并点焊固定。 d. 采用立式拼装法，便于拱架吊装，可提高安装的速度。 e. 如果采用卧式拼装法，便于拼装。但安装时必须采取多点吊装空中要翻身 90°。 f. 吊点选择：采用一机或两机抬吊，立体拱桁架一般在 100 t 左右，吊装高度较高，两支坐标高差较大，所以两吊索为不等长度。吊点要满足以下条件： (a)拱架各杆件，特别是挂点附近杆件的轴力较小，最大以不超过相应杆件抗拉(压)强度为原则。 (b)吊车起升高度能满足拱架吊高要求。 (c)吊索与水平线夹角不宜太小，一般为 60°左右。 ②拱桁架安装工艺。 a. 支座就位控制：为解决大型拱架就位后对钢柱水平推力，并产生位移。采取垫设 3 mm厚度的聚四氟板的方法，其摩擦系数为 0.04，可保证支座自由滑移。对钢柱的推力引起的顶端侧向变形很小。 b. 拱架就位，为解决拱架就位产生位移，先就位高支座后就位低支座。在高支座处螺孔改为长圆孔。 c. 拱架校正，在拱架每侧设置 2 根缆风绳，用经纬仪平移法校正固定。 d. 檩架安装，先吊两端及中部檩架，固定后再吊装其他檩架。 e. 预应力，根据设计要求，在上弦或下弦有预应力，在起吊前须做。也有的当拱架全部安装完毕形成整体框架体系后，再施加预应力
成品保护	(1)高强度螺栓、焊条及焊丝等应放在库房的货架上，防止受潮生锈。 (2)安装好的构件上，不得堆放重物，以防集中荷载压坏结构件。 (3)检测合格的焊缝应及时补刷底漆保护。 (4)对成品的面漆和防火涂料不得磕碰
应注意的质量问题	(1)柱基标高调整，建议采用螺栓微调方法，重点保证钢牛腿顶部标高值。 (2)钢柱、吊车梁、钢屋架(门式刚架、立体拱桁架)的垂偏值，在允许偏差以内。 (3)钢柱采用无缆风校正时，要防止初偏值过大，柱倾倒造成事故。 (4)根据工程特点，在施工以前要对吊装用的机械设备和索具、工具进行检查，如不符合安全规定不得使用。 (5)现场用电必须严格执行《建设工程施工现场供用电安装规范》(GB 50194—1993)、《施工现场临时用电安全技术规范(附条文说明)》(JGJ 46—2005)等的规定，电工需持证上岗。 (6)起重机的行驶道路必须坚实可靠，起重机不得停置在斜坡上工作，也不允许两个履带板一高一低。 (7)严禁超载吊装，歪拉斜吊；要尽量避免满负荷行驶，构件摆动越大，超负荷就越多，就可能发生事故。双机抬吊各起重机荷载，不允许大于额定起重能力的 80%。 (8)吊装作业时必须统一号令，明确指挥，密切配合

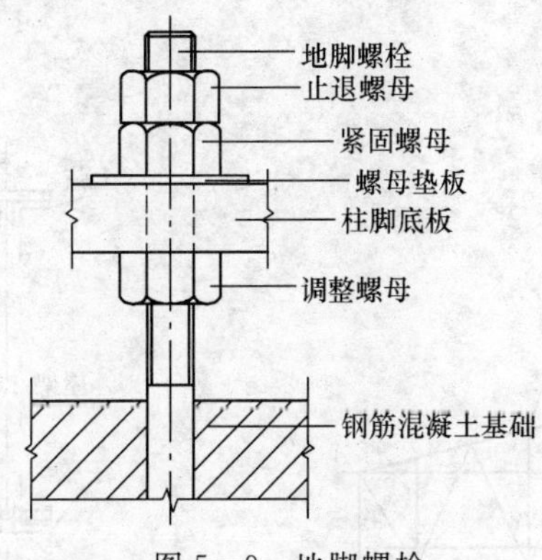

图 5－9　地脚螺栓

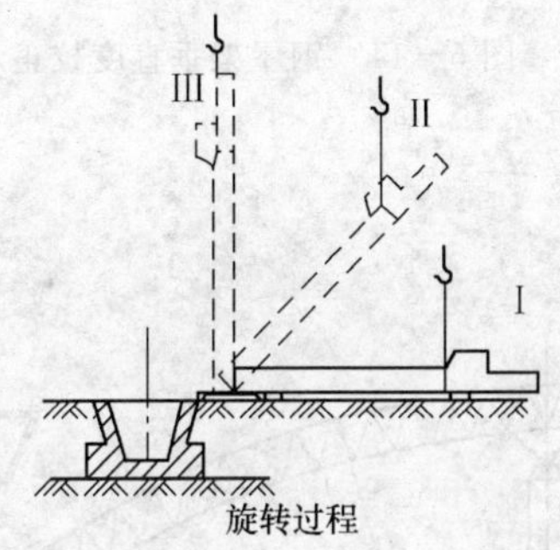

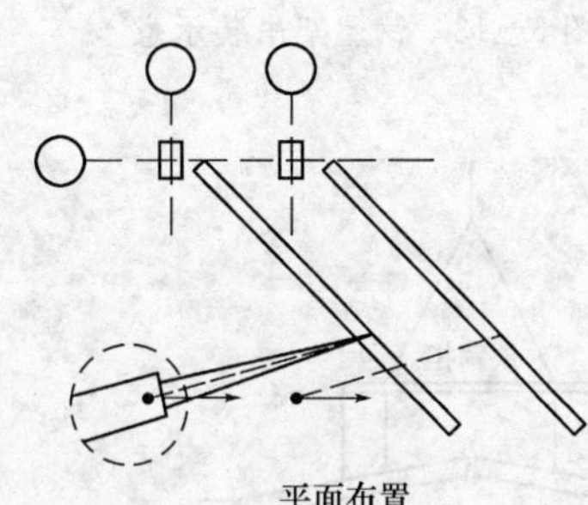

图 5－10　用旋转法吊柱

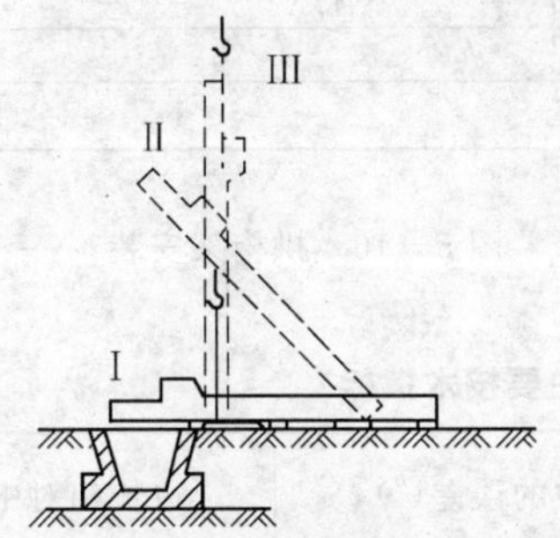

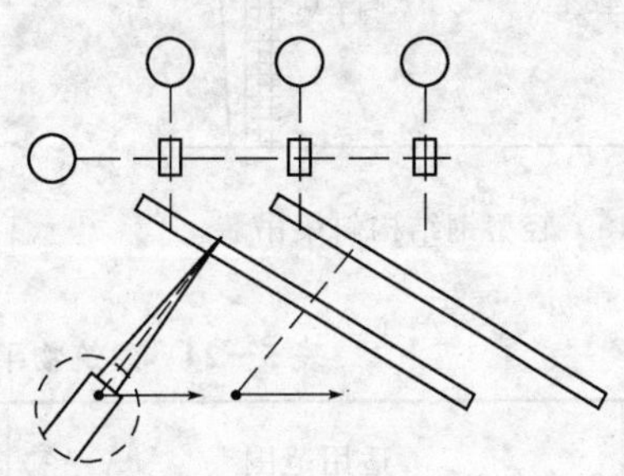

图 5－11　用滑行法吊柱

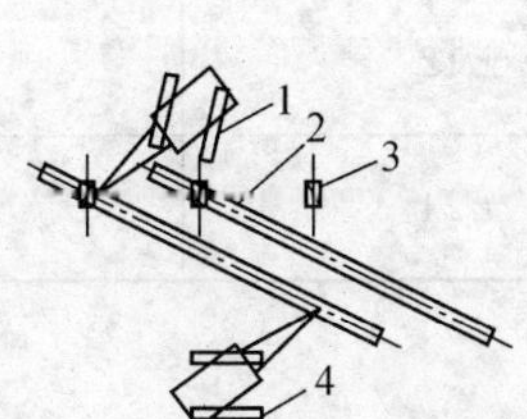

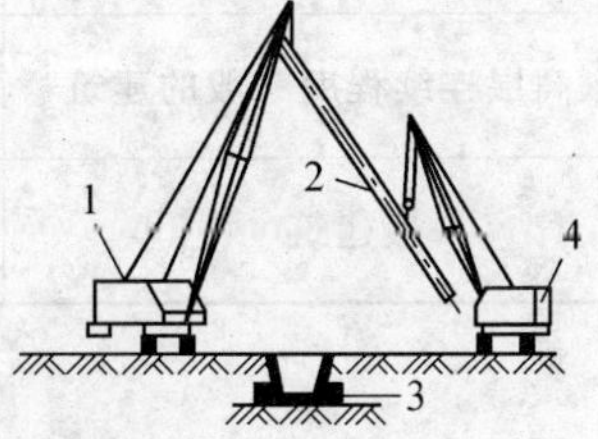

图 5－12　双机抬吊递送法

1－主机；2－柱子；3－基础；4－副机

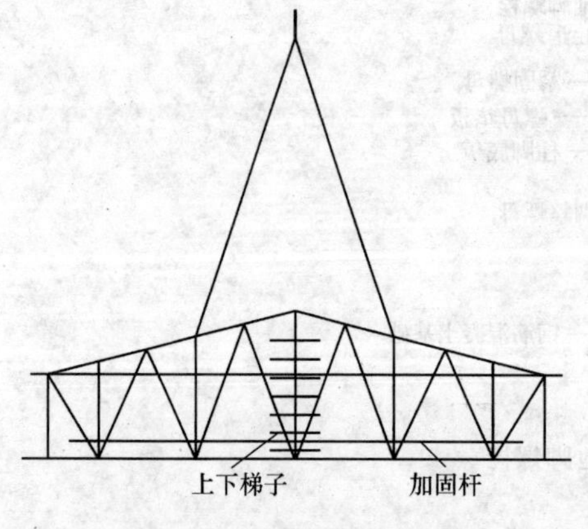

图 5－13　钢屋架吊装示意

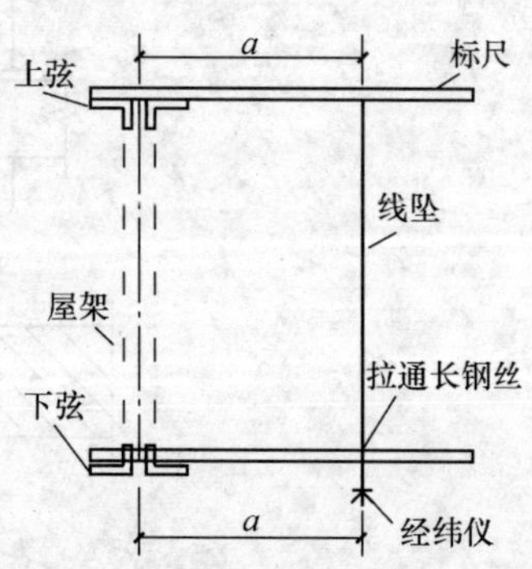

图 5－14　钢屋架垂直度校正示意

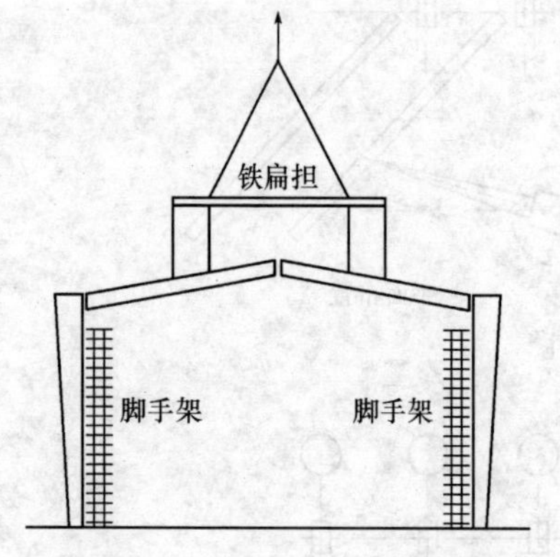

图 5－15　轻型钢结构斜梁吊装

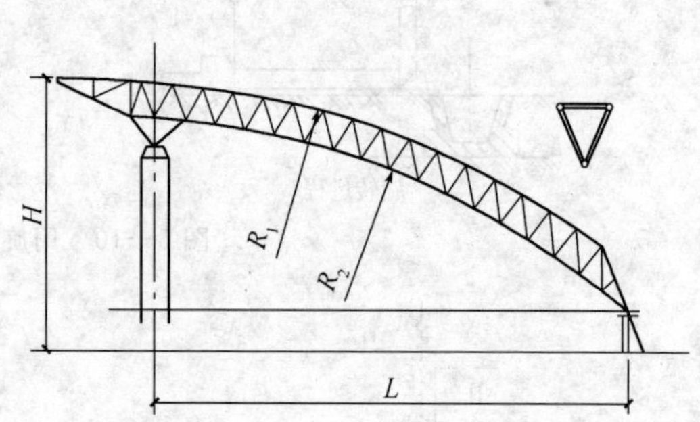

图 5－16　拱桁架安装

表 5－24　建筑物平面控制网主要技术指标

等级	适用范围	测角中的误差(″)	边长相对中的误差
1	钢结构超高层连续程度高的建筑	±9	1/24 000
2	框架、高层连续程度一般的建筑	±12	1/15 000
3	一般建筑	±24	1/8 000

第二节　安装和校正

一、验收条文

单层结构钢安装工程中，安装和校正的验收标准，见表 5－25。

表 5－25 安装和校正验收标准

项目	内　容
主控项目	(1)钢构件应符合设计要求和《钢结构工程施工质量验收规范》(GB 50205—2001)的规定。运输、堆放和吊装等造成的钢构件变形及涂层脱落，应进行矫正和修补。 检查数量:按构件数抽查 10%，且不应少于 3 个。 检验方法:用拉线、钢尺现场实测或观察。 (2)设计要求顶紧的节点，接触面不应少于 70%紧贴，且边缘最大间隙不应大于 0.8 mm。 检查数量:按节点数抽查 10%，且不应少于 3 个。 检验方法:用钢尺及 0.3 mm 和 0.8 mm 厚的塞尺现场实测。 (3)钢主梁、次梁及受压杆件的垂直度和侧向弯曲矢高的允许偏差见表 5－26。 检查数量:按同类构件数抽查 10%，且不应少于 3 个。 检验方法:用吊线、拉线、经纬仪和钢尺现场实测。 (4)多层及高层钢结构主体结构的整体垂直度和整体平面弯曲的允许偏差见表 5－27。 检查数量:对主要立面全部检查。对每个所检查的立面，除两列角柱外，尚应至少选取一列中间柱。 检验方法:采用经纬仪、全站仪等测量
一般项目	(1)钢柱等主要构件的中心线及标高基准点等标记应齐全。 检查数量:按同类构件数抽查 10%，且不应少于 3 件。 检验方法:观察检查。 (2)当钢桁架(或梁)安装在混凝土柱上时，其支座中心对定位轴线的偏差不应大于 10 mm;当采用大型混凝土屋面板时，钢桁架(或梁)间距的偏差不应大于 10 mm。 检查数量:按同类构件数抽查 10%，且不应少于 3 榀。 检验方法:用拉线和钢尺现场实测。 (3)钢柱安装的允许偏差应符合《钢结构工程施工质量验收规范》(GB 50205—2001)附录 E 中表 E. 0. 1 的规定。 检查数量:按钢柱数抽查 10%，且不应少于 3 件。 检验方法:见《钢结构工程施工质量验收规范》(GB 50205—2001)附录 E 中表 E. 0. 1。 (4)钢吊车梁或直接承受动力荷载的类似构件，其安装的允许偏差应符合《钢结构工程施工质量验收规范》(GB 50205—2001)附录 E 中表 E. 0. 2 的规定。 检查数量:按钢吊车梁数抽查 10%，且不应少于 3 榀。 检验方法:见《钢结构工程施工质量验收规范》(GB 50205—2001)附录 E 中表 E. 0. 2。 (5)檩条、墙架等次要构件安装的允许偏差应符合《钢结构工程施工质量验收规范》(GB 50205—2001)附录 E 中表 E. 0. 3 的规定。 检查数量:按同类构件数抽查 10%，且不应少于 3 件。 检验方法:见《钢结构工程施工质量验收规范》(GB 50205—2001)附录 E 中表 E. 0. 3。 (6)钢平台、钢梯、栏杆安装应符合现行国家标准《固定式钢梯及平台安全要求第 1 部分:钢直梯》(GB 4053. 1—2009)、《固定式钢梯及平台安全要求第 2 部分:钢斜梯》(GB 4053. 2—2009)、《固定式钢梯及平台安全要求第 3 部分:工业防护栏杆及钢平台》(GB 4053. 3—2009)的规定。钢平台、钢梯和防护栏杆安装的允许偏差应符合《钢结构工程施工质量验收规范》(GB 50205—2001)附录 E 中表 E. 0. 4 的规定。

续上表

项目	内　容
一般项目	检查数量:按钢平台总数抽查 10%,栏杆、钢梯按总长度各抽查 10%。但钢平台不应少于 1 个,栏杆不应少于 5 m,钢梯不应少于 1 跑。 检验方法:见《钢结构工程施工质量验收规范》(GB 50205—2001)附录 E 中表 E.0.4。 (7)现场焊缝组对间隙的允许偏差见表 5－28。 检查数量:按同类节点数抽查 10%,且不应少于 3 个。 检验方法:尺量检查。 (8)钢结构表面应干净,结构主要表面不应有疤痕、泥沙等污垢。 检查数量:按同类构件数抽查 10%,且不应少于 3 件。 检验方法:观察检查

表 5－26　钢屋(托)架、桁架、梁及受压杆件垂直度和侧向弯曲矢高的允许偏差

(单位:mm)

项目	允许偏差		图例
跨中的垂直度	$h/250$,且不应大于 15.0		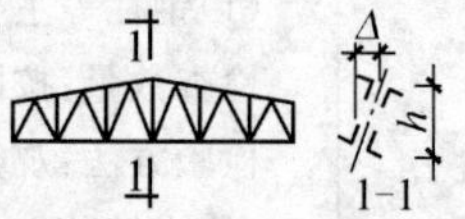
侧向弯曲矢高 f	$l \leqslant 30$ m	$l/1\,000$,且不应大于 10.0	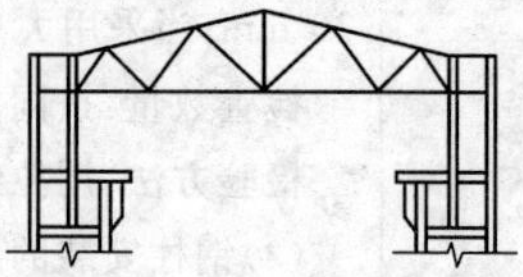
	30 m$<l\leqslant$60 m	$l/1\,000$,且不应大于 30.0	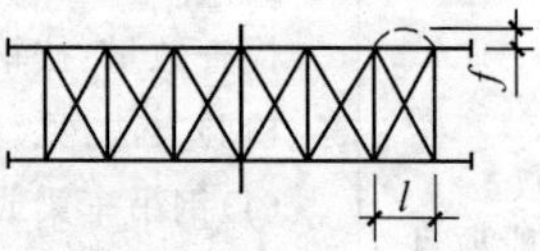
	$l>60$ m	$l/1\,000$,且不应大于 50.0	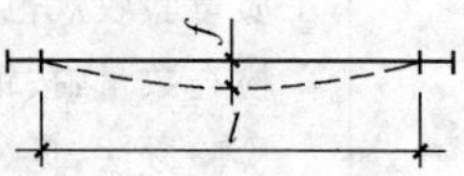

表 5－27　整体垂直度和整体平面弯曲的允许偏差　(单位:mm)

项目	允许偏差	图例
主体结构的整体垂直度	$H/1\,000$,且不应大于 25.0	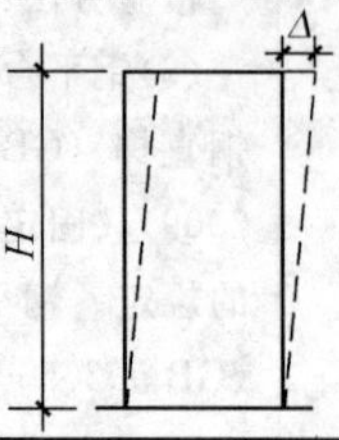

续上表

项目	允许偏差	图例
主体结构的整体平面弯曲	$L/1\ 500$，且不应大于 25.0	Δ　l

表 5－28　现场焊缝组对间隙的允许偏差　（单位：mm）

项　　目	允许偏差
无垫板间隙	＋3.0 0.0
有垫板间隙	＋3.0 －2.0

二、施工材料要求

单层结构钢安装工程中，安装和校正的施工材料，参考第五章第一节“施工材料要求”的内容。

三、施工机械要求

单层结构钢安装工程中，安装和校正的施工机械，参考第五章第一节“施工机械要求”的内容。

四、施工工艺解析

单层结构钢安装工程中，安装和校正的施工工艺，参考第五章第一节“施工工艺解析”的内容。

第六章　多层及高层钢结构安装工程

第一节　基础和支承面

一、验收条文

多层及高层钢结构安装工程中，基础和支承面的验收标准，见表 6－1。

表 6－1　基础和支承面的验收标准

项目	内　容
主控项目	(1)建筑物的定位轴线、基础上柱的定位轴线和标高、地脚螺栓(锚栓)的规格和位置、地脚螺栓(锚栓)紧固应符合设计要求。当设计无要求时，见表 6－2。 检查数量：按柱基数抽查 10%，且不应少于 3 个。 检验方法：采用经纬仪、水准仪、全站仪和钢尺实测。 (2)多层建筑以基础顶面直接作为柱的支承面，或以基础顶面预埋钢板或支座作为柱的支承面时，其支承面、地脚螺栓(锚栓)位置的允许偏差见表 5－3。 检查数量：按柱基数抽查 10%，且不应少于 3 个。 检验方法：用经纬仪、水准仪、全站仪、水平尺和钢尺实测。 (3)多层建筑采用座浆垫板时，座浆垫板的允许偏差见表 5－4。 检查数量：资料全数检查。按柱基数抽查 10%，且不应少于 3 个。 检验方法：用水准仪、全站仪、水平尺和钢尺实测。 (4)当采用杯口基础时，杯口尺寸的允许偏差见表 5－5。 检查数量：按基础数抽查 10%，且不应少于 4 处。 检验方法：观察及尺量检查
一般项目	地脚螺栓(锚栓)尺寸的允许偏差见表 5－6。地脚螺栓(锚栓)的螺纹应受到保护。 检查数量：按柱基数抽查 10%，且不应少于 3 个。 检验方法：用钢尺现场实测

表 6－2　建筑物定位轴线、基础上柱的定位轴线和标高、地脚螺栓(锚栓)的允许偏差

(单位：mm)

项目	允许偏差	图例
建筑物定位轴线	$L/20\ 000$，且不应大于 3.0	l　l

续上表

项目	允许偏差	图例
基础上柱的定位轴线	1.0	
基础上柱底标高	±2.0	基准点
地脚螺栓(锚栓)位移	2.0	

二、施工材料要求

多层及高层钢结构安装工程中,基础和支承面的施工材料,参考第五章第一节"施工材料要求"的内容。

三、施工机械要求

多层及高层钢结构安装工程中,基础和支承面的施工机械,参考第五章第一节"施工机械要求"的内容。

四、施工工艺解析

多层及高层钢结构基础和支承面施工工艺解析见表6－3。

表6－3 多层及高层钢结构基础和支承面施工工艺解析

项目		内容
准备工作	起重机的选择	(1)多层及高层钢结构安装,起重机除满足吊装钢结构件所需的起重量、起重高度、回转半径外,还必须考虑抗风性能、卷扬机滚筒的容绳量、吊钩的升降速度等因素。 (2)自升式塔式起重机根据现场情况选择外附式或内爬式。行走式塔式起重机或履带式起重机、汽车起重机在多层钢结构施工中也较多使用

续上表

项目		内　容
准备工作	吊装机具的安装	(1)汽车起重机直接进现场即可施工;履带式起重机运输到现场后组装再施行作业;塔式起重机安装和爬升或行走都较复杂,必须有固定基础或行走轨道。较高的固定塔式起重机还应按规定锚固。 (2)塔式起重机基础的设置,应严格按说明书进行,结合工地实际情况,设置基础必须牢固。 (3)塔式起重机通常是由汽车起重机来安装的,它安装的顺序为:标准节→套架→驾驶节→塔帽→副臂→卷扬机→主臂→配重。塔式起重机的拆除顺序与此相反。 (4)塔式起重机安装在楼层内部的,拆除采用拔杆及卷扬机等进行。塔式起重机的锚固按说明书规定,锚固对钢结构的水平荷载在设计交底和施工组织设计中明确
放线、验线	安装阶段的测量放线工作	(1)审核设计图纸,并与设计人员进行充分沟通。 (2)测量定位依据点的交接与校测。 (3)测量器具的鉴定与检校 ①为达到正确的、符合精度要求的测量成果,全站仪、经纬仪、水平仪,铅直仪、钢尺等施工测量前必须经计量部门检定。除按规定同期进行检测外,在周期内的全站仪、经纬仪、铅直仪等主要有关轴线关系的,还应每2～3个月定期检校。 ②全站仪:宜采用精度为2S、3+3PPM级全站仪。 ③经纬仪:采用精度为2S级的光学经纬仪,如是超高层钢结构,宜采用电子经纬仪,其精度宜在1/200 000之内。 ④水准仪:按国家三、四等水准测量及工程水准测量的精度要求,其精度为±3 mm/km。 ⑤钢卷尺:土建、钢结构制作、钢结构安装、监理等单位的钢卷尺,应统一购买通过计量部门核准的钢卷尺。 (4)测量方案的编制与数据准备
	建筑物测量验线	(1)钢结构安装前,土建部门已做完基础,为保证钢结构安装质量,进场后首先要求土建部门提供建筑物轴线、标高及其轴线基准点、标高基准点,依此进行复测轴线及标高。 (2)轴线复测,复测方法根据建筑物平面形状不同而采取不同的方法。宜选用全站仪进行。矩形建筑物宜选用直角坐标法。任意形状建筑物宜选用极坐标法。对于不便量距的点位,宜选用角度(方向)交会法。 (3)验算部位,定位依据桩位及定位条件。建筑物平面控制图、主轴线及其控制桩。建筑物标高控制网及±0.000 m的标高线。控制网及定位轴线中的最弱部位。建筑物平面控制网主要技术指标见表5－27
	误差处理	(1)验线成果与原放线成果两者之差略小于或等于1/1.414限差时,可不必改正原放线成果或取两者的平均值。 (2)验线成果与原放线成果两者之差超过1/1.414限差时,原则上不予验收,尤其是关键部位。若次要部位可令其局部返工

续上表

项目		内　容
放线、验线	测量控制网的建立与传递	(1)建立基准控制点，根据施工现场条件，建筑物测量基准点有两种测设方法。一种方法是将测量基准点设在建筑物外部，俗称外控法，它适用于场地开阔的工地。根据建筑物平面形状，在轴线延长线上设立控制点，控制点一般距建筑物 0.8～1.5H（H 为建筑物高度）处。每点引出两条交会的线，组成控制网，并设立半永久性控制桩。建筑物垂直度的传递都从控制桩引向高空。 (2)另一种测设方法是将测量基准点设在建筑物内部，俗称内控法。它适用于场地狭窄，无法在场外建立基准点的工地。控制点的多少根据建筑物的平面形状而定。当从地面或底层把基准线引至高空楼面时，遇到楼板要留孔洞，最后修补该孔洞。 (3)上述基准控制点测设方法可混合使用。 (4)建立复测制度。要求控制网的测距相对中误差小于 1/25 000，测角中误差小于 2 s。 (5)各控制桩要有防止碰损的保护措施。设立控制网，提高测量精度。基准点处宜用预埋钢板，埋设在混凝土里。并在旁边做好醒目的标志
	平面轴线控制点的竖向传递	地下部分：一般高层钢结构工程中，均有地下部分 1～6 层左右，对地下部分可采用外控法。建立井字形控制点，组成一个平面控制格网，并测设出纵横轴线。地上部分：控制点的竖向传递采用内控法，投递仪采用激光铅直仪。在地下部分钢结构工程完毕后，利用全站仪，将地下部分的外控点引测到±0.000 m 层楼面，在±0.000 m 层楼面形成井字形内控点。在设置内控点时，为保证控制点间相互通视和向上传递，应避开柱梁位置。在把外控点向内控点的引测过程中，其引测上传递过程是：在控制点架设激光铅直仪，精密对中整平；在控制点的正上方，在传递控制点的楼层预留孔 300 mm×300 mm 上放置一块有机玻璃做成的激光接收靶，通过移动激光接收靶即将控制点传递到施工作业楼层上；然后在传递好的控制点上架设仪器，复测传递好的控制点，当楼层超过 100 m 时，激光接收靶上的点不清楚，可采用接力办法传递，其传递的控制点必须符合国家标准工程测量规范中的相关规定
	柱顶轴线（坐标）测量	(1)利用传递上来的控制点，通过全站仪或经纬仪进行平面控制网放线，把轴线（坐标）放到柱顶上。 (2)悬吊钢尺传递标高。 (3)利用标高控制点，采用水准仪和钢尺测量的方法引测。 (4)多层与高层钢结构工程一般用相对标高方法进行测量控制。 (5)根据外围原始控制点的标高，用水准仪引测水准点至外围框架钢柱处，在建筑物首层外围处确定＋1.000 m 标高控制点，并做好标记。 (6)从作好标记并经过复测合格的标高处，用 50 m 标准钢尺垂直向上量至各施工层，在同一层的标高点应检测相互闭合，闭合后的标高则作为该施工层标高测量的后视点并作好标记。 (7)当超过钢尺长度时，另布设标高起始点，作为向上传递的依据
	钢柱垂直度测量	一般选择经纬仪，用两台经纬仪分别架设在引出的轴线上，对钢柱进行测量校正。当轴线上有其他障碍物阻挡时，可将仪器偏离轴线 150 mm 以内

续上表

项目		内容
基础处理		(1)现场柱基检查。 (2)柱基的轴线、标高必须与图纸相符。 (3)螺栓预埋准确。标高控制在+5 mm以内,定位轴线的偏差控制在±2 mm以内。 (4)应会同设计、监理、总包共同验收
现场柱基检查		柱基的轴线、标高必须与图纸相符;螺栓预埋准确。标高控制在+5 mm以内,定位轴线的偏差控制在±2 mm以内。应会同设计、监理、总包共同验收
安装柱、梁核心框架	一般规定	多层与高层钢结构吊装按平面布置图划分作业区域,采用多种吊装法顺序进行
	安装顺序	一般是从中间或某一对称节间开始,以一个节间的柱网为吊装单元,按钢柱、钢梁、支撑顺序吊装,并向四周扩展,垂直方向由下至上组成稳定结构后,分层安装次要结构,当第一个区间完成后,即进行测量、校正、高强螺栓的初拧工作。然后再进行四周几个区间钢构件安装、再进行测量和校正、高强度螺栓的终拧、焊接。采用对称安装、对称固定的工艺,减小安装误差积累和节点焊接变形
	钢柱安装	(1)第一节钢柱吊装。 ①吊点设置,钢柱刚度较好,吊点采用一点正吊。吊点设在柱顶处,柱身竖直,吊点通过柱重心位置,易于起吊、对线、校正。 ②多采用单机起吊,对于特殊或超重的构件,也可采用双机起吊。但注意的是尽量采用同类型起重机,各机荷载不宜超过其相应起重能力80%,起吊时互相配合,如采用铁扁担起吊,应使铁扁担保持平衡,避免一台失重而另一台超载造成安全事故。不要多头指挥,指挥要准确。 ③起吊时钢柱保持垂直,根部不拖。回转就位时,防止与其他构件相碰撞,吊索应有一定的有效高度。 ④钢柱安装前应将挂篮和直梯固定在钢柱预定位置。就位后临时固定地脚螺栓,校正垂直度。钢柱两侧装有临时固定用的连接板,上节钢柱对准下节钢柱柱顶中心线后,即用螺栓固定连接板做临时固定。 ⑤钢柱安装到位,对准轴线,必须等地脚螺栓固定后才能松开吊索。 (2)钢柱校正。 ①柱基标高调整,利用柱底板下螺母或垫板调整块控制钢柱的标高。(有些钢柱过重,螺栓螺母无法承受其重量,故需加设标高调整块—钢板调整标高),精度可达到±1 mm。柱底板下预留的空隙,可以用高强度、无膨胀、无收缩砂浆以捻浆法填实。当仅使用螺母进行调整时,应对地脚螺栓的强度和刚度进行核算。 ②轴线调整,对线法,当起重机不松钩的情况下,将柱底板的四个点与钢柱控制轴线对齐缓慢降落到设计标高位置。如果这四个点与钢柱的控制轴线有微小差别,可借线。

续上表

项目		内　容
安装柱、梁核心框架	钢柱安装	③垂直校正，采用缆风绳或千斤顶，钢柱校正器等校正。用两台呈 90°的经纬仪找垂直。在校正过程中，微调柱底板下的螺母，直至校正完毕，将柱底板上面的两个螺母拧上，缆风或调整装置松开不受力，柱身呈自由状态，再用经纬仪复查，如有偏差，重复上述过程，直至无误，将上面螺母拧紧。螺母多为双螺母，可在全部拧紧后焊实。 ④柱顶标高调整和其他节框架钢柱标高控制可以用两种方法：一是按相对标高安装，另一种是按设计标高安装，通常按相对标高安装。钢柱安装就位后，用大六角高强度螺栓固定连接上下钢柱的连接耳板，先不拧紧，通过起重机起吊，撬棍可微调柱间间隙。量取上下柱顶先标定得标高值，符合后打入钢楔，点焊限制钢柱下落，考虑到焊缝及压缩变形，标高偏差调整至 4 mm 以内。 ⑤第二节柱轴线调整，为使上下柱不出现错口，尽量作到上下柱中心线重合。如有偏差，钢柱中心线偏差调整每次 3 mm 以内，如偏差过大分 2～3 次调整。 ⑥每一节柱的定位轴线决不允许使用下一节钢柱的定位轴线，应从地面控制线引至高空，以保证每节钢柱安装正确无误，避免产生过大的积累误差。 ⑦第二节柱垂直度校正，钢柱垂直度校正的重点是对钢柱有关尺寸的预检，即对影响钢柱垂直度因素的预先控制。经验值测定，梁与柱焊接收缩小于 2 mm，柱与柱焊接收缩约 3.5 mm。
		(3)为保证钢结构整体安装的质量精度，在每一层都要选择一个标准框架结构体（或剪力筒），依次向外发展安装。 (4)安装标准化框架的原则，指建筑物核心部分，几根标准柱能组成不可变的框架结构，便于其他柱安装及流水段的划分。 (5)标准柱的垂直度校正，采用两台经纬仪对钢柱及钢梁安装跟踪观测。其垂直度可分两步： ①第一步，采用无缆风校正。在钢柱偏斜方向的一侧打入钢楔或顶升千斤顶。注意，临时连接耳板的螺栓孔应比螺栓直径大 4 mm，利用螺栓孔扩大足够余量调节钢柱制作误差－1～＋5 mm。 ②第二步，将标准框架体的梁安装上。先安装上层梁，再安装中、下层梁，安装过程中会对柱垂直度有影响，可采取钢丝绳缆索（只适宜跨内柱）、千斤顶、钢楔和手拉开葫芦进行，其他框架柱依次标准框架体向四面发展，其做法与上同
	框架梁吊装	(1)钢梁吊装宜采用专用卡具，而且必须保证梁在起吊后为水平状态。 (2)一节柱一般有 2 层、3 层或 4 层梁，原则上竖向构件由上向下逐件安装，由于上部和周边都处于自由状态，易于安装且保住质量。一般在钢结构安装实际操作中，同一列柱的钢梁从中间跨开始对称向两端扩展安装，同一跨钢梁，先安装上层梁再安装中下层梁。 (3)在安装柱与柱之间的主梁时，会把柱与柱之间的开挡撑开或缩小。测量必须跟踪校正，预留偏差值，留出节点焊接收缩量。 (4)柱与柱节点和梁与柱节点的焊接，以互相协调为好。一般可以先焊顶层梁，再从下向上焊接各层梁与柱的节点。柱与柱的节点可以先焊，也可以后焊。 (5)次梁根据实际施工情况一层一层安装完成。 (6)柱底灌浆，在第一节柱及柱间梁安装完成后，即可进行柱底灌浆。 (7)补漆。补漆为人工涂刷，在钢结构按设计安装就位后进行。补漆前应清渣、除锈、去油污，自然风干，并经检查合格

续上表

项目	内　容
柱安装测量工艺流程	(1)测量、安装、高强度螺栓安装与紧固、焊接四大工序的协同配合是高层钢结构安装工程质量的控制要素，而钢结构安装工程的核心是安装过程中的测量工作。 (2)初校。初校是钢柱就位中心线的控制和调整，调整钢柱扭曲、垂偏、标高等综合安装尺寸的需要。 (3)重校。在某一施工区域框架形成后，应进行重校，对柱的垂直度偏差、梁的水平度偏差进行全面的调整，使柱的垂直度偏差、梁的水平度偏差达到规定标准。 (4)高强度螺栓终拧后的复校。在高强度螺栓终拧以后应进行复校，其目的是掌握在高强度螺栓终拧时钢柱发生的垂直度变化。这时的变化只有考虑用焊接顺序来调整。 (5)焊后测量，在焊接达到验收标准以后，对焊后的钢框架柱及梁进行全面的测量，编制单元柱(节柱)实测资料，确定下一节钢结构构件吊装的预控数据。 (6)通过以上钢结构安装测量程序和运行，贯彻测量要求、执行测量顺序，使钢结构安装的质量自始到终都处于受控状态，以达到不断提高钢结构安装质量的目的。 (7)一个节间完成后再进行下一个节间。并根据现场实际情况进行本层压型钢板吊装和部分铺设工作

第二节　安装和校正

一、验收条文

多层及高层钢结构安装工程的验收标准，见表6－4。

表6－4　安装和校正的验收标准

项目	内　容
主控项目	(1)钢构件应符合设计要求和《钢结构工程施工质量验收规范》(GB 50205—2001)的规定。运输、堆放和吊装等造成的钢构件变形及涂层脱落，应进行矫正和修补。 检查数量：按构件数抽查10％，且不应少于3个。 检验方法：用拉线、钢尺现场实测或观察。 (2)柱子安装的允许偏差见表6－5。 检查数量：标准柱全部检查；非标准柱抽查10％，且不应少于3根。 检验方法：用全站仪或激光经纬仪和钢尺实测。 (3)设计要求顶紧的节点，接触面不应少于70％紧贴，且边缘最大间隙不应大于0.8 mm。 检查数量：按节点数抽查10％，且不应少于3个。 检验方法：用钢尺及0.3 mm和0.8 mm厚的塞尺现场实测。 (4)钢主梁、次梁及受压杆件的垂直度和侧向弯曲矢高的允许偏差应符合《钢结构工程施工质量验收规范》(GB 50205—2001)表5－27中有关钢屋(托)架允许偏差的规定。

续上表

项目	内　　容
主控项目	检查数量:按同类构件数抽查10%,且不应少于3个。 检验方法:用吊线、拉线、经纬仪和钢尺现场实测。 (5)多层及高层钢结构主体结构的整体垂直度和整体平面弯曲的允许偏差见表6－6。 检查数量:对主要立面全部检查。对每个所检查的立面,除两列角柱外。尚应至少选取一列中间柱。 检验方法:对于整体垂直度,可采用激光经纬仪、全站仪测量,也可根据各节柱的垂直度允许偏差累计(代数和)计算。对于整体平面弯曲,可按产生的允许偏差累计(代数和)计算
一般项目	(1)钢结构表面应干净,结构主要表面不应有疤痕、泥沙等污垢。 检查数量:按同类构件数抽查10%,且不应少于3件。 检验方法:观察检查。 (2)钢柱等主要构件的中心线及标高基准点等标记应齐全。 检查数量:按同类构件数抽查10%,且不应少于3件。 检验方法:观察检查。 (3)钢构件安装的允许偏差应符合《钢结构工程施工质量验收规范》(GB 50205—2001)附录E中表E.0.5的规定。 检查数量:按同类构件或节点数抽查10%。其中柱和梁各不应少于3件,主梁与次梁连接节点不应少于3个,支承压型金属板的钢梁长度不应少于5 m。 检验方法:见《钢结构工程施工质量验收规范》(GB 50205—2001)附录E中表E.0.5。 (4)主体结构总高度的允许偏差应符合《钢结构工程施工质量验收规范》(GB 50205—2001)附录E中表E.0.6的规定。 检查数量:按标准柱列数抽查10%,且不应少于4列。 检验方法:采用全站仪、水准仪和钢尺实测。 (5)当钢构件安装在混凝土柱上时,其支座中心对定位轴线的偏差不应大于10 mm;当采用大型混凝土屋面板时,钢梁(或桁架)间距的偏差不应大于10 mm。 检查数量:按同类构件数抽查10%,且不应少于3榀。 检验方法:用拉线和钢尺现场实测。 (6)多层及高层钢结构中钢吊车梁或直接承受动力荷载的类似构件,其安装的允许偏差应符合《钢结构工程施工质量验收规范》(GB 50205—2001)附录E中表E.0.2的规定。 检查数量:按钢吊车梁数抽查10%,且不应少于3榀。 检验方法:见《钢结构工程施工质量验收规范》(GB 50205—2001)附录E中表E.0.2。 (7)多层及高层钢结构中檩条、墙架等次要构件安装的允许偏差应符合《钢结构工程施工质量验收规范》(GB 50205—2001)附录E中表E.0.3的规定。 检查数量:按同类构件数抽查10%,且不应少于3件。 检验方法:见《钢结构工程施工质量验收规范》(GB 50205—2001)附录E中表E.0.3。 (8)多层及高层钢结构中钢平台、钢梯、栏杆安装应符合现行国家标准《固定式钢梯及平台安全要求 第1部分:钢直梯》(GB 4053.1—2009)、《固定式钢梯及平台安全要求 第2部分:钢斜梯》(GB 4053.2—2009)、《固定式钢梯及平台安全要求 第3部分:工业防护栏及钢平

续上表

项目	内　容
一般项目	台》(GB 4053.3—2009)的规定。钢平台、钢梯和防护栏杆安装的允许偏差应符合《钢结构工程施工质量验收规范》(GB 50205—2001)附录 E 中表 E.0.4 的规定。 检查数量:按钢平台总数抽查 10%,栏杆、钢梯按总长度各抽查 10%,但钢平台不应少于 1 个,栏杆不应少于 5 m,钢梯不应少于 1 跑。 检验方法:见《钢结构工程施工质量验收规范》(GB 50205—2001)附录 E 中表 E.0.4。 (9)多层及高层钢结构中现场焊缝组对间隙的允许偏差应符合《钢结构工程施工质量验收规范》(GB 50205—2001)的规定。 检查数量:按同类节点数抽查 10%,且不应少于 3 个。 检验方法:尺量检查

表 6-5　柱子安装的允许偏差　(单位:mm)

项目	允许偏差	图例
底层柱柱底轴线对定位轴线偏移	3.0	Δ Δ
柱子定位轴线	1.0	Δ Δ
单节柱的垂直度	h/1 000,且不应大于 10.0	Δ

表 6-6　整体垂直度和整体平面弯曲的允许偏差　(单位:mm)

项目	允许偏差	图例
主体结构的整体垂直度	(H/2 500+10.0),且不应大于 50.0	Δ H

续上表

项目	允许偏差	图例
主体结构的整体平面弯曲	$L/1\ 500$，且不应大于 10.0	

二、施工材料要求

多层及高层钢结构安装和校正的施工材料，参考第五章第一节“施工材料要求”的内容。

三、施工机械要求

多层及高层钢结构安装和校正的施工机械，参考第五章第一节“施工机械要求”的内容。

四、施工工艺解析

多层及高层钢结构安装和校正的施工工艺，参考第五章第一节“施工工艺解析”的内容。

第七章　钢网架结构安装工程

第一节　支承面顶板和支承垫块

一、验收条文

钢网架结构安装工程中，支承面顶板和支承垫块的验收标准，见表 7－1。

表 7－1　支承面顶板和支承垫块验收标准

项目	内　容
主控项目	(1)钢网架结构支座定位轴线的位置、支座锚栓的规格应符合设计要求。 检查数量：按支座数抽查 10%，且不应少于 4 处。 检验方法：用经纬仪和钢尺实测。 (2)支承面顶板的位置、标高、水平度以及支座锚栓位置的允许偏差见表 7－2。 检查数量：按支座数抽查 10%，且不应少于 4 处。 检验方法：用经纬仪、水准仪、水平尺和钢尺实测。 (3)支承垫块的种类、规格、摆放位置和朝向，必须符合设计要求和国家现行有关标准的规定。橡胶垫块与刚性垫块之间或不同类型刚性垫块之间不得互换使用。 检查数量：按支座数抽查 10%，且不应少于 4 处。 检验方法：观察和用钢尺实测。 (4)网架支座锚栓的紧固应符合设计要求。 检查数量：按支座数抽查 10%，且不应少于 4 处。 检验方法：观察检查
一般项目	支座锚栓尺寸的允许偏差见表 5－6。支座锚栓的螺纹应受到保护。 检查数量：按支座数抽查 10%，且不应少于 4 处。 检验方法：用钢尺实测

表 7－2　支承面顶板、支座锚栓位置的允许偏差　　(单位：mm)

项　目		允许偏差
支承面顶板	位置	15.0
	顶面标高	0 －3.0

续上表

项　　目		允许偏差
支承面顶板	顶面水平度	l/1 000
支座锚栓	中心偏移	±5.0

二、施工材料要求

钢网架结构安装工程中支承面顶板和支承垫块的施工材料，参考第二章第一节“施工材料要求”和第五章第一节“施工材料要求”的内容。

三、施工机械要求

钢网架结构安装工程中支承面顶板和支承垫块的施工机械，参考第五章第一节“施工机械要求”的内容。

四、施工工艺解析

钢网架结构安装工程中支承面顶板和支承垫块的施工工艺，参考第六章第一节“施工工艺解析”的内容。

第二节　总拼与安装

一、验收条文

钢网架结构安装工程中，总拼与安装的验收标准，见表7－3。

表7－3　总拼与安装验收标准

项目	内　　容
主控项目	(1)小拼单元的允许偏差见表7－4。 检查数量：按单元数抽查5%，且不应少于5个。 检验方法：用钢尺和拉线等辅助量具实测。 (2)中拼单元的允许偏差见表7－5。 检查数量：全数检查。 检验方法：用钢尺和辅助量具实测。 (3)对建筑结构安全等级为一级，跨度40 m及以上的公共建筑钢网架结构，且设计有要求时，应按下列项目进行节点承载力试验，其结果应符合以下规定。 ①焊接球节点应按设计指定规格的球及其匹配的钢管焊接成试件，进行轴心拉、压承载力试验，其试验破坏荷载值大于或等于1.6倍设计承载力为合格。

续上表

项目	内　容
主控项目	②螺栓球节点应按设计指定规格的球最大螺栓孔螺纹进行抗拉强度保证荷载试验，当达到螺栓的设计承载力时，螺孔、螺纹及封板仍完好无损为合格。 检查数量：每项试验做 3 个试件。 检验方法：在万能试验机上进行检验，检查试验报告。 (4)钢网架结构总拼完成后及屋面工程完成后应分别测量其挠度值，且所测的挠度值不应超过相应设计值的 1.15 倍。 检查数量：跨度 24 m 及以下钢网架结构测量下弦中央一点；跨度 24 m 以上钢网架结构测量下弦中央一点及各向下弦跨度的四等分点。 检验方法：用钢尺和水准仪实测
一般项目	(1)钢网架结构安装完成后，其节点及杆件表面应干净，不应有明显的疤痕、泥沙和污垢。螺栓球节点应将所有接缝用油腻子填嵌严密，并应将多余螺孔封口。 检查数量：按节点及杆件数抽查 5%，且不应少于 10 个节点。 检验方法：观察检查。 (2)钢网架结构安装完成后，其安装的允许偏差见表 7－6。 检查数量：除杆件弯曲矢高按杆件数抽查 5%外，其余全数检查。 检验方法：见表 7－6

表 7－4　小拼单元的允许偏差　(单位：mm)

项　目		允许偏差
节点中心偏移		2.0
焊接球节点与钢管中心的偏移		1.0
杆件轴线的弯曲矢高		L_1/1 000，且不应大于 5.0
锥体型小拼单元	弦杆长度	±2.0
	锥体高度	±2.0
	上弦杆对角线长度	±3.0

续上表

项　目			允许偏差
平面桁架型小拼单元	跨长	≤24 m	+3.0 −7.0
		>24 m	+5.0 −10.0
	跨中高度		±3.0
	跨中拱度	设计要求起拱	$\pm L/5\,000$
		设计未要求起拱	+10.0

注：1. L_1 为杆件长度；
　　2. L 为跨长。

表 7—5　中拼单元的允许偏差　（单位：mm）

项　目		允许偏差
单元长度≤20 m，拼接长度	单跨	±10.0
	多跨连续	±5.0
单元长度>20 m，拼接长度	单跨	±20.0
	多跨连续	±10.0

表 7—6　钢网架结构的允许偏差　（单位：mm）

项目	允许偏差	检验方法
纵向、横向长度	$L/2\,000$，且不应大于 30.0 $-L/2\,000$，且不应小于 −30.0	用钢尺实测
支座中心偏移	$L/3\,000$，且不应大于 30.0	用钢尺和经纬仪实测
周边支承网架相邻支座高差	$L/400$，且不应大于 15.0	用钢尺和水准仪实测
支座最大高差	30.0	
多点支承网架相邻支座高差	$L_1/800$，且不应大于 30.0	

注：1. L 为纵向、横向长度；
　　2. L_1 为相邻支座间距。

二、施工材料要求

钢网架结构安装工程中，总拼与安装的施工材料，见表 7—7。

表 7—7　钢网架结构总拼与安装施工材料

<table>
<tr><th colspan="2">项目</th><th>内　容</th></tr>
<tr><td rowspan="2">钢网架结构拼装</td><td>高强度螺栓</td><td>参见第二章高强度螺栓施工材料的相关内容</td></tr>
<tr><td>钢网架节点</td><td>1. 节点
(1)焊接钢板节点。焊接钢板节点，一般由十字节点板和盖板组成。十字节点板可用两块带企口的钢板对插焊接而成，也可由三块焊成，如图 7—1 所示。
焊接钢板节点多用于双向网架和四角锥体组成的网架。焊接钢板节点常用的结构形式如图 7—2 所示。
(2)焊接空心球节点。空心球是由两个压制的半球焊接而成的，分为加肋和不加肋两种，如图 7—3 所示。适用于连接钢管杆件的连接。
当空心球的外径等于或大于 300 mm 时，且内力较大，需要提高承载能力时，球内可加环肋，其厚度不应小于球壁厚，同时焊件应连接在环肋的平面内。
球节点与杆件相连接时，两杆件在球面上的距离不得小于 20 mm，如图 7—4 所示。
焊接球节点的半圆球，宜用机床加工成坡口。焊接后的成品球的表面应光滑平整，不得有局部凸起或折皱，其几何尺寸和焊接质量应符合设计要求。成品球应按 1% 作抽样进行无损检查。
①不加肋焊接空心球。
不加肋焊接空心球产品标记和规格，见表 7—8。
②加肋焊接空心球。
加肋焊接空心球产品标记和规格，见表 7—9。
(3)螺栓球节点。螺栓球节点系通过螺栓将管形截面的杆件和钢球连接起来的节点，一般由螺栓、钢球、销子、套管和锥头或封板等零件组成，如图 7—5 所示。
螺栓球节点毛坯不圆度的允许制作误差为 2 mm，螺栓按 3 级精度加工。
2. 支座节点
常用的压力支座节点有下列四种。
(1)平板压力支座节点，如图 7—6 所示。一般适用于较小跨度的支座。
(2)单面弧形压力支座节点，如图 7—7 所示。弧形支座板的材料一般用铸钢，也可以用厚钢板加工而成，适用于大跨度网架的压力支座。
(3)双面弧形压力支座节点，如图 7—8 所示。适用于跨度大、下部支承结构刚度大的网架压力支座。
(4)球形铰压力支座节点，适用于多支点的大跨度网架的压力支座。单面弧形支座，适用于较大的跨度网架受拉力的支座，如图 7—9 所示。
以上各式支座用螺栓固定后，应加副螺母等防松，螺母下面的螺纹段的长度不宜过长，避免网架受力时产生反作用力，即向上翘起及产生侧向拉力而使螺母松脱和有螺纹部分断裂</td></tr>
</table>

续上表

<table>
<tr><th colspan="2">项目</th><th>内　容</th></tr>
<tr><td rowspan="2">钢网架结构拼装</td><td>杆件</td><td>网架的杆件一般采用普通型钢和薄壁型钢，有条件时应尽量采用薄壁管形截面。其截面尺寸应满足下列要求。
(1)普通型钢一般不宜采用小于∟45 mm×3 mm或∟56 mm×36 mm×3 mm的角钢。
(2)薄壁型钢厚度不应小于2 mm；杆件的下料、加工宜采用机加工方法进行</td></tr>
<tr><td>材料验收要求</td><td>(1)钢网架使用的钢材、连接材料、高强度螺栓、焊条等材料应符合设计要求，并应有出厂合格证明。
(2)螺栓球、空心焊接球、加肋焊接球、锥头、套筒、封板、网架杆件、焊接钢板节点等半成品，应符合设计要求及相应的国家标准规定。
①制造钢结构网架用的螺栓球的钢材，必须符合设计规定及相应材料的技术条件和标准。对铸造的螺栓球应着重检查。
a. 螺栓球要求无裂纹和无过烧，并除去氧化皮及各种隐患。
b. 成品球必须对最大的螺孔进行抗拉强度检验。螺栓球的质量要求应符合表7－10和图7－10的规定。
②拼装用高强度螺栓的钢材必须符合设计规定及相应的技术标准。钢网架结构用高强度螺栓必须采用国家标准《钢结构用高强度大六角头螺栓》规定的性能等级8.8S或10.9S，并应按相应等级要求来检查。检查高强度螺栓出厂合格证、试验报告、复验报告，并符合以下规定。
a. 螺纹及螺纹公差应符合《普通螺纹 基本尺寸》(GB/T 196—2003)和《普通螺纹 公差》(GB/T 197—2003)的规定。
b. 高强度螺栓不允许存在任何淬火裂纹。
c. 高强度螺栓表面要进行发黑处理。
d. 高强度螺栓抗拉极限承载力见表7－11。
e. 网架拼装前还应对每根高强度螺栓进行表面硬度试验，严禁有裂纹和损伤。高强度螺栓的允许偏差和检验方法见表7－12。
③焊接空心球。连接各杆件如图7－11所示；焊接空心球的分类如图7－12、图7－13所示。
a. 加肋焊接空心球的肋板加于两个半球的拼接环形缝平面处，用于提高焊接空心球的承载能力和刚度。
b. 杆件。网架结构主要受力部件，可在工厂加工，也可在施工现场加工。
c. 拼装用焊接空心球见表7－13。
④钢网架拼装用杆件的钢材品种、规格、质量，必须符合设计规定及相应的技术标准。钢管杆件与封板、锥头的连接，必须符合设计要求，焊缝质量标准必须符合现行国家标准《钢结构工程施工质量验收规范》(GB 50205—2001)中的标准。
杆件质量要求有如下几点。
a. 钢管初始弯曲必须小于$L/1\,000$。
b. 钢管与封板或锥头组装成杆件时，钢管两端对接焊缝应根据图纸要求的焊缝质量等级选择相应焊接材料进行施焊，并应采取保证对接焊全溶透的焊接工艺。
c. 焊工应经过考试并取得合格证后方可施焊，如停焊半年以上应重新考核。
d. 施焊前应复查焊区坡口情况确认符合要求后方能施焊，焊接完成后应清除熔渣及金属飞溅物，并打上焊工代号的钢印。
e. 钢管杆件与封板或锥头的焊缝应进行强度检验，其承载能力应满足设计要求。钢管杆件的质量要求及检验方法见表7－14，如图7－14所示</td></tr>
</table>

续上表

<table>
<tr><th>项目</th><th>内　容</th></tr>
<tr><td>钢网架高空散装法安装</td><td rowspan="6">钢网架结构安装工程中总拼与安装的施工材料，参考第二章第二节“施工材料要求”和第五章第一节“施工材料要求”的内容</td></tr>
<tr><td>钢网架分条或分块法安装</td></tr>
<tr><td>钢网架高空滑移法安装</td></tr>
<tr><td>钢网架整体吊装法安装</td></tr>
<tr><td>钢网架整体提升法安装</td></tr>
<tr><td>钢网架整体顶升法安装</td></tr>
</table>

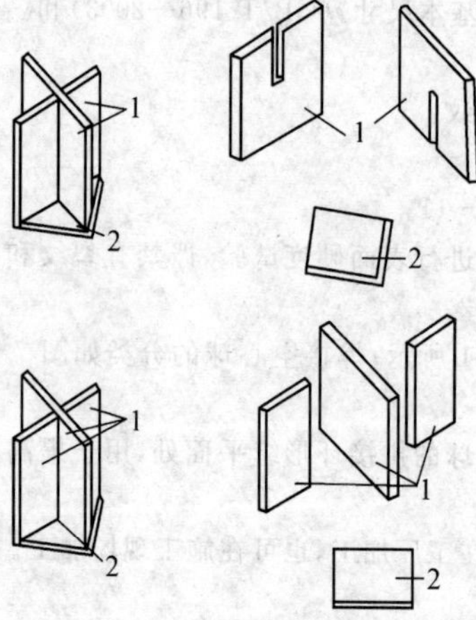

图 7－1　焊接钢板节点

1—十字节点板；2—盖板

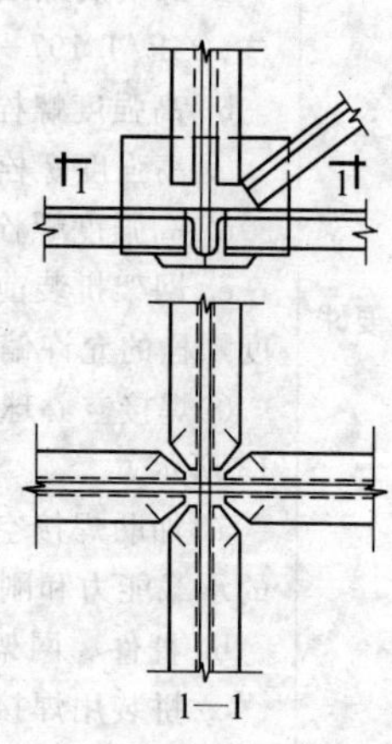

图 7－2　双向网架的节点构造

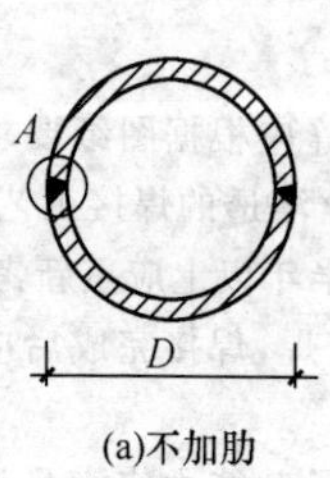

(a)不加肋

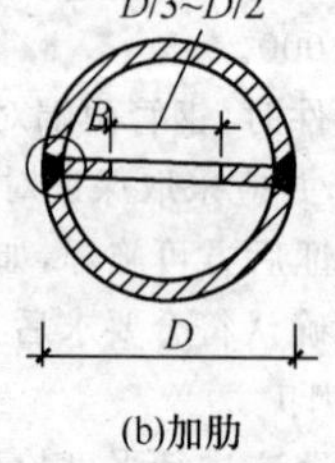

(b)加肋

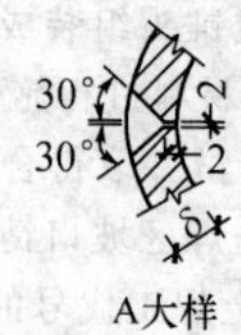

A大样

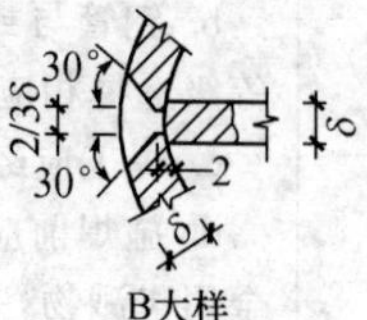

B大样

图 7－3　空心球剖面图

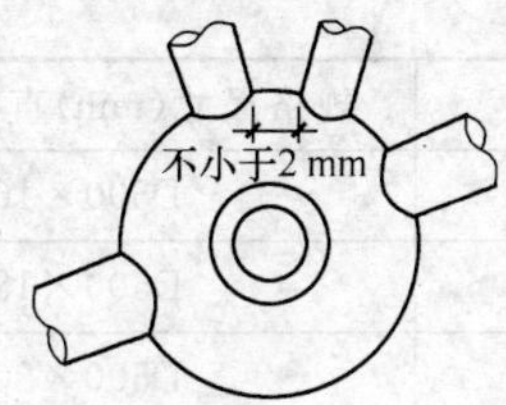

图 7－4　空心球节点示意图

表 7－8　不加肋焊接空心球产品标记和规格表

序号	产品标准	规格尺寸(mm)直径×壁厚	理论重量(kg)
1	WS2006	D200×6	5.57
2	WS2008	D200×8	7.28
3	WS2206	D220×6	6.78
4	WS2208	D220×8	8.87
5	WS2406	D240×6	8.10
6	WS2408	D240×8	10.62
7	WS2410	D240×10	13.05
8	WS2608	D260×8	12.53
9	WS2610	D260×10	15.42
10	WS2808	D280×8	14.60
11	WS2810	D280×10	17.99
12	WS2812	D280×12	21.27
13	WS3008	D300×8	16.83
14	WS3010	D300×10	20.75
15	WS3012	D300×12	24.56
16	WS3510	D350×10	28.52
17	WS3512	D350×12	33.82
18	WS3514	D350×14	39.00
19	WS4012	D400×12	44.57
20	WS4014	D400×14	51.47
21	WS4016	D400×16	58.22
22	WS4018	D400×18	64.82
23	WS4514	D450×14	65.66
24	WS4516	D450×16	74.36
25	WS4518	D450×18	82.89
26	WS4520	D450×20	91.26

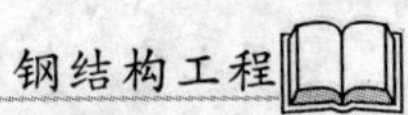

续上表

序号	产品标准	规格尺寸(mm)直径×壁厚	理论重量(kg)
27	WS5016	D500×16	92.47
28	WS5018	D500×18	103.18
29	WS5020	D500×20	113.71
30	WS5022	D500×20	124.05
31	WS5516	D550×16	112.55
32	WS5518	D550×18	125.68
33	WS5520	D550×20	138.61
34	WS5522	D550×22	151.34
35	WS5525	D550×25	170.06
36	WS6018	D600×18	150.41
37	WS6020	D600×20	165.99
38	WS6022	D600×22	181.35
39	WS6025	D600×25	203.97
40	WS6028	D600×28	226.11
41	WS6030	D600×30	240.60
42	WS6520	D650×20	195.83
43	WS6525	D650×25	240.96
44	WS6528	D650×28	267.33
45	WS6530	D650×30	284.62
46	WS7020	D700×20	228.14
47	WS7022	D700×22	249.49
48	WS7025	D700×25	281.04
49	WS7028	D700×28	312.01
50	WS7030	D700×30	332.34
51	WS7522	D750×22	287.63
52	WS7525	D750×25	324.20
53	WS7528	D750×28	360.14
54	WS7530	D750×30	383.76
55	WS7535	D750×35	441.62
56	WS8022	D800×22	328.49
57	WS8025	D800×25	370.44
58	WS8028	D800×28	411.72
59	WS8030	D800×30	438.88

续上表

序号	产品标准	规格尺寸(mm)直径×壁厚	理论重量(kg)
60	WS8035	D800×35	505.49
61	WS8522	D850×22	372.05
62	WS8525	D850×25	419.76
63	WS8528	D850×28	466.75
64	WS8530	D850×30	497.69
65	WS8535	D850×35	573.68
66	WS8540	D850×40	647.74
67	WS9025	D900×25	472.16
68	WS9028	D900×28	525.24
69	WS9030	D900×30	560.21
70	WS9035	D900×35	646.18
71	WS9040	D900×40	730.11
72	WS9045	D900×45	812.02

表 7—9　加肋焊接空心球产品标记和规格表

序号	产品标准	规格尺寸(mm)直径×壁厚	理论重量(kg)
1	WSR3008	D300×8	20.31
2	WSR3010	D300×10	24.97
3	WSR3012	D300×12	29.46
4	WSR3510	D350×10	34.39
5	WSR3512	D350×12	40.68
6	WSR3514	D350×14	46.78
7	WSR4012	D400×12	53.71
8	WSR4014	D400×14	61.88
9	WSR4016	D400×16	69.82
10	WSR4018	D400×18	77.56
11	WSR4514	D450×14	79.08
12	WSR4516	D450×16	89.37
13	WSR4518	D450×18	99.42
14	WSR4520	D450×22	109.22
15	WSR5016	D500×16	111.33
16	WSR5018	D500×18	123.99

续上表

序号	产品标准	规格尺寸(mm)直径×壁厚	理论重量(kg)
17	WSR5020	D500×20	136.37
18	WSR5022	D500×22	148.49
19	WSR5516	D550×16	135.71
20	WSR5518	D550×18	151.27
21	WSR5520	D550×20	166.54
22	WSR5522	D550×22	181.51
23	WSR5525	D550×25	203.41
24	WSR6018	D600×18	181.27
25	WSR6020	D600×20	199.73
26	WSR6022	D600×22	217.85
27	WSR6025	D600×25	244.43
28	WSR6028	D600×28	270.29
29	WSR6030	D600×30	287.13
30	WSR6520	D650×20	235.92
31	WSR6525	D650×25	289.22
32	WSR6528	D650×28	320.14
33	WSR6530	D650×30	340.32
34	WSR7020	D700×20	275.13
35	WSR7022	D700×22	300.48
36	WSR7025	D700×25	337.77
37	WSR7028	D700×28	374.21
38	WSR7030	D700×30	397.03
39	WSR7522	D750×22	346.76
40	WSR7525	D750×25	390.09
41	WSR7528	D750×28	432.49
42	WSR7530	D750×30	460.26
43	WSR7535	D750×35	527.91
44	WSR8022	D800×22	393.36
45	WSR8025	D800×25	446.18
46	WSR8028	D800×28	495.00
47	WSR8030	D800×30	527.01
48	WSR8035	D800×35	605.14

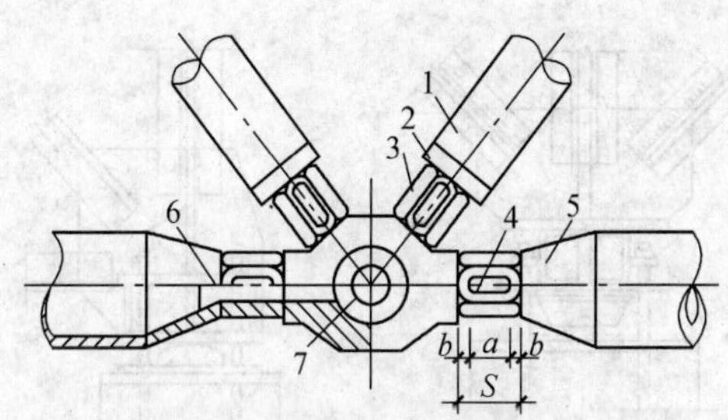

图 7－5　螺栓球节点图

1—钢管；2—封板；3—套管；4—销子；
5—锥头；6—螺栓；7—钢球

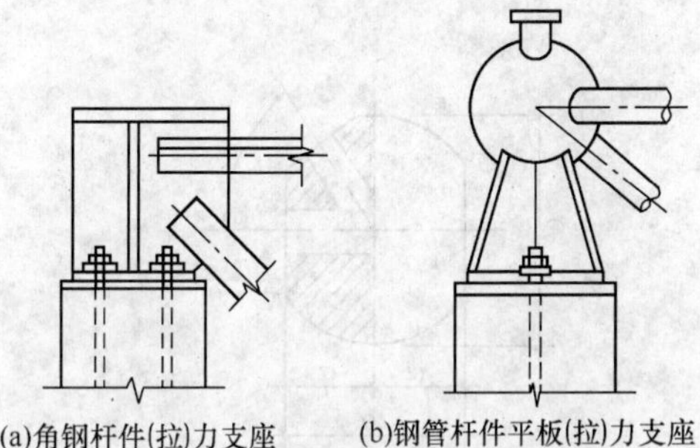

(a)角钢杆件(拉)力支座　(b)钢管杆件平板(拉)力支座

图 7－6　网架平板压力支座节点图

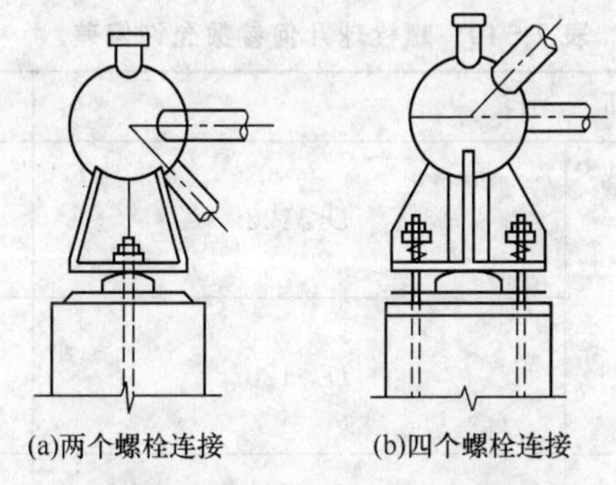

(a)两个螺栓连接　(b)四个螺栓连接

图 7－7　单面弧形压力支座节点图

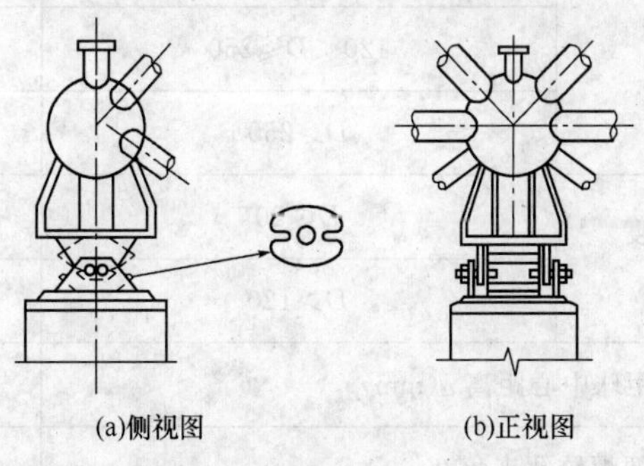

(a)侧视图　(b)正视图

图 7－8　双面弧形压力支座

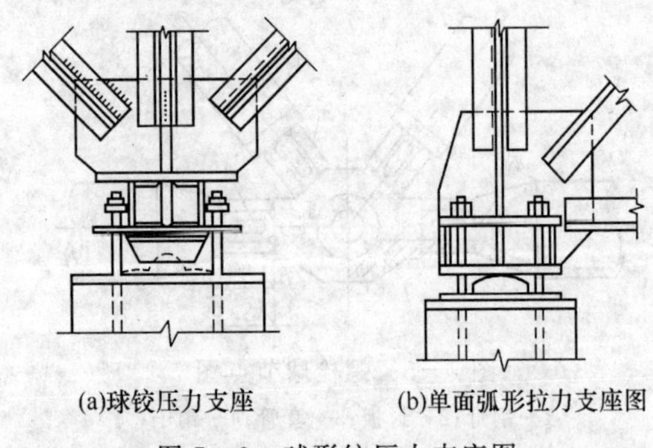

(a)球铰压力支座　(b)单面弧形拉力支座图

图 7－9　球形纹压力支座图

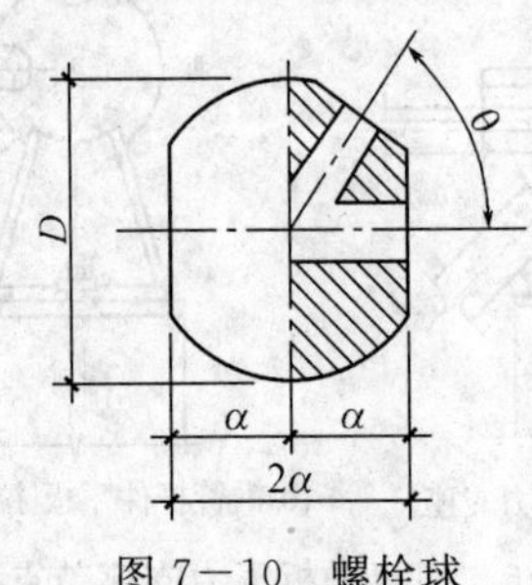

图 7－10　螺栓球

表 7－10　螺栓球几何参数允许偏差

项　目		允许偏差
球直径 D(mm)	$D \leqslant 120$	+2.0 −1.0
	$D > 120$	+3.0 −1.5
球圆度(mm)	$D \leqslant 120$	1.5
	$120 < D \leqslant 250$	2.5
	$D > 250$	3.0
同一轴线上两铣平面平行度(mm)	$D \leqslant 20$	0.2
	$D > 120$	0.3
铣平面距球中心距离 α(mm)		±0.2
相邻两螺纹孔夹角 θ(′)		±30
两铣平面与螺栓孔轴线垂直度(mm)		0.5%r

表 7－11　高强度螺栓抗拉极限承载力

公称直径 d(mm)	公称应力截面积 A_{δ}(mm^2)	抗拉极限承载力(kN)	
		10.9S	8.8S
12	84	84～95	68～83
14	115	115～129	93～113
16	157	157～176	127～154
18	192	192～216	156～189
20	245	245～275	198～241
22	303	303～341	245～298
24	353	353～397	286～347
27	459	459～516	372～452
30	561	561～631	454～552
33	694	694～780	562～663
36	817	817～918	662～804
39	976	976～1 097	791～960
42	1 121	1 121～1 260	908～1 103
45	1 306	1 306～1 468	1 058～1 285
48	1 473	1 473～1 656	1 193～1 450
52	1 758	1 758～1 976	1 424～1 730
56	2 030	2 030～2 282	1 644～1 988
60	2 362	2 362～2 655	1 913～2 324

表 7－12　高强度螺栓的允许偏差及检验方法

项次	项目		允许偏差(mm)	检验方法
1	螺纹长度		$+2t$ 0	用钢尺、游标卡尺检查
2	螺栓长度		$+2t$ $-0.8t$	
3	键槽	槽深	±0.2	
4		直线度	＜0.2	
5		位置度	＜0.5	

注：t 为螺距。

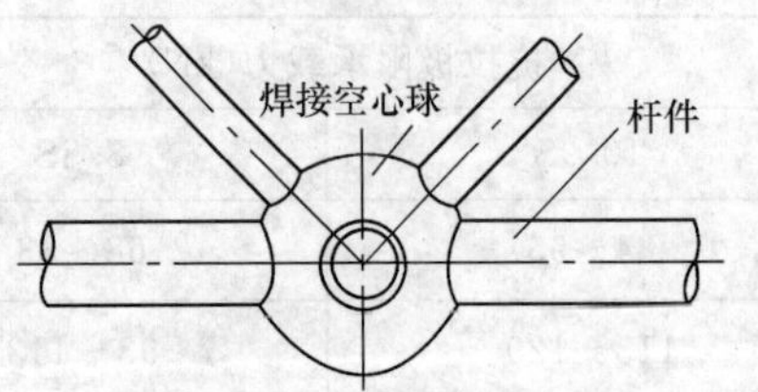

图 7－11 焊接球节点

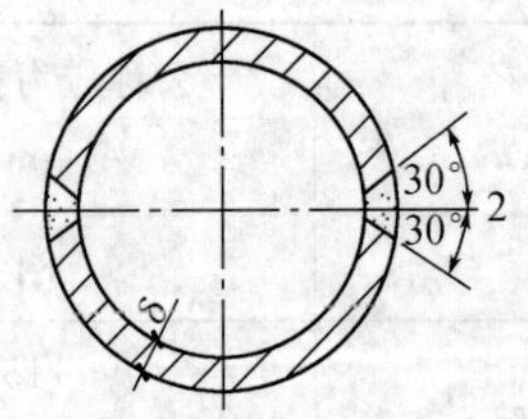

图 7－12 不加肋焊接空心球

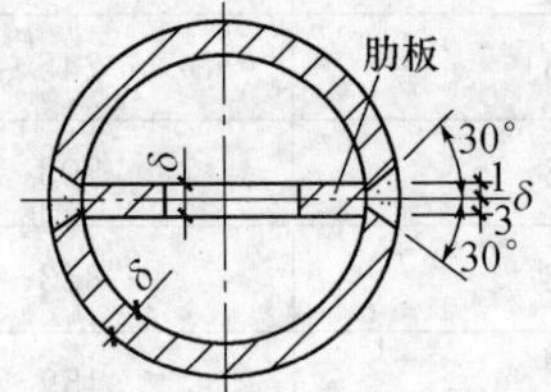

图 7－13 加肋焊接空心球

表 7－13 焊接空心球的允许偏差

项目	规格(mm)	允许偏差(mm)
直径	$D \leqslant 300$	±1.5
	$300 < D \leqslant 500$	±2.5
	$500 < D \leqslant 800$	±3.5
	$D > 800$	±4.0
圆度	$D \leqslant 300$	±1.5
	$300 < D \leqslant 500$	±2.5
	$500 < D \leqslant 800$	±3.5
	$D > 800$	±4.0
壁厚减薄量	$t \leqslant 10$	≤18%t,且不大于 1.5
	$10 < t \leqslant 16$	≤15%t,且不大于 2.0
	$16 < t \leqslant 22$	≤12%t,且不大于 2.5
	$22 < t \leqslant 45$	≤11%t,且不大于 3.5
	$t > 45$	≤8%t,且不大于 4.0
对口错边量	$t < 20$	≤10%t,且不大于 1.0
	$20 < t \leqslant 40$	2.0
	$t > 40$	3.0
焊缝余高	—	0～1.5

注:D 为焊接空心球的外径;t 为焊接空心球的壁厚。

表 7－14　杆件允许偏差及检验方法　（单位：mm）

项　　目	允许偏差
杆件组装长度 L	±1.0
焊缝余高	+2.0 0
两端孔中心与钢管轴线同轴度	1.0
两端面与钢管轴线垂直度	0.5%r_1

注：r_1 为钢管半径。

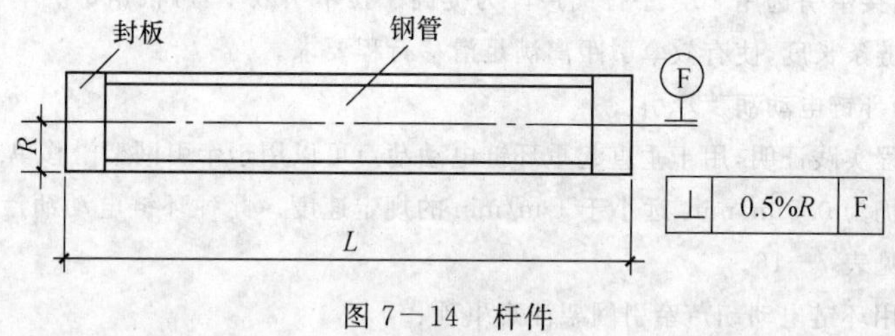

图 7－14　杆件

三、施工机械要求

钢网架结构安装工程中，总拼与安装的施工机械，见表 7－15。

表 7－15　钢网架结构总拼与安装的施工机械

项目		内　　容
钢网架结构拼装	起重机具设备	起重机具设备参考第一章第一节“施工机械要求”和第五章第一节“施工机械要求”的内容
	其他施工机具设备	起重机、交流电焊机、直流电焊机、气泵、砂轮、长毛钢丝刷、钢板尺、焊缝量规、烤箱、保温筒、氧乙炔烘烤枪、经纬仪、全站仪、水准仪、钢尺、盒尺、水平标尺、索具、碳弧气刨枪等
钢网架高空散装法安装		(1)机具设备：起重机械，桅杆，提升、爬升、顶升设备与设施，卷扬机，倒链，滑轮与滑轮组，钢丝绳，绳扣，绳卡，卸扣，路基箱等，以及滑移或卸载用的机具设备等。 (2)测量器具：全站仪、扫描仪、经纬仪、水准仪、钢尺、钢直尺、卡尺、百分表、磁力线锤等
钢网架分条或分块法安装		(1)起重设备：起重机械，桅杆，提升、爬升、顶升设备与设施，卷扬机，倒链，滑轮与滑轮组，钢丝绳，绳扣，绳卡，卸扣，路基箱等，以及滑移或卸载用的机具设备等。 (2)测量器具：全站仪、扫描仪、经纬仪、水准仪、钢尺、钢直尺、卡尺、百分表、磁力线锤等

续上表

<table>
<tr><th colspan="2">项目</th><th>内　容</th></tr>
<tr><td colspan="2">常用施工机具设备</td><td>钢网架结构安装工程中总拼与安装的施工机械，参考第五章第一节“施工机械要求”的内容</td></tr>
<tr><td rowspan="1">钢网架高空滑移法安装</td><td>牵引设备选用及牵引力计算 常用牵引设备</td><td>(1)手拉葫芦(倒链)牵引，牵引方法有以下三种。
①直接牵引。可在网架两侧滑轨上方各沿滑移单元前进方向系多组手拉葫芦(每组对称设两个手拉葫芦)直接系在网架上，进行多点同步牵引。
②间接牵引。将手拉葫芦的主钩系在牵引滑车的跑头上，牵引滑车组系在网架滑移单元上，由于拉葫芦牵引跑头绳，收紧滑车组将网架滑移到位。
③综合牵引。将上述直接牵引和间接牵引两种方法结合使用，直接牵引选用 5 t 手拉葫芦，间接牵引选用 10 t 手拉葫芦。为提高手拉牵引效率，可根据每次牵引行程，加长牵引葫芦的链条长度，使有效牵引距离满足滑移行程要求。
(2)环链电动葫芦牵引。
工程实践证明，用于垂直起重环链电动葫芦可以用于牵引网架滑移单元(水平牵引)，牵引速度仍为 0.5 m/min，远小于 1 m/min 的规定速度。此种环链电动葫芦的主要性能和技术参数见表 7－16。
使用环链电动葫芦牵引网架注意事项：
①牵引过程中要设专人理顺链条，防止链条在运转过程中被卡住；
②环链电动葫芦要固定在专用的小跑车上，以便在滑轨上自由移动；
③牵引方法应采用直接牵引法，牵引过程中小跑车应固定在滑轨上，牵引完成后，应将环链绕在电动葫芦上，随小跑车转移位置；
④做好外壳接地保护，防止触电，注意接地标志勿与电源线相混；
⑤使用前认真阅读产品说明书，按产品说明书操作使用。
(3)电动卷扬机牵引。
①卷扬机型号选择与减速方法。用于网架滑移单元牵引的电动卷扬机应选择 5～10 t 慢速卷扬机，牵引速度不宜超过 1 m/min，牵引方法采用直接牵引。如慢速卷扬机通过牵引滑车组减速后牵引速度仍大于 1 m/min 时，可设置减速滑车组，如图 7－15 所示。减速滑车组由卷扬机、牵引滑车组、减速滑车组及钩扎滑车组构成，是多组复式滑车组的另一种形式。它的减速原理为：
设卷扬机采用 30 kN 慢速电动卷扬机，线速度为 14 m/min，布置在地面上。牵引滑车组采用 5 门，工作线数 11，布置在网架支座轴线的延长线上。钩扎滑车组的定滑车采用 3 门，动滑车采用 3 个单门，以便 3 点钩扎。由于所选的卷扬机速度较快，为了降低牵引速度，在牵引滑车组与钩扎滑车组之间，再增加单门滑车组，根据图 7－15 中绕法，可减速 2/3。这样，牵引速度可减为：
$$v=14\times\frac{1}{11}\times\frac{2}{3}=0.85\ \text{m/min}<1\ \text{m/min}$$
牵引减速滑车组钢丝绳的穿绕方法均为顺穿法。
②牵引滑车组穿绕绳索注意事项：滑车组在工作时，由于摩擦阻力存在，各段绳索受力是不相等的。采用顺穿法的滑车组在起重时跑头一边受力较大，运动速度也较高；固定头一边受力较小，运动速度也低。因此，两边受力不均衡，动、定滑车靠跑头一侧，因此有加快靠近</td></tr>
</table>

续上表

<table>
<tr><th colspan="2">项目</th><th>内容</th></tr>
<tr><td rowspan="2">钢网架高空滑移法安装</td><td>常用牵引设备</td><td>的趋势(卸重时则相反,有加快分离的趋势)。当滑轮的个数较多时,绳索很容易被滑轮边卡住,称为“咬索”,造成滑轮组工作不正常,甚至发生动滑车不能前后或上下移动的事故。所以,一般对于由4个以上定滑轮和4个以上动滑轮组成的滑车组(也称四四滑车组,或者四门滑车组)宜采用花穿法。因为花穿法是将绳索间隔或跳跃穿绕,跑头从中间滑轮引出。这种穿法,滑轮两侧绳索中的力相差较小,能避免出现咬索的现象。
③电动卷扬机牵引注意事项:必须在滑轨末端适当位置设置反力架,以平衡牵引反力,如反力架设在结构物上,应通过计算确定。卷扬机应固定在地面上,借助导向滑轮将卷扬绳正向导入卷筒上。滑车组的定滑轮和动滑轮均应固定在有轨道可移动的小车上,小车高度应使牵引点(钩扎点)、动滑轮、定滑轮中心轴始终保持等高度。使用两台以上卷扬机同时牵引时,卷扬机必须同型号,卷扬钢丝绳必须同规格,马达必须同电流,以确保同步牵引。注意用电安全,防止触电事故发生。
无论采用何种牵引设备和牵引方法,在实际施工时要精心组织,统一指挥,严控同步,确保网架安全滑移</td></tr>
<tr><td>牵引设备选用及牵引力计算 / 牵引力计算</td><td>牵引速度不宜大于1.0 m/min,牵引力可按滑动摩擦或滚动摩擦分别按下式进行验算。
(1)滑动摩擦:
$$F_t=\mu_1\cdot\xi\cdot G_{OK}$$
式中 F_t——总启动牵引力;
G_{OK}——网架总自重标准值;
μ_1——滑动摩擦系数,在自然轧制表面,经粗除锈充分润滑的钢与钢之间可取0.12~0.15;
ξ——阻力系数,当有其他因素影响牵引力时,可取1.3~1.5。
(2)滚动摩擦:
$$F_1\geqslant\left(\frac{k}{r_1}+\mu_2\frac{r}{r_1}\right)\cdot G_{OK}$$
式中 F_1——总启动牵引力;
G_{OK}——网架总自重标准值;
k——钢制轮与钢之间可取0.5 mm;
μ_2——滑动摩擦系数在滚轮与滚轮轴之间,或经机械加工后充分润滑的钢与钢之间可取0.1;
r_1——滚轮的外圆半径(mm);
r——轴的半径(mm)。
当网架滑移时,两端不同步值不应大于50 mm。
按上述两项公式计算的牵引力是否符合工程实际的牵引力,关键在于各摩擦系数的取值是否与工程实际相等,如果实际的滑动摩擦面粗糙度、润滑程度和实际的滚动轮轴加工精度、钢材硬度,润滑程度达不到公式中摩擦系数取值的条件,则往往发生理论计算的牵引力小于实际产生的牵引力,给滑移工作带来困难,这是应该预先考虑和防止的事</td></tr>
</table>

续上表

项目	内容
钢网架整体吊装法安装	钢网架整体吊装法安装施工机械，参考第五章第一节“施工机械要求”的内容
钢网架整体提升法安装	
钢网架整体顶升法安装	

表 7－16 环链电动葫芦的主要性能和技术参数

项目		单位	HH0.25-G	HH0.25-G	HH1-G	HH1.6-G	HH3.2-G	HH5-G	HH10-G	HH16-G
额定起重量		t	0.25	0.5	1.0	1.6	3.2	5.0	10	16
链条直径×节距		m	6×18			10×30				
起升高度（基本型）		m	3							
链条行数		—	1		2	1	2	3	6	10
起升电机	功率	kW	0.6			1.2			1.2×2	
	起升速度	m/min	6.3	4	2	3.2	1.6	1	1	0.64
	电机转速	r/min	1 430							
	工作制度	—	Jc＝40％							
电源		—	380 V，三相，50 Hz							
重量		kg	28		30	63	72	84	196	282
外形尺寸（长×宽×高）		mm	220×285×550		220×285 600	260×345×950	260×345×1 000	385×345×1 050	750×470×1 300	1 000×470 1 550
附注			起升高度可按用户需要加高							

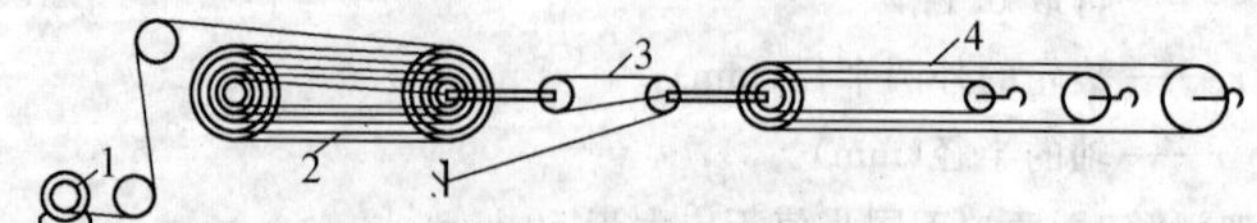

图 7－15 牵引减速滑车组布置

1－卷扬机；2－牵引滑车组；3－减速滑车组；4－钩扎滑车组

四、施工工艺解析

（1）钢网架结构拼装施工工艺解析见表 7－17。

表 7－17　钢网架结构拼装施工工艺解析

项目	内　　容
准备工作	(1)复核定位轴线和标高。 (2)检查预埋件或预埋螺栓的平面位置和标高。 (3)测量仪器及钢尺检验合格。 (4)编制施工组织设计和施工方案。 (5)核对进厂的各种杆件及连接件规格品种和数量。 (6)核对杆件及节点的编号做到与图纸相符。 (7)原材料质量保证书及复验报告全部合格
搭设拼装操作平台	(1)拼装操作平台按其作用分为小、中、大三种形式，分别为小拼、中拼、大拼网架用。 (2)平台基础应全部找平并坚固。 (3)平台各支点、托等应按尺寸刚性连接，必要时可安装调节装置，误差应控制网架拼装允许范围内
小拼	(1)小拼平台有平台型和转动型两种，应当严格控制其结构尺寸，必要时应试拼，合格后正式拼装。 (2)网架结构应在专门胎架上小拼，以保证小拼单元的精度和互换性。 (3)胎架在使用前必须进行检验，合格后再拼装。 (4)在整个拼装过程中，要随时对胎具位置和尺寸进行复核，如有变动，经调整后方可重新拼装
中拼	(1)网架片或条、块的中拼装应在平整的刚性平台上进行。拼装前，应在空心球表面用套模划出杆件定位线，做好定位标记，在平台上按 1：1 放大样，搭设立体靠模来控制网架的外形尺寸和标高，拼装时应设调节支点来调节钢管与球的同心度。如图 7－18～图 7－20所示。 (2)焊接球节点网架结构在拼装前应考虑焊接收缩，其收缩量可通过试验确定，试验时可参考下列数值： ①钢管球节点加衬管时，每条焊缝的收缩量为 1.5～3.5 mm； ②钢管球节点不加衬管时，每条焊缝的收缩量为 2～3 mm； ③焊接钢板节点，每个节点收缩量为 2～3 mm。 (3)随时检查外形尺寸，保证中拼质量
总拼	(1)总拼应当是从中间向两边或从中间向四周发展。 (2)拼时严禁形成封闭圈，封闭圈内施焊会产生很大的焊接收缩应力
焊接	(1)网架焊接时，一般先焊下弦，使下弦收缩而略上拱，然后接腹杆及上弦，即下弦→腹杆→上弦。

续上表

项目	内　容
焊接	(2)当用散件总拼时(不用小拼单元),如果把所有杆件全部定位焊好(即用电焊点上),则在全面施焊时将容易造成已定位焊的焊缝被拉裂。因为类似在封闭圈中进行焊接,没有自由收缩边,应当避免。 (3)在焊接球网架结构中,钢管厚度大于 6 mm 时,必须开坡口,在要求钢管与球全焊透连接时,钢管与球壁之间必须留有 1～2 mm 的间隙,加衬管,以保证实现焊缝与钢管的等强连接
螺栓球网架的拼装	(1)螺栓球网架拼装时,一般先拼下弦,将下弦的标高和轴线调整后,全部拧紧螺栓,起定位作用。 (2)开始连接腹杆,螺栓不宜拧紧,但必须使其与下弦连接的螺栓吃上劲,如吃不上劲,在周围螺栓都拧紧后,这个螺栓就可能偏歪(因锥头或封板的孔较大),那时将无法拧紧。 (3)连接上弦时,开始不能拧紧。 当分条拼装时,安装好三行上弦球后,即可将前两行抄到中轴线,这时可通过调整下弦球的垫块高低进行,然后固定第一排锥体的两端支座,同时将第一排锥体的螺栓拧紧。 按以上各条循环进行。 (4)在整个网架拼装完成后,必须进行一次全面检查,检查螺栓是否拧紧。 (5)正放四角锥网架试拼后,用高空散装法拼装时,也可在安装一排锥体后(一次拧紧螺栓),从上弦挂腹杆的办法安装其余锥体
起拱	当网架跨度 40 m 以下可不起拱(拼装过程中,为防止网架下挠,根据经验留施工起拱)。 (1)网架起拱按线型分有两类,一是折线型,一是圆弧线型。如图 7－16 和图 7－17 所示。 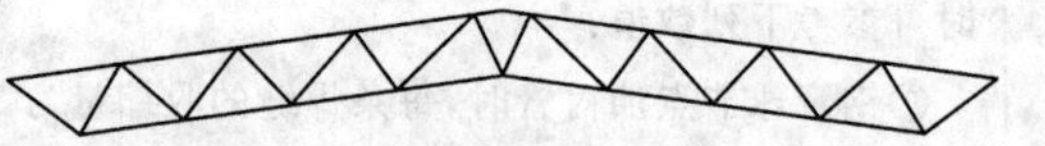 图 7－16　折线型起拱 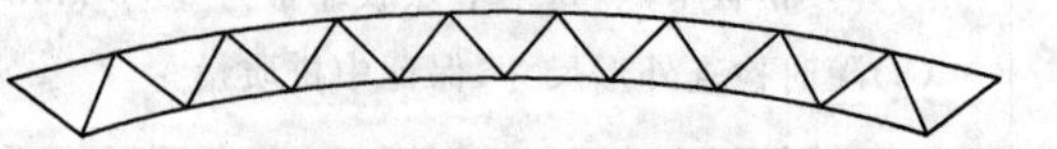 图 7－17　圆弧线型起拱 (2)网架起拱按找坡方向分为单向起拱和双向起拱两种。 单向圆弧线起拱和双向圆弧线起拱都要通过计算定几何尺寸。 折线型起拱时,对于桁架体系的网架,无论是单向或双向找坡,起拱计算较简单。但对四角锥或三角锥体系网架,当单向或双向起拱时计算均较复杂

续上表

项目	内　容
防腐处理	(1)网架的防腐处理包括制作阶段对构件及节点的防腐处理和拼装后最终的防腐处理。 (2)焊接球与钢管连接时,钢管及球均不与大气相通,对于新轧制的钢管的内壁可不除锈,直接刷防锈漆即可,对于旧钢管内外均应认真除锈,并刷防锈漆。 (3)螺栓球与钢管的连接为大气相通状态,应用油腻子将所有空余螺孔及接缝处填嵌密实,并补刷防锈漆,保证不留渗漏水气的缝隙。 (4)电焊后对已刷油漆的破坏处,应处理并按规定补刷好油漆
成品保护	(1)对小拼、中拼的成品件保护内容有: ①杆件、空心球、螺栓球及其附件(高强度螺栓、锥头、无纹螺母、销钉)、焊条,焊丝等不得受潮; ②对已检测合格的焊缝及时刷上底漆保护; ③成品件的底漆、面漆,以及高空总拼后的防火涂料不得磕碰。 (2)小拼、中拼成品堆放时不得压弯变形
应注意的质量问题	(1)网架结构在拼装过程中小拼、中拼都是给大拼打基础的。精度要高,尤其是胎具要经有关人员验收才允许正式拼装。 (2)杆件、焊接球节点、焊接钢板等必须考虑焊接收缩量。必要时,可按实际情况现场试验确定。 (3)小拼、中拼钢构件堆放时,应避免受外力影响而变形。 (4)悬挑法拼装网架时,需要预先制作好小拼单元,再用起重机将小拼单元吊至设计标高就位拼装。悬挑法拼装网架可以少搭支架,节省材料。但悬挑部分的网架必须具有足够的刚度,而且几何不变。 (5)由于拼装支架容易产生水平位移和沉降,在网架拼装过程中应经常观察支架变形情况并及时调整,应避免由于拼装支架的变形而影响网架的拼装精度

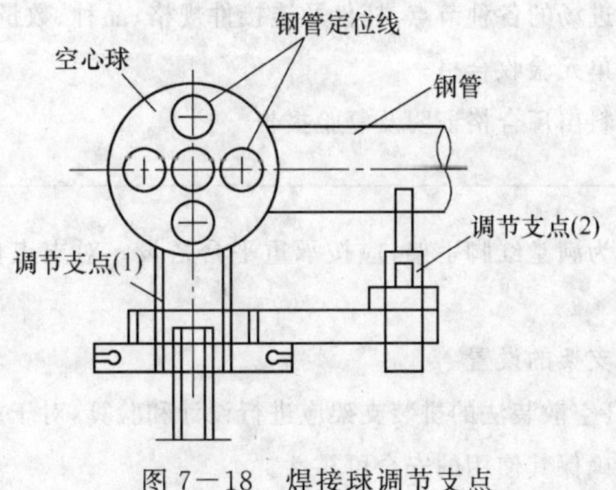

图 7—18　焊接球调节支点

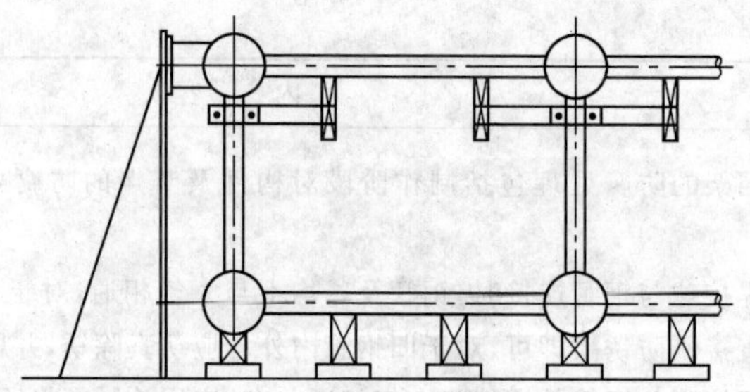

图 7－19　拼装和总拼的支点设置

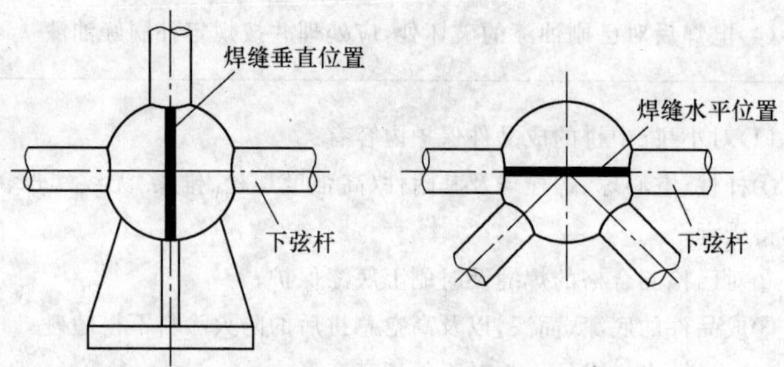

图 7－20　焊接球焊缝垂直与水平位置

(2)钢网架高空散装法施工工艺解析见表 7－18。

表 7－18　钢网架高空散装法施工工艺解析

项目	内　容
安装准备工作	(1)根据测量控制网对基础轴线、标高或柱顶轴线、标高进行技术复核，对超出规范要求的与总承包单位、设计、监理协商解决。 (2)检查预埋件或预埋螺栓的平面位置和标高。 (3)编制构件高空散装法施工组织设计。 (4)按施工平面布置图划分好材料堆放区、拼装区、堆放区，构件按吊装顺序进场。 (5)场地要平整夯实、并设排水沟。在拼装区、安装区设置足够的电源
构件检验	(1)核对进场的各种节点、杆件及连接件规格、品种、数量及编号。 (2)小拼单元验收合格。 (3)原材料出厂合格证明及复验报告
搭设拼装平台	(1)一般为满堂红脚手架，应按承重平台搭设。对支点位置(纵横轴线)应严格检查核对。 (2)拼装支架的设置。 ①构件高空散装法的拼装支架应进行设计和验算，对于重要的或大型的工程，还应进行试压，以确保其使用的安全可靠性。

续上表

项目	内　容
搭设拼装平台	②拼装支架必须满足以下要求。 a. 具有足够的强度和刚度。拼装支架应通过验算，除满足强度要求外，还应满足单肢及整体稳定要求。如图 7－21 所示的为支架单肢失稳和整体失稳的示意图。 b. 具有稳定的沉降量。支架的沉降往往由于支架本身的弹性压缩、接头的压缩变形以及地基沉降等因素造成。支架在承受荷载后必然产生沉降，但要求支架的沉降量在构件拼装过程中趋于稳定。必要时，用千斤顶进行调整。如发现支架不稳定下沉，应立即研究解决。 c. 由于拼装支架容易产生水平位移和沉降，在构件拼装过程中应经常观察支架变形情况并及时调整。应避免由于拼装支架的变形而影响构件的拼装精度
拼装顺序	(1)安装顺序应根据构件形式、支承类型、结构受力特征、杆件小拼单元、临时稳定的边界条件、施工机械设备的性能和施工场地情况等诸多因素综合确定。 (2)高空拼装顺序应能保证拼装的精度，减少积累误差。 (3)平面呈矩形的周边支承结构总的安装顺序由建筑物的一端向另一端呈三角形推进。 (4)网片安装中，为防止累积的误差，应由屋脊网线分别向两边安装。 (5)平面呈矩形的三边支承结构，总的安装顺序在纵向应由建筑物的一端向另一端呈平行四边形推进，在横向应由三边框架内侧逐渐向大门方向(外侧)逐条安装。 (6)网片安装顺序可先由短跨方向，按起重机作业半径要求划分若干安装长条区。按区顺序依次流水安装构件
检查	(1)严格控制支点轴线位置标高，控制挠度，及时调整支架的沉降。 (2)对小拼单元垂直偏差控制和校正。 (3)随时对螺栓球网架螺栓的拧紧进行跟踪检查
总装	(1)对螺栓球节点网架，一般从一端开始，以一个网格为一排，逐排步进。拼装顺序为：下弦节点→下弦杆→腹杆及上弦节点→上弦杆→校正→全部拧紧螺栓。 (2)对空心球节点网架，安装顺序应从中间向两边或从中间向四周进行，减少焊接应力。 (3)为确保安装精度，在操作平台上选一个适当位置进行试拼一组，检查无误，开始正式拼装。一般先焊下弦，使下弦收缩而上拱，然后焊接腹杆及上弦，避免人为下挠。 (4)网架焊接在拼装过程中(因网架自重和支架刚度较差)，可预先设施工起拱，一般为10～15 mm
临时支座的拆除	(1)拼装支撑点(临时支座)拆除必须遵循“变形协调，卸载均衡”的原则；避免临时支座超载失稳，或者构件结构局部甚至整体受损。

续上表

项目	内　容
临时支座的拆除	(2)临时支座拆除顺序和方法：由中间向四周，以中心对称进行，而防止个别支撑点集中受力，宜根据各支撑点的结构自重挠度值，采用分区分阶段按比例下降或用每次不大于10 mm等步下降法拆除临时支撑点。 (3)拆除临时支撑点的注意事项： ①检查千斤顶行程是否满足支撑点下降高度，关键支撑点要增设备用千斤顶； ②降落过程中，应统一指挥，责任到人，遇问题由总指挥处理解决
成品保护	(1)对高强度螺栓、焊条及焊丝等，应放在库房的货架上，以防受潮。 (2)杆件、空心球、螺栓球及其附件(高强度螺栓、锥头、无纹螺母、销钉)、焊条，焊丝等不得受潮。 (3)对已检测合格的焊缝及时刷上底漆保护。 (4)成品件的底漆、面漆以及高空总拼后的防火涂料不得磕碰
应注意的质量问题	(1)严格控制基准轴线位置，标高及垂直偏差，并及时纠正。 (2)构件安装过程中，应对构件支座轴线、支承面或其下弦、屋脊线、檐口线位置和标高进行跟踪控制。发现积累误差应及时纠正。 (3)采用网片和小拼单元进行拼装时。要严格控制网片和小拼单元的定位线和垂直度。 (4)各杆件与节点连接时中心线应汇交于一点，螺栓球、焊接球网架杆件应汇交于球心。 (5)构件结构总拼完成后纵、横向长度偏差、支座中心偏移、相邻支座偏移、相邻支座高差、最低最高支座高差等指标均应符合要求。 (6)冬期施工时，焊接收缩量应该严格控制，必要时应现场试验确定。 (7)小拼、中拼精度要高，尤其是胎具要定位准确，否则累积误差会造成大拼(即总装)超差

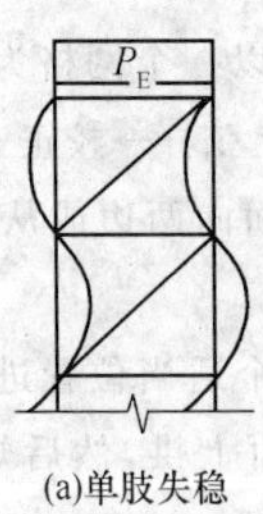

(a)单肢失稳

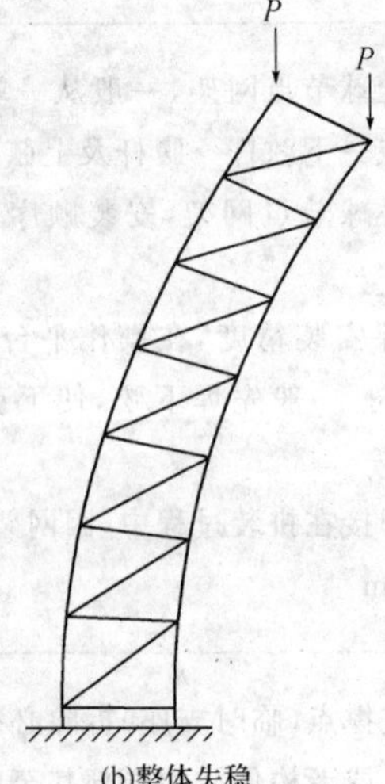

(b)整体失稳

图 7－21　拼装支架失稳示意图

(3)钢网架分条或分块安装施工工艺解析见表7－19。

表 7－19　钢网架分条或分块安装施工工艺解析

项目	内　容
安装准备	(1)根据测量控制网对基础轴线、标高或柱顶轴线、标高进行技术复核,对超出规范要求的与总承包单位、设计、监理协商解决。 (2)检查预埋件或预埋螺栓的平面位置和标高。 (3)编制构件高空散装法施工组织设计
构件检验	(1)核对进场的各种节点、杆件及连接件规格、品种、数量及编号。 (2)小拼单元验收合格。 (3)原材料出厂合格证明及复验报告
高空拼装平台	(1)一般为脚手架,应按承重平台搭设。对支点位置(纵横轴线)应严格检查核对。 (2)承重支架除用扣件式钢管脚手架外,因为分条或分块安装法所用的承重支架是局部而不是满堂的脚手架,所以也可以用塔式起重机的标准节或其他桥架、预制架。 (3)对各支点的标高按规定检查,并定位牢固
网架单元组拼	(1)搭设条或块拼装的平台,经检查合格验收。 (2)网架划分。 网架单元划分,网架分条分块单元的划分,主要根据起重机的负荷能力和网架的结构特点而定。其划分方法有下列几种。 ①网架单元相互靠紧。可将下弦双角钢分开在两个单元上。此法可用于正放四角锥等网架。如图7－22所示为一正放四角锥网架分条实例。 ②同架单元相互靠紧,单元间上弦用剖分式安装节点连接。此法可用于斜放四角锥等网架如图7－23所示。 ③单元之间空出一个节间,该节间在网架单元吊装后再在高空拼装(如图7－24所示),可用于两向正交正放等网架。如图7－25所示的为斜放四角锥网架块状单元划分方法工程实例,图中虚线部分为临时加固的杆件。 ④当斜放四角锥等斜放类网架划分成条状单元时,由于上弦(或下弦)为菱形几何可变体系,因此必须加固后才能吊装。如图7－26所示的为斜放四角锥网架划分成条状单元后几种上弦加固方法。 ⑤条状单元合拢前应先将其顶高,使中央挠度与网架形成整体后该处挠度相同。由于分条分块安装法多在中小跨度网架中应用,可用钢管作顶撑,在钢管下端设千斤顶,调整标高时将千斤顶顶高即可,比较方便。如图7－27所示的为某工程分四个条状单元,在各单元中部设一个支顶点,共设六个点。每点用一根钢管和一个千斤顶. 如果在设计时考虑到分条安装的特点而加高了网架高度,则分条安装时就不需要调整挠度
高空条或块安装	(1)根据网架结构形式和起重设备能力决定条或块的尺寸大小,在地面上拼装好。 (2)分条或分块单元,自身应是几何不变体系,同时应有足够的刚度,否则应当加固。 (3)分条(块)网架单元尺寸必须准确,以保证高空总拼时节点的吻合和减少偏差。可用预拼或套拼的办法控制尺寸。还应尽量减少中间转运,如需运输,应用特制专用车辆,防止网架单元变形。 (4)吊装时避免碰撞,应有专人指挥,到位后及时安装

续上表

项目	内　容
检测	(1)检查分条或分块单元的尺寸必须在公差允许的范围内。 (2)每安装一组条或块单元后,应对挠度、轴线位置进行复测。随时检查可能出现的问题。 (3)对网架支座轴线、支承面标高或网架下弦标高、网架屋脊线、檐口线位置和标高进行跟踪控制。发现误差积累应及时纠正
焊接	(1)网架焊接时,一般先焊下弦,使下弦收缩而略上拱,然后接腹杆及上弦,即下弦→腹杆→上弦。 (2)在焊接球网架结构中,钢管厚度大于 6 mm 时,必须开坡口,在要求钢管与球全焊透连接时,钢管与球壁之间必须留有 1～2 mm 的间隙,加衬管,以保证实现焊缝与钢管的等强连接。 (3)对于要求等强的焊缝,其质量应符合《钢结构工程施工质量验收规范》(GB 50205—2001)二级焊缝质量指标
支座固定	(1)网架安装完毕后,网架整体尺寸、支座中心偏移、相邻支座偏移、高差及最低最高支座差等均应符合《钢结构工程施工质量验收规范》(GB 50205—2001)和网架规程的要求。 (2)按规定和设计要求将支座焊接或固定。操作中应注意对橡胶支座或其他特殊支座的保护
成品保护	(1)对高强度螺栓、焊条及焊丝等,应放在库房的货架上,以防受潮。 (2)杆件、空心球、螺栓球及其附件(高强度螺栓、锥头、无纹螺母、销钉)、焊条、焊丝等不得受潮。 (3)对已检测合格的焊缝及时刷上底漆保护。 (4)成品件的底漆、面漆,以及高空总拼后的防火涂料不得磕碰
应注意的质量问题	(1)分条或分块安装顺序应由中间向两端安装,或从中间向四周发展,可便于调整累积误差,如施工场地限制也可采用一端向另一端安装。 (2)拼装时应采取合理的焊接顺序,尽量减少焊接变形和焊接应力。焊接顺序也应从中间向两端或中间向四周发展。 (3)网架用高强度螺栓连接时,按有关规定拧紧后,并按钢结构防腐要求处理,应将多余的螺孔封口,并用油腻子将所有接缝处填嵌密实,再补涂装。 (4)临时支座拆除时,由中间向四周对称进行,采用分区分阶段按比例下降或每步不大于 10 mm 等步下降法拆除

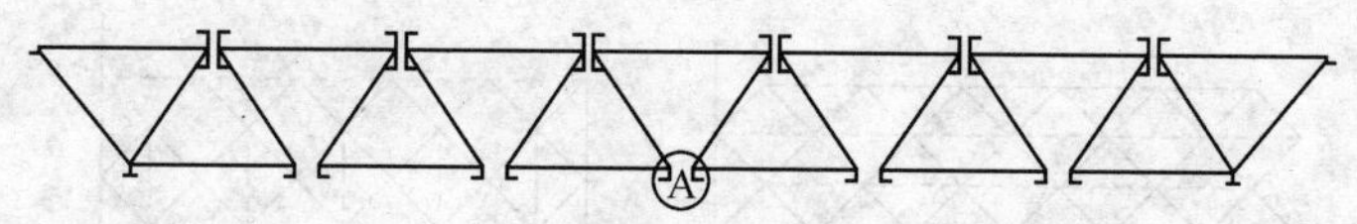

(a)网架条状单元

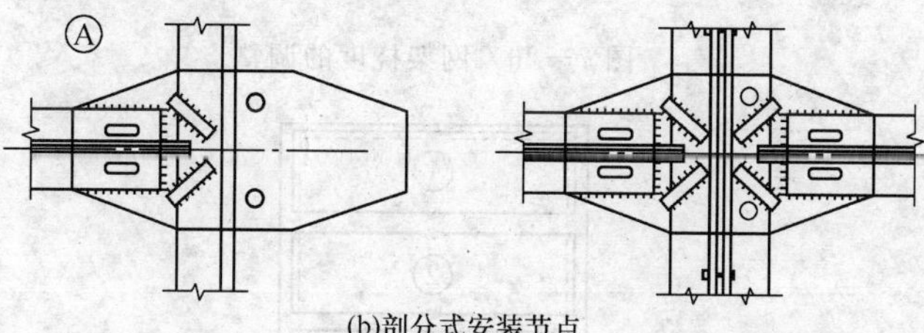

(b)剖分式安装节点

图 7－22 正放四角锥网架条状单元划分方法示例

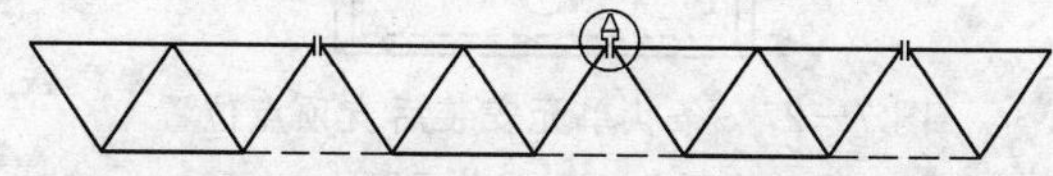

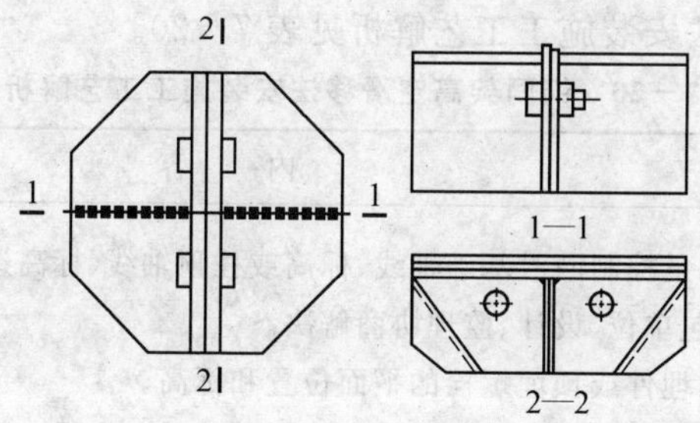

图 7－23 斜放四角锥网架条状单元划分方法

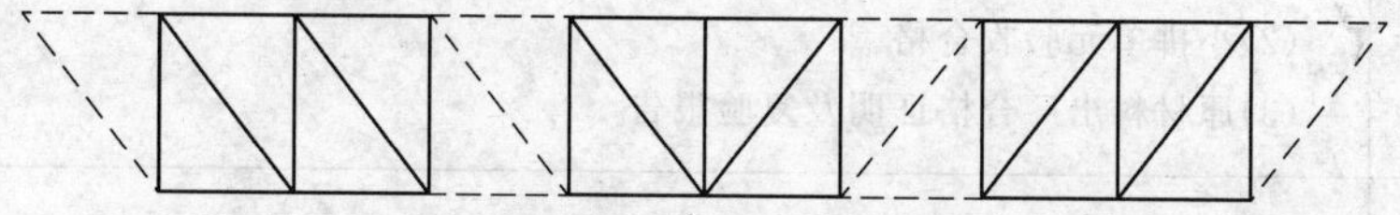

图 7－24 正交正放网架

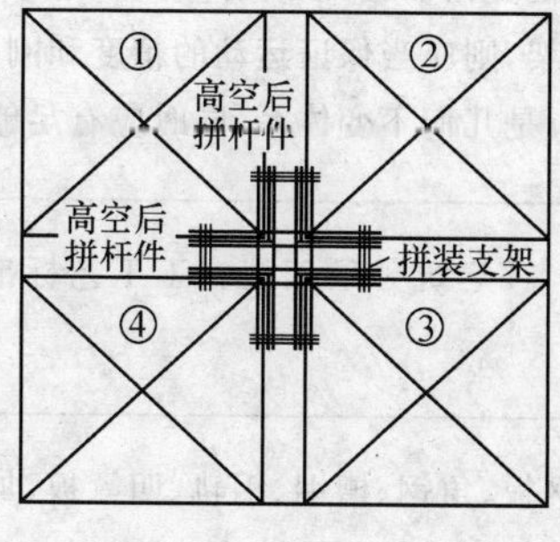

图 7－25 斜放四角锥网架调整

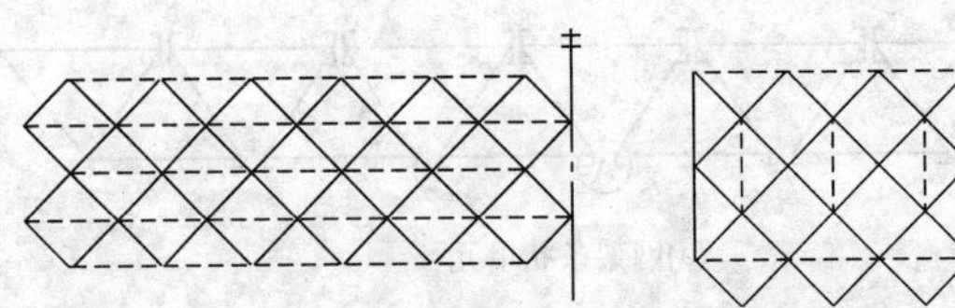

图 7－26 网架挠度的调整

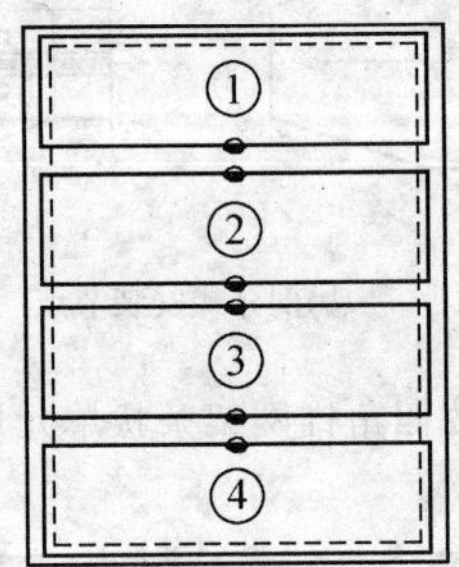

图 7－27 条状单元安装后支顶点位置

支顶点；①～④单元编号

(4)钢网架高空花滑移法安装施工工艺解析见表 7－20。

表 7－20 钢网架高空滑移法安装施工工艺解析

项目		内 容
安装准备		(1)根据测量控制网对基础轴线、标高或柱顶轴线、标高进行技术复核，对超出规范要求的与总承包单位、设计、监理协商解决。 (2)检查预埋件或预埋螺栓的平面位置和标高。 (3)编制构件高空散装法施工组织设计
构件检验		(1)核对进场的各种节点、杆件及连接件规格、品种、数量及编号。 (2)小拼单元验收合格。 (3)原材料出厂合格证明及复验报告
搭设操作平台		(1)按图搭好脚手架操作平台，并检查支承点的牢固情况，支承点各点的标高及纵横轴线测量好。 (2)操作平台标高应与滑道位置密切相关，应尽量减少滑移的阻力。 (3)若以平台作为下滑移支架，则应当保证运动的精度和刚度。 (4)分条或分块单元，自身应是几何不变体系，同时应有足够的刚度，否则应当加固
滑移单元制作		滑移单元制作施工工艺，参考《建筑分项工程施工工艺标准》中《钢结构施工工艺标准》的内容
滑移	滑道设置	根据网架大小，可用圆钢、钢板、角钢、槽钢、钢轨、四氟板、加滚轮等，牵引用的钢丝绳的质量和安全系数应符合有关规定

续上表

项目		内　容
滑移	挠度控制	单条滑移时，施工挠度情况与分条安装法相同。当逐条积累滑移时，滑移过程中仍然是两端自由搁置的立体桁架。如网架设计时未考虑分条滑移时的特点，网架高度设计得较小，这时网架滑移时的挠度将会超过形成整体后的挠度，可采用增加施工起拱度、开口部分增加临时网架层固接或在中间增设滑轨等处理方法
	组合网架	组合网架由于无上弦而是钢筋混凝土板，不允许在施工中产生一定挠度后又抬高等反复变形，因此，设计时应验算组合网架分条后的挠度值，一般应适当加高，施工中不应该进行抬高调整
	滑轨选择	(1)滑轨的形式较多，如图 7－28 所示，可根据各工程实际情况选用。滑轨与圈梁顶预埋件连接可用电焊或螺栓连接。 (2)滑轨位置与标高，根据各工程具体情况而定。如弧形支座高与滑轨一致，滑移结束后拆换支座较方便。当采用扁钢滑轨时，扁钢应与圈梁预埋件同标高，当滑移完成后拆换滑轨时不影响支座安装。如滑轨在支座下通过，则在滑移完成后，应有拆除滑轨的工作，施工组织设计应考虑拆除滑轨后支座落距不能过大(不大于相邻支座距离的1/400)。当用滚动式滑移时，如把滑轨安置在支座轴线上，则最后有拆除滚轮和滑轨的操作(拆除时应先将滚轮全部拆除，使网架搁置于滑轨上，然后再拆除滑轨，以减少网架各支点的落差)。但可将滑轨设置在支座侧边，不发生拆除滚轮、滑轨时影响支座而使网架下落等问题。 (3)滑轨的接头必须垫实、光滑。当滑动式滑移时，还应在滑轨上涂刷润滑油，滑撬前后都应做成圆弧导角，否则易产生“卡轨”现象
	导向轮	导向轮主要起保险作用，在正常情况下，滑移时导向轮是离开的，只有当同步差超过规定值或拼装偏差在某处较大时才碰上。但在实际工程中，由于制作拼装上的偏差，卷扬机不同时间的启动或停车也会造成导向轮顶上导轨的情况
	牵引力与牵引速度	(1)牵引力。网架水平滑移时的牵引力，可按下列各式计算。 当为滑动摩擦时： $$F_t=\mu_1\cdot\zeta\cdot G_{ok}/2$$ 式中　F_t——总启动牵引力； G_{ok}——网架总自重标准值； μ_1——滑动摩擦系数，钢与钢自然轧制表面，经粗除锈充分润滑的钢与钢之间可取 0.12～0.15； ζ——阻力系数，可取 1.3～1.5。 当为滚动摩擦时： $$F_t\geqslant\left(\frac{k}{r_1}+\frac{r}{r_1}\right)\cdot G_{ok}$$

续上表

项目		内容
滑移	牵引力与牵引速度	式中 F_t——总启动牵引力； k——滚动摩擦系数，钢制轮与钢之间取0.5； μ_2——摩擦系数在滚轮与滚轮轴之间，或经机械加工后充分润滑的钢与钢之间可取0.1； r_1——滚轮的外圆半径(mm)； r——轴的半径(mm)。 (2)牵引速度。 为了保证网架滑移时的平稳性，牵引速度不宜太快，根据经验牵引速度控制在1 m/min左右为宜。因此，如采用卷扬机牵引，应通过滑轮组降速。为使网架滑移时受力均匀和滑移平稳，当滑移单元积累较长时，宜增设钩扎点，图7－29所示的为网架多点钩扎牵引示意图
	同步控制	网架滑移时同步控制的精度是滑移技术的主要指标之一。当网架采用两点牵引滑移时，如不设导向轮，滑移要求同步主要是为了不使网架滑出轨道。当设置导向轮，牵引速度差(不同步值)应不使导向轮顶住导轨为准。当三点牵引时，除应满足上述要求外，还要求不使网架增加太大的附加内力，允许不同步值应通过验算确定。两点或两点以上牵引时必须设置同步监测设施
检验		(1)每滑移一个流程，即检查网架各相关尺寸，对标高、轴线偏差、挠度进行测量和调整。 (2)检查滑移中出现的问题，及时进行修复
支座降落		(1)当网架滑移完毕，经检查各部分尺寸标高、支座位置符合设计要求，开始用等比例提升方法，可用千斤顶或起落器抬起网架支承点，抽出滑轨，再用等比例下降方法，使网架平稳过渡到支座上，待网架下挠稳定，装配应力释放完后，即可进行支座固定。 (2)网架安装完毕后，网架整体尺寸、支座中心偏移、相邻支座偏移、高差及最低最高支座差等均应符合《钢结构工程施工质量验收规范》(GB 50205—2001)和网架规程的要求。 (3)按规定和设计要求将支座焊接或固定。操作中应注意对橡胶支座或其他特殊支座的保护
成品保护		(1)对高强度螺栓、焊条及焊丝等，应放在库房的货架上，以防受潮。 (2)杆件、空心球、螺栓球及其附件(高强度螺栓、锥头、无纹螺母、销钉)、焊条、焊丝等不得受潮。 (3)对已检测合格的焊缝及时刷上底漆保护。 (4)成品件的底漆、面漆，以及高空总拼后的防火涂料不得磕碰
应注意的质量问题		应注意的质量问题见表7－19

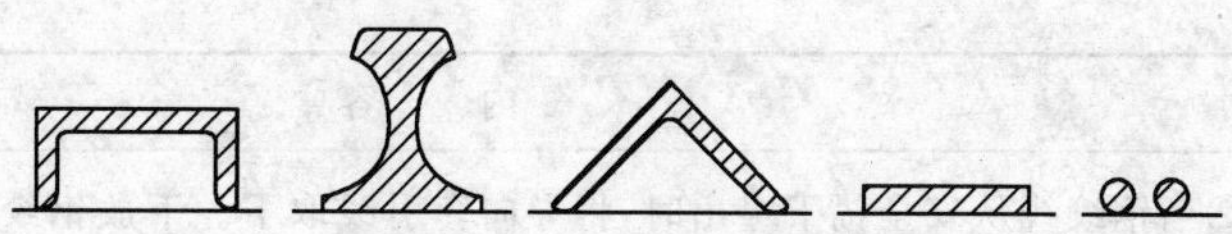

图 7－28　各种轨道形式

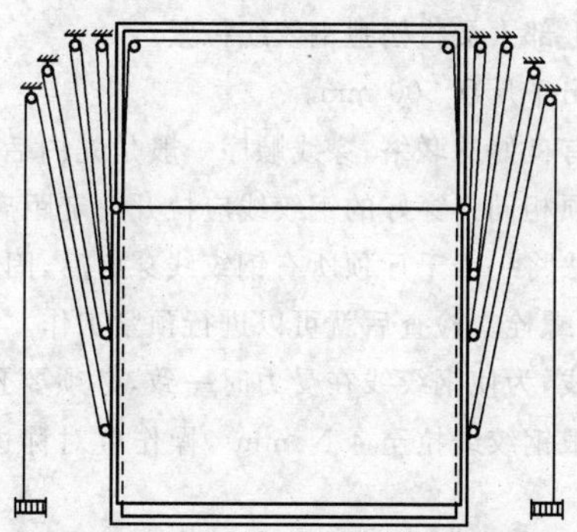

图 7－29　网架多点钩扎牵引滑移

(5)钢网架整体提升法安装施工工艺解析见表 7－21。

表 7－21　钢网架整体提升法安装施工工艺解析

项目	内　容
安装准备	(1)根据测量控制网对基础轴线、标高或柱顶轴线、标高进行技术复核,对超出规范要求的与总承包单位、设计、监理协商解决。 (2)检查预埋件或预埋螺栓的平面位置和标高。 (3)编制网架整体提升施工组织设计。 (4)对使用提升机具进行检查对检测仪器进行计量检验
钢结构验收	(1)核对进场的各种节点、杆件及连接件规格、品种、数量及编号。 (2)网架地面拼装检验合格。 (3)原材料出厂合格证明及复验报告
搭设提升设施	(1)搭设提升平台。 (2)按方案安装提升设备和穿钢绞线,对提升柱顶悬臂重新验算,对行进路线进行障碍物清理。穿钢绞线有上穿、下穿两种,通常采用上穿法。 (3)千斤顶要求支承座平面不能倾斜,并注意油管及各电器接口的方向。相同位置的千斤顶管路长度应一致,避免油压损失不均。 (4)检查设备,液压、泵站、千斤顶、电控系统等功能,检查各钢绞线锚固、垂直、松紧及排列等是否符合要求。 (5)穿钢绞线步骤。 ①将钢绞线放入导线套内,再将钢绞线插入千斤顶,同时安全锚下部有人握住带导线套引线,不应向下拉,而是随钢绞线的推力而动,以防钢绞线脱套。

续上表

项目	内　容
搭设提升设施	②当钢绞线从安全锚下穿出时，将导向套引线取下。下放钢绞线直至接近固定锚时速度放慢。当还有4～5 m时，穿入锚片随时锁紧。若再需下放时则先提起钢绞线，将锚片向上提再放下锁紧，直到钢绞线穿过。固定锚应进锚孔穿上锚片，钢绞线进入锚片压板孔定位。上部人员将松弛钢绞线拉紧。 ③钢绞线顶出千斤顶500 mm。 ④穿线时应有良好的联络，穿线顺序一般是先内后外，顺时或逆时针进行，穿线时固定锚应与千斤顶相同。穿好的钢绞线应拉开一定距离，防止打扭。 ⑤按上述方法将一个千斤顶所有钢绞线穿好后，固定锚提起接近锚位打紧夹片，套上压板，旋入固定螺栓。检查后就可以进行预紧工作。 ⑥预紧钢绞线，为使钢绞线在受力时一致，必须要预紧。在临时锚上放一个调锚盘，用千斤顶将每根钢绞线拉至4 N/mm²，操作应对称进行，无误后，放下安全锚，油缸下锚紧缩缸
试提升检查	(1)网架正式提升前必须进行试提升。结构提升离开地面200 mm，一般静置约12 h，并再次对提升系统和行进路线作全面检查。 (2)钢绞线有无错孔，打绕现象，可用肉眼观察，钢绞线应排列整齐，能清晰看到线隙。 (3)固定锚具与构件紧密贴实，下端预留线头约300 mm。 (4)安全锚是否处于工作状态。 (5)根据需要搭设脚手架。核实结构合拢安装的杆件、规格、数量
正式提升	(1)提升整个过程中，各监测点应及时监测其受力、标高、速度等参数并通过控制系统进行调整。 (2)随时检查千斤顶的受力及运行情况，检查和梳理钢绞线。 (3)钢结构由钢绞线的下端悬挂固定，上端由千斤顶下部锚具锚固，下部夹具已卡紧。 (4)千斤顶油缸充油，油缸上升，上部锚具夹持钢绞线带动钢结构上升，此时下部锚具打开，钢绞线相对下部锚具滑动。提升速度2.5～3 m/h左右。 (5)油缸升程到位，此时下部锚具夹紧，上部锚具打开，千斤顶回油，油缸下降返回。如此周而复始，开始下一个行程
支座就位	(1)当网架整体提升到距设计标高500 mm时，应检查及测定各结构端部距设计标高的实际值，当某一千斤顶达到就位高度，即关闭该泵组，若系统不能工作时，则采用单台手动调整，监测系统应力，整个结构达到平均设计标高后，锁定提升系统。 (2)安装、焊接合拢构件，焊接网架支座
成品保护	(1)对高强度螺栓、焊条及焊丝等，应放在库房的货架上，以防受潮。 (2)杆件、空心球、螺栓球及其附件(高强度螺栓、锥头、无纹螺母、销钉)、焊条、焊丝等不得受潮。 (3)对已检测合格的焊缝及时刷上底漆保护。 (4)成品件的底漆、面漆，以及高空总拼后的防火涂料不得磕碰。吊装中受损部位应当按规定修复

续上表

项目	内　　容
应注意的质量问题	(1)网架提升时受力情况应尽量与设计受力情况接近。 (2)每个提升设备所受荷载尽可能接近。 (3)提升设备的负荷能力应按额定能力乘以折减系数,电动螺杆升板机为0.7～0.8;穿心式液压千斤顶为0.5～0.6。 (4)网架规程中规定当用提升机时,允许升差值为相邻提升点距离的1/400,且不大于15 mm;当采用穿心式液压千斤顶时,为相邻的1/250,且不大于25 mm。 (5)提升油缸装应有液压锁,防止油管破裂,重物下坠。控制系统应具有异常自动停机、断电保护等功能

第八章　压型金属板工程

第一节　压型金属板制作

一、验收条文

压型金属板制作的验收标准，见表8－1。

表8－1　压型金属板制作验收标准

项目	内　容
主控项目	(1)压型金属板成型后，其基板不应有裂纹。 检查数量：按计件数抽查5%，且不应少于10件。 检验方法：观察和用10倍放大镜检查。 (2)有涂层、镀层压型金属板成型后，涂、镀层不应有肉眼可见的裂纹、剥落和擦痕等缺陷。 检查数量：按计件数抽查5%，且不应少于10件。 检验方法：观察检查
一般项目	(1)压型金属板的尺寸允许偏差见表8－2。 检查数量：按计件数抽查5%，且不应少于10件。 检验方法：用拉线和钢尺检查。 (2)压型金属板成型后，表面应干净，不应有明显凹凸和皱褶。 检查数量：按计件数抽查5%，且不应少于10件。 检验方法：观察检查。 (3)压型金属板施工现场制作的允许偏差见表8－3。 检查数量：按计件数抽查5%，且不应少于10件。 检验方法：用钢尺、角尺检查

表8－2　压型金属板的尺寸允许偏差　（单位：mm）

项　目			允许偏差
波距			±2.0
波高	压型钢板	截面高度≤70	±1.5
		截面高度＞70	±2.0
侧向弯曲	在测量长度 l_1 的范围内	20.0	

注：l_1 为测量长度，指板长扣除两端各0.5 m后的实际长度（小于10 m）或扣除后任选的10 m长度。

表 8－3　压型金属板施工现场制作的允许偏差　（单位：mm）

项目		允许偏差
压型金属板的覆盖宽度	截面高度≤70	+10.0 −2.0
	截面高度＞70	+6.0 −2.0
板长		±9.0
横向剪切偏差		6.0
泛水板、包角板尺寸	板长	±6.0
	折弯面宽度	±3.0
	折弯面夹角	2°

二、施工材料要求

压型金属板制作施工材料要求见表 8－4。

表 8－4　压型金属板制作施工材料要求

项目		内　容
压型钢板	截面尺寸	压型钢板截面尺寸的允许偏差见表 8－5
	长度尺寸及允许偏差	(1)工厂生产的压型钢板按需方指定的定尺长度供货，定尺长度为 1.5～12 m。经供需双方协议，可按特定的尺寸提供压型钢板。 (2)工地生产(或加工)的压型钢板可按需方指定长度以及板端切成使用要求的角度供货。 (3)工地生产的压型钢板的长度允许偏差见表 8－6
	镰刀弯	镰刀弯的要求见表 8－7
	不平度	压型钢板的平直部分和搭接边的不平度不应大于 1.5 mm
	原板材及牌号	压型钢板的原板材可以使用冷轧板、镀锌板、彩色涂层板等不同类别的薄钢板，应在合同中注明。所用原板牌号，如需方未指定时，由供方选择，其技术要求应符合相应标准中的规定
	表面质量	压型钢板因成型所造成的表面缺陷，其深度(高度)不得超过原板标准所规定的厚度公差的一半。不允许有用 10 倍放大镜所观察到的裂纹存在。用镀锌钢板及彩色涂层钢板制成的压型钢板不得有镀层、涂层脱落以及影响使用性能的擦伤
	试验方法	(1)压型钢板的表面质量应用肉眼和 10 倍放大镜检查。 (2)截面尺寸应用钢尺和卡尺测量。对于不使用固定支架的压型钢板，应在距端面不小于 500 mm 处进行；对于使用固定支架的压型钢板，测量波高时，应使上翼缘保持水平且波距调整到规定尺寸。

续上表

<table>
<tr><th colspan="2">项目</th><th>内　容</th></tr>
<tr><td rowspan="3">压型钢板</td><td>试验方法</td><td>(3)长度用钢卷尺测量。
(4)测量镰刀弯时，应将压型钢板置于水平地面上，将拉紧的线的两端靠在压型钢板的凹侧边各距板两端 0.5 mm 处，测量该线到凹侧边的距离</td></tr>
<tr><td>包装</td><td>(1)压型钢板应成叠用垫木、铁皮包装捆扎，每捆包装重量不得大于 10 t。包装高度应不超过 680 mm，长度不大于 12.5 m。
(2)压型钢板长度不大于 3 m 者捆扎不得少于 2 道；长度为 3～6 m 者捆扎不得少于 3 道；长度大于 6 m 者捆扎不得少于 4 道。捆扎时须用木板隔离，不得损伤压型钢板。
(3)根据需方要求，经供需双方协商，可进行精包装，其包装方法由供需双方协议规定</td></tr>
<tr><td>其他</td><td>(1)工地生产的压型钢板的切斜在总宽度上应不大于 3 mm，且应保证板长符合长度允许偏差的规定。
(2)工地生产(加工)的压型钢板的切斜，可按供需双方协议规定。
(3)压型钢板应按批验收，每批应由同一原板材牌号，同一规格的压型钢板组成，每批重量不大于 50 t</td></tr>
<tr><td colspan="2">焊接材料</td><td>焊接材料参考第五章第一节“施工材料要求”的内容</td></tr>
</table>

表 8－5　压型钢板截面尺寸的允许偏差　（单位：mm）

<table>
<tr><th colspan="2">项目</th><th>公称尺寸</th><th>允许偏差</th></tr>
<tr><td rowspan="4">波高</td><td rowspan="2">不使用固定支架</td><td>＜75</td><td>±1</td></tr>
<tr><td>≥75</td><td>＋2
－1</td></tr>
<tr><td rowspan="2">使用固定支架</td><td>75～100</td><td>＋3
0</td></tr>
<tr><td>150～200</td><td>＋4
0</td></tr>
<tr><td colspan="2" rowspan="2">有效覆盖宽度</td><td>300～600</td><td>±5</td></tr>
<tr><td>600～1 000</td><td>±8</td></tr>
<tr><td colspan="2">板厚</td><td>0.35～1.6</td><td>平板部分的尺寸偏差按原材板的相应标准规定</td></tr>
</table>

表 8-6　工地生产的压型钢板的长度允许偏差　（单位：mm）

公称长度	允许偏差
＜10 000	＋5 0
≥10 000	＋10 0

表 8-7　压型钢板的镰刀弯允许极限　（单位：mm）

测量长度	镰刀弯
＜10 000	10
≥10 000	20

三、施工机械要求

压型钢板施工的专用机具有压型钢板电焊机，其他施工机具有手提式小型焊机、空气等离子弧切割机、云石机、手提式砂轮机、钣金工剪刀等。下面列出了几种小型等离子切割机的有关参数供参考，见表 8-8。

表 8-8　空气等离子弧切割机型号、性能

型号	LG8-25	LG8-30K	LGK8-40
电源电压（V）	380	380	380
相数	3	3	3
额定电流（A）	25	30	28
切割厚度（mm）	≤8	≤8	≤8
气体压力（N/mm²）	0.35	0.3～0.5	0.3～0.5
气体流量（L/min	80	—	—
重量（kg）	50	53	50
外形尺寸（mm）	—	425×300×800	445×373×674

四、施工工艺解析

压型金属板制作施工工艺解析见表 8-9。

表 8-9 压型金属板制作施工工艺解析

项目	内 容
压型钢板加工	(1)压型钢板的有关材质复验和有关试验鉴定已经完成。 (2)抽检检查压型钢板制作质量,不合格应检查设备和工艺是否正确,应确保合格后再大批量生产。 (3)配件加工,其他配件包括堵头板、封边板等,用与选用的压型板同材质的镀锌钢板制作,对于封边板,由于往往用于楼板边的悬挑部分的底模,为避免混凝土浇筑时的变形,根据悬挑宽度往往应选用较厚的镀锌钢板或薄钢板弯制。 (4)加工中应对配件进行抽检,不合格应找出原因后改正,然后大批量生产。 (5)根据图纸要求绘制排版图、统计构件数量
钢结构检查	(1)压型钢板必须在钢结构检查合格后进行,包括隐蔽工程的验收已经合格。 (2)钢梁顶面要保持清洁,严防潮湿及涂刷油漆未干
放线	(1)将压型钢板在钢结构上的位置放出大体轮廓线,以便在施工过程中检查安装是否正确。 (2)搭设支顶架。 (3)安装压型钢板的相邻梁间距大于压型钢板允许承载的最大跨度的两梁之间的距离时,应根据施工组织设计的要求搭设支顶架。 (4)应按区、层对压型钢板进行配料并摆放整齐。 (5)现场直接压制时,应按配料表顺序压制
起吊	(1)压型钢板应用支架固定后吊运到安装区,钢丝绳不能直接勒在型板上以防变形。 (2)在上面摆放时应注意便于施工。 (3)铺设临时马道,便于型板的滑移和就位
敷设压型钢板	(1)压型钢板按图纸放线安装、调直、压实并点焊牢靠。要求如下: ①波纹对直,以便钢筋在波内通过; ②与梁搭接在凹槽处以便施焊; ③每凹槽处必须焊接牢靠,每凹槽焊点不得少于一处,焊接点直径不得小于 1 cm。 (2)压型钢板铺设完毕、调直固定应及时用锁口机进行锁口,防止由于堆放施工材料和人员交通造成压型钢板咬口分离。 (3)栓钉放线、焊接见焊钉焊接工艺标准
安装封边板、堵头板	(1)放封边板安装线。 (2)对封边板、边角下料、切孔采用等离子弧切割机操作,严禁用乙炔氧气切割。大孔洞四周应补强。 (3)安装、焊接封边板、堵头板

续上表

项目	内容
成品保护	(1)压型钢板压制后应在库内存放,防止日晒雨淋。 (2)现场压制时应有临时支架多点支撑保护,随时安装随时制造,减少堆放积压。 (3)压型钢板在装、卸、安装中严禁用钢丝绳捆绑直接起吊,运输及堆放应有足够支点,以防变形
应注意的质量问题	(1)铺设型板出现侧弯:铺设前对板侧向弯曲变形未矫正好。 (2)板面污损:钢梁顶面油漆未干,脚踏,搬运中不清洁吊索具,操作者不文明施工。 (3)下料、切孔:采用等离子弧切割机操作,严禁用氧气乙炔切割。大孔洞四周应补强。 (4)搭设:是否需搭设临时的支顶架由施工组织设计确定。如搭设应待混凝土达到一定强度后方可拆除。 (5)锁口缺陷:防止由于堆放材料或人员走动,造成压型钢板咬口分离。 (6)安装完毕,应在钢筋安装前及时清扫施工垃圾,剪切下来的边角料应收集到地面上集中堆放。 (7)加强成品保护,铺设交通马道,减少不必要的压型钢板上的人员走动,严禁在压型钢板上堆放重物

第二节 压型金属板安装

一、验收条文

压型金属板安装的验收标准,见表8－10。

表8－10 压型金属板安装验收标准

项目	内容
主控项目	(1)压型金属板、泛水板和包角板等应固定可靠、牢固,防腐涂料涂刷和密封材料敷设应完好。连接件数量、间距应符合设计要求和国家现行有关标准规定。 检查数量:全数检查。 检验方法:观察检查及尺量。 (2)压型金属板应在支承构件上可靠搭接,搭接长度应符合设计要求,且不应小于表8－11所规定的数值。 检查数量:按搭接部位总长度抽查10%,且不应少于10 m。 检验方法:观察和用钢尺检查。 (3)组合楼板中压型钢板与主体结构(梁)的锚固支承长度应符合设计要求,且不应小于50 mm,端部锚固件连接应可靠,设置位置应符合设计要求。

续上表

项目	内　容
主控项目	检查数量:沿连接纵向长度抽查 10%,且不应少于 10 m。 检验方法:观察和用钢尺检查
一般项目	(1)压型金属板安装应平整、顺直,板面不应有施工残留物和污物。檐口和墙面下端应呈直线,不应有未经处理的错钻孔洞。 检查数量:按面积抽查 10%,且不应少于 10 m。 检验方法:观察检查。 (2)压型金属板安装的允许偏差见表 8－12。 检查数量:檐口与屋脊的平行度按长度抽查 10%,且不应少于 10 m。其他项目每 20 m 长度应抽查 1 处,不应少于 2 处。 检验方法:用拉线、吊线和钢尺检查

表 8－11　压型金属板在支承构件上的搭接长度　(单位:mm)

项　目		搭接长度
截面高度＞70		375
截面高度≤70	屋面坡度＜1/10	250
	屋面坡度≥1/10	200
墙　面		120

表 8－12　压型金属板安装的允许偏差　(单位:mm)

项　目		允许偏差
屋面	檐口与屋脊的平行度	12.0
	压型金属板波纹线对屋脊的垂直度	L/800,且不应大于 25.0
	檐口相邻两块压型金属板墙部错位	6.0
	压型金属板卷边板件最大波浪高	4.0
墙面	墙板波纹线的垂直度	H/800,且不应大于 25.0
	墙板包角板的垂直度	H/800,且不应大于 25.0
	相邻两块压塑金属板的下端错位	6.0

注:1. L 为屋面半坡或单坡长度;

2. H 为墙面高度。

二、施工材料要求

压型金属板安装施工材料,参考第八章第一节“施工材料要求”的内容。

三、施工机械要求

压型金属安装施工机械，参考第八章第一节“施工机械要求”的内容。

四、施工工艺解析

压型金属板安装施工工艺，参考第八章第一节“施工工艺解析”的内容。

第九章　钢结构涂装工程

第一节　钢结构防腐涂料涂装

一、验收条文

钢结构防腐涂料涂装的验收标准，见表9－1。

表9－1　钢结构防腐涂料涂装验收标准

项目	内　容
主控项目	(1)涂装前钢材表面除锈应符合设计要求和国家现行有关标准的规定。处理后的钢材表面不应有焊渣、焊疤、灰尘、油污、水和毛刺等。当设计无要求时，钢材表面除锈等级见表9－2。 检查数量：按构件数抽查10%，且同类构件不应少于3件。 检验方法：用铲刀检查和用现行国家标准《涂装前钢材表面锈蚀等级和除锈等级》(GB/T 8923—1988)规定的图片对照观察检查。 (2)涂料、涂装遍数、涂层厚度均应符合设计要求。当设计对涂层厚度无要求时，涂层干漆膜总厚度：室外应为150 μm，室内应为125 μm，其允许偏差为－25 μm。每遍涂层干漆膜厚度的允许偏差为－5 μm。 检查数量：按构件数抽查10%，且同类构件不应少于3件。 检验方法：用干漆膜测厚仪检查。每个构件检测5处，每处的数值为3个相距50 mm测点涂层干漆膜厚度的平均值
一般项目	(1)构件表面不应误涂、漏涂，涂层不应脱皮和返锈等。涂层应均匀、无明显皱皮、流坠、针眼和气泡等。 检查数量：全数检查。 检验方法：观察检查。 (2)当钢结构处在有腐蚀介质环境或外露且设计有要求时，应进行涂层附着力测试，在检测处范围内，当涂层完整程度达到70%以上时，涂层附着力达到合格质量标准的要求。 检查数量：按构件数抽查1%。且不应少于3件，每件测3处。 检验方法：按照现行国家标准《漆膜附着力测定法》(GB/T 1720—1979)或《色漆和清漆、漆膜的划格试验》(GB/T 9286—1998)执行。 (3)涂装完成后，构件的标志、标记和编号应清晰完整。 检查数量：全数检查。 检验方法：观察检查

表 9－2 各种底漆或防锈漆要求最低的除锈等级

涂料品种	除锈等级
油性酚醛、醇酸等底漆或防锈漆	St2
高氯化聚乙烯、氯化橡胶、氯磺化聚乙烯、环氧树脂、聚氨酯等底漆或防锈漆	Sa2
无机富锌、有机硅、过氯乙烯等底漆	Sa2 $\frac{1}{2}$

二、施工材料要求

钢结构防腐涂料涂装的施工材料要求，见表 9－3。

表 9－3 钢结构防腐涂料涂装的施工材料

项目	内容
防腐涂料	(1)防腐涂料的组成和作用。 防腐涂料一般由不挥发组分和挥发组分(稀释剂)两部分组成。涂刷在物件表面后，挥发组分逐渐挥发逸出，留下不挥发组分干结成膜，所以不挥发组分的成膜物质叫做涂料的固体组分。成膜物质又分为主要、次要和辅助成膜物质三种。主要成膜物质可以单独成膜，也可以粘结颜料等物质共同成膜，它是涂料的基础，也常称基料、添料或漆基。涂料组成中没有颜料和体质颜料的透明体称为清漆，加有颜料和液体质颜料的不透明体称为色漆(磁漆、调和漆或底漆)，加有大量液体质颜料的稠原浆状体称为腻子。 涂料经涂敷施工形成漆膜后，具有保护作用、装饰作用、标志作用和特殊作用，如专用船底防污漆可以杀死或驱散海生物等等。 (2)防腐涂料产品的分类、命名和代号。 ①分类 a. 分类方法 1:主要是以涂料产品的用途为主线，并辅以主要成膜物的分类方法。将涂料产品划分为三个主要类别:建筑涂料、工业涂料和通用涂料及辅助材料，用于建筑钢结构的涂料见表 9－4。 b. 分类方法 2:除建筑涂料外，主要以涂料产品的主要成膜物为主线，并适当辅以产品主要用途的分类方法。将涂料产品划分为建筑涂料、其他涂料及辅助材料，见表 9－5。 辅助材料主要有:稀释剂、防潮剂、催干剂、脱漆剂、固化剂和其他辅助材料。 ②应用于建筑物上的主要防腐涂料产品类型，见表 9－6。 ③涂料型号。为了区别同一类型的各种涂料，在名称之前必须有型号，涂料型号以一个汉语拼音字母和几个阿拉伯数字所组成。字母表示涂料类别，位于型号的前面;第一、二数字表示涂料产品基本名称;第三、第四位数字表示涂料产品序号(涂料产品序号见表 9－7)。 A 03— 5 序号(5) 基本名称(调合漆)(03) 涂料类别(氨基树脂漆类)(A)

续上表

项目	内　容
防腐涂料	涂料产品序号用来区分同一类型的不同品种，表示油在树脂中所占的比例。氨基树脂在总树脂中所占的比例划分如下。 在油基漆中，树脂：油为1：2以下则为短油度；比例在1：(2～3)为中油度；比例在1：3以上为长油度。 在醇酸漆中，油占树脂总量的50％以下为短油度；50％～60％为中油度；60％以上为长油度。在区分品种时，不考虑油的种类。 在氨基漆中，氨基树脂：醇酸树脂＝1：2.5为高氨基；比例在1：(2.5～5)之间为中氨基；比例在1：(5～7.5)之间为低氨基。 ④辅助材料型号。用一个汉语拼音字母和1～2位阿拉伯数字组成。字母表示辅助材料的类别，数字为序号，用以区别同一类型的不同品种。辅助材料代号、涂料型号、名称举例见表9－8。 (3)建筑用钢结构防腐涂料技术性能。 ①面漆产品性能见表9－9。 ②底漆及中间漆产品性能见表9－10
除油剂	(1)有机溶剂。 用有机溶剂除去钢材表面的油污是利用有机溶剂对油脂的溶解作用。在有机溶剂中加入乳化剂，可提高清洗剂的清洗能力。有机溶剂清洗液可在常温条件下使用，加热在50℃的条件下使用会提高清洗效率，可以采用浸渍法或喷射法除油。一般喷射法除油效果好些，但浸渍法简单，各有所长。有机溶剂除油配方见表9－11。 (2)碱液。 碱液除油主要是借助碱的化学作用来清除钢材表面上的油脂。碱液除油配方见表9－12。 (3)乳化碱液。 乳液除油的碱液中加入乳化剂，使清洗液除具有碱的皂化作用外，乳化碱液除油配方见表9－13
磨料	磨料是喷射或抛射除锈用的主要原料。用于钢材表面除锈的磨料主要是金属磨料和非金属砂子。 (1)喷射用磨料，应符合下列要求： ①重度大、韧性强，有一定粒度要求； ②使用时不易破裂，散释出的粒尘最小； ③喷射后，不应残留在钢材的表面上； ④磨料的表面不得有油污，含水率小于1％。 (2)粒径和喷射工艺要求见表9－14。 磨料的选择，除要满足喷射或抛射工艺要求外，还要考虑消耗成本和综合的经济效果。如河砂价格低廉，但它一般只能使用一次，而且喷射质量较差，粉尘又大。钢丸虽然价格高，但它可使用500次以上，除锈质量好，且无粉尘。各种磨料使用次数及相对成本见表9－15，供参考

续上表

项目	内　容
酸洗液及钝化液	(1)钢材酸洗除锈。 酸洗液的性能是影响其质量的主要因素。酸洗液一般由酸、缓蚀剂和表面活性剂等组成。 ①酸的选择。除锈用酸有无机酸和有机酸两大类。无机酸有:硫酸、盐酸、硝酸和磷酸等;有机酸有醋酸和柠檬酸等。目前国内对大型钢结构的酸洗,主要用硫酸和盐酸,也有用磷酸的。 ②缓蚀剂。缓蚀剂是酸洗液中不可缺少的重要组成部分。大部分缓蚀剂是有机物,在酸洗液中加入适量的缓蚀剂,可以防止或减少在酸洗过程中的"过蚀"或"氢脆"现象,同时也减少了酸雾。不同缓蚀剂在不同酸液中,缓蚀的效率也不一样。因此,要根据不同酸液选择合适的缓蚀剂。 ③表面活性剂。由于酸洗除锈技术的发展,现代酸洗液配方中一般都加入表面活性剂。它是由亲油性基和亲水性基两个部分所组成的化合物,具有润湿、渗透、乳化、分散、增溶和去污等作用。在酸洗液中加入表面活性剂,能改变酸洗工艺,提高酸洗效率。酸洗液中常用的表面活性剂有:平平加 OS-10(聚氧乙烯脂肪醇醚)、乳化剂 OP-10(环氧乙烷基酚)、净洗剂 TX-10(聚氧乙烯醚烷基酚)、烷基磺酸钠 As(又称石油磺酸钠)。可根据产品说明和要求选配使用。 (2)酸洗液的配比及工艺条件。 酸洗液的配比及工艺条件,见表 9－16。 (3)钝化处理。 钢材经酸洗除锈后,在空气中很容易被氧化,而重新返锈。为了延长返锈时间,一般常采用钝化处理方法,使钢材表面形成一种保护膜,提高防锈能力。根据具体条件可采用以下方法: ①钢材酸洗后,立即用热水冲洗至中性,然后进行钝化; ②钢材酸洗后,立即用水冲洗,然后用 5%碳酸钠水溶液进行中和处理,再用水冲洗以洗净碱液,最后进行钝化处理。 钝化液配方及工艺条件见表 9－17

表 9－4　建筑用涂料

主要产品类型			主要成膜物类型
建筑涂料	墙面涂料	合成树脂乳液内墙涂料; 合成树脂乳液外墙涂料; 溶剂型外墙涂料; 其他墙面涂料	丙烯酸酯类及其改性共聚乳液;醋酸乙烯及其改性共聚乳液;聚氨酯、氟碳等树脂;无机胶黏剂等
	防水涂料	溶剂型防水涂料; 聚合物乳液防水涂料; 其他防水涂料	EVA、丙烯酸酯分类乳液;聚氨酯、沥青、PVC 胶泥或油膏、聚丁二烯等树脂

续上表

主要产品类型			主要成膜物类型
建筑涂料	地坪涂料	水泥基等非木质地面用涂料	聚氨酯、环氧等树脂
	功能性建筑涂料	防火涂料； 防霉（藻）涂料； 保温隔热涂料； 其他功能性建筑涂料	聚氨酯、环氧、丙烯酸酯类、乙烯类、氟碳等树脂
通用涂料及辅助材料	调和漆 清漆 磁漆 底漆 腻子 稀释剂 防潮剂 催干剂 脱漆剂 固化剂 其他通用涂料及辅助材料	以上未涵盖的无明确应用领域的漆料产品	改性油脂；天然树脂；酚醛、沥青、醇酸等树脂

注：主要成膜物类型中树脂类型包括水性、溶剂型、无溶剂型、固体粉末等。

表 9－5　其他涂料

主要成膜物类型[①]		主要产品类型
油脂漆类	天然植物油、动物油（脂）、合成油等	清油、厚漆、调和漆、防锈漆、其他油脂漆
天然树脂[②]漆类	松香、虫胶、乳酪素、动物胶及其衍生物等	清漆、调和漆、磁漆、底漆、绝缘漆、生漆、其他天然树脂漆
酚醛树脂漆类	酚醛树脂、改性酚醛树脂等	清漆、调和漆、磁漆、底漆、绝缘漆、船舶漆、防锈漆、耐热漆、黑板漆、防腐漆、其他酚醛树脂漆
沥青漆类	天然沥青、（煤）焦油沥青、石油沥青等	清漆、磁漆、底漆、绝缘漆、防污漆、船舶漆、耐酸漆、防腐漆、锅炉漆、其他沥青漆
醇酸树脂漆类	甘油醇酸树脂、季戊四醇醇酸树脂、其他醇类的醇酸树脂、改性醇酸树脂等	清漆、调和漆、磁漆、底漆、绝缘漆、船舶漆、防锈漆、汽车漆、木器漆、其他醇酸树脂漆

续上表

主要成膜物类型①		主要产品类型
氨基树脂漆类	三聚氰胺甲醛树脂、脲(甲)醛树脂及其改性树脂等	清漆、磁漆、绝缘漆、美术漆、闪光漆、汽车漆、其他氨基树脂漆
硝基漆类	硝基纤维素(酯)等	清漆、磁漆、铅笔漆、木器漆、汽车修补漆、其他硝基漆
过氯乙烯树脂漆类	过氯乙烯树脂等	清漆、磁漆、机床漆、防腐漆、可剥漆、胶液、其他过氯乙烯树脂漆
烯类树脂漆类	聚二乙烯乙炔树脂、聚多烯树脂、氯乙烯醋酸乙烯共聚物、聚乙烯醇缩醛树脂、聚苯乙烯树脂、含氟树脂、氯化聚丙烯树脂、石油树脂等	聚乙烯醇缩醛树脂漆、氯化聚烯烃树脂漆、其他烯类树脂漆
丙烯酸酯类树脂漆类	热塑性丙烯酸酯类树脂、热固性丙烯酸酯类树脂等	清漆、透明漆、磁漆、汽车漆、工程机械漆、摩托车漆、家电漆、塑料漆、标志漆、电泳漆、乳胶漆、木器漆、汽车修补漆、粉末涂料、船舶漆、绝缘漆、其他丙烯酸酯类树脂漆
聚酯树脂漆类	饱和聚酯树脂、不饱和聚酯树脂等	粉末涂料、卷材涂料、木器漆、防锈漆、绝缘漆、其他聚酯树脂漆
环氧树脂漆类	环氧树脂、环氧酯、改性环氧树脂等	底漆、电泳漆、光固化漆、船舶漆、绝缘漆、划线漆、罐头漆、粉末涂料、其他环氧树脂漆
聚氨酯树脂漆类	聚氨(基甲酸)酯树脂等	清漆、磁漆、木器漆、汽车漆、防腐漆、飞机蒙皮漆、车皮漆、船舶漆、绝缘漆、其他聚氨酯树脂漆
元素有机漆类	有机硅、氟碳树脂等	耐热漆、绝缘漆、电阻漆、防腐漆、其他元素有机漆
橡胶漆类	氯化橡胶、环化橡胶、氯丁橡胶、氯化氯丁橡胶、丁苯橡胶、氯磺化聚乙烯橡胶等	清漆、磁漆、底漆、船舶漆、防腐漆、防火漆、划线漆、可剥漆、其他橡胶漆
其他成膜物类涂料	无机高分子材料、聚酰亚胺树脂、二甲苯树脂等以上未包括的主要成膜材料	—

①主要成膜物类型中树脂类型包括水性溶剂型、无溶剂型、固体粉末等；

②包括直接来自天然资源的物质及其经过加工处理后的物质。

表 9-6 防腐蚀涂料的类型与主要品种

名称	特点
环氧树脂防腐蚀涂料	该类涂料由环氧树脂与胺类固化剂组成的双组分固分型涂料，常用的胺类固化剂有：乙二胺、二乙烯三胺、多乙烯多胺、聚酰胺等。 这类涂料与水泥混凝土或砂浆具有很好的黏结性，耐酸、耐碱、耐醇类及烃类溶剂性好。如采用聚酰胺作为固化剂，则柔韧性、抗冲性更佳
聚氨酯防腐蚀涂料	该系防腐蚀涂料通常采用双组分涂料，在一组分中含有异氰酸基(—NOO)，另一组分中含有羟基，施工前按规定比例配合后使用。 这类涂料与基层粘结性优良，耐酸、耐碱、耐水、耐溶剂等性能优良
乙烯树脂类防腐蚀涂料	乙烯树脂类防腐蚀涂料是指由含有乙烯基的单体聚合而成的树脂，主要指以氯乙烯、醋酸乙烯、乙烯、丙烯等为单体合成的树脂，常用的品种是过氯乙烯树脂防腐蚀涂料，此外氯醋共聚树脂、氯化聚乙烯、氯化聚丙烯等树脂配制的涂料都能作为建筑防腐蚀涂料，并有很好的发展前途。 这类涂料，通常为溶剂型单组分涂料，由于其原材料来源丰富，价格适中，施工方便，因而常作为一般要求的防腐蚀涂料应用
橡胶树脂防腐蚀涂料	橡胶树脂是以天然或合成橡胶与经化学处理如氯化、氯磺化后制成的具有一定弹性的树脂为主要原料而制成的防腐涂料。其中氯磺化聚乙烯防腐蚀涂料，由于具有较好的耐碱、耐酸、耐氧化剂及臭氧、耐户外大气等特性，在国内已开始在化工及建筑防腐蚀方面应用，并取得较好的效果
呋喃树脂类防腐蚀涂料	呋喃树脂系涂料由于其主要成膜物质呋喃树脂的分子结构中含有较多的呋喃环，从而使这类涂料具有较好的耐碱、耐酸、耐热等性能。采用单纯的呋喃树脂作为成膜物质组成的涂料虽有较好的防腐蚀性，但其机械强度差，与基层的黏结性能亦差，因而常采用其他树脂进行改性。改性后的呋喃树脂不但仍保持其良好的耐腐蚀性能，而且机械强度、黏结性能等都有很大的提高。用来改性的树脂主要品种有环氧树脂、聚乙烯醇缩醛、聚氨酯、有机硅树脂等

表 9-7 涂料产品序号代号表

涂料品种		代号	
清漆、底漆、腻子		自干	烘干
		1～29	30 以上
磁漆	有光	1～49	50～59
	半光	60～69	70～79
	无光	80～89	90～99

续上表

涂料品种		代号	
清漆、底漆、腻子		自干	烘干
		1～29	30 以上
专业用漆	清漆	1～9	10～29
	有光磁漆	30～49	50～59
	半光磁漆	60～64	65～69
	无光磁漆	70～74	75～79
	底漆	80～89	90～99

表 9－8　涂料型号、名称举例表

型号	名称	型号	名称
Q 01-17	硝基清漆	H 52-97	铁红环氧酚醛烘干防腐底漆
C 04-2	白酸酸磁漆	G 64-1	过氯乙烯可剥漆
Y 53-31	红丹油性防锈漆	X-5	丙烯酸漆稀释剂
A 04-81	黑氨基无光烘干磁漆	H-1	环氧漆固化剂
Q 04-36	白硝基球台磁漆		

表 9－9　面漆产品性能要求

序号	项目		技术指标	
			Ⅰ型面漆	Ⅱ型面漆
1	容器中状态		搅拌后无硬块，呈均匀状态	
2	施工性		涂刷两道无障碍	
3	漆膜外观		正常	
4	遮盖力（白色或浅色①）（g/m^2）		≤150	
5	干燥时间（h）	表干	≤4	
		实干	≤24	
6	细度②（μm）		≤60（片状颜料除外）	
7	耐水性		168 h 无异常	

续上表

序号	项目		技术指标	
			Ⅰ型面漆	Ⅱ型面漆
8	耐酸性③($5\%H_2SO_4$)		96 h 无异常	168 h 无异常
9	耐盐水性(3%NaCl)		120 h 无异常	240 h 无异常
10	耐盐雾性		500 h 不起泡、不脱落	1 000 h 不起泡、不脱落
11	附着力(划格法)(级)		≤1	
12	耐弯曲性(mm)		≤2	
13	耐冲击性(cm)		≥30	
14	涂层耐温变性(5 次循环)		无异常	
15	贮存稳定性	结皮性(级)	≥8	
		沉降性(级)	≥6	
16	耐人工老化性(白色或浅色①)		500 h 不起泡、不剥落、无裂纹 粉化≤1 级;变色≤2 级	1 000 h 不起泡、不剥落、无裂纹 粉化≤1 级;变色≤2 级

①浅色是指以白色涂料为主要成分,添加适量色浆后配制成的浅色涂料形成的涂膜所呈现的浅颜色,明度值为 6~9 之间(三刺激值中的 $Y_{D65}\geqslant31.26$)。

②对多组分产品,细度是指主漆的细度。

③面漆中含有金属颜料时不测定耐酸性。

表 9-10 底漆及中间产品性能要求

序号	项目		技术指标		
			普通底漆	长效型底漆	中间漆
1	容器中状态		搅拌后无硬块,呈均匀状态		
2	施工性		涂刷二道无障碍		
3	干燥时间(h)	表干	≤4		
		实干	≤24		
4	细度①(μm)		≤70(片状颜料除外)		

续上表

<table>
<tr><th rowspan="2">序号</th><th rowspan="2" colspan="2">项目</th><th colspan="3">技术指标</th></tr>
<tr><th>普通底漆</th><th>长效型底漆</th><th>中间漆</th></tr>
<tr><td>5</td><td colspan="2">耐水性</td><td colspan="3">168 h无异常</td></tr>
<tr><td>6</td><td colspan="2">附着力(划格法)(级)</td><td colspan="3">≤1</td></tr>
<tr><td>7</td><td colspan="2">耐弯曲性(mm)</td><td colspan="3">≤2</td></tr>
<tr><td>8</td><td colspan="2">耐冲击性(cm)</td><td colspan="3">≥30</td></tr>
<tr><td>9</td><td colspan="2">涂层耐温变性(5次循环)</td><td colspan="3">无异常</td></tr>
<tr><td rowspan="2">10</td><td rowspan="2">贮存稳定性</td><td>结皮性(级)</td><td colspan="3">≥8</td></tr>
<tr><td>沉降性(级)</td><td colspan="3">≥6</td></tr>
<tr><td>11</td><td colspan="2">耐盐雾性</td><td>200 h不剥落、不出现红锈②</td><td>1 000 h不剥落、不出现红锈②</td><td>—</td></tr>
<tr><td>12</td><td colspan="2">面漆适应性</td><td colspan="3">商定</td></tr>
</table>

①对多组分产品,细度是指主漆的细度。

②漆膜下面的钢铁表面局部或整体产生红色的氧化铁层的现象。它常伴随有漆膜的起泡、开裂、片落等病态。

表9-11 有机溶剂除油配方

有机溶剂	重量比(%)
煤油	67.0
松节油	22.5
月桂酸	5.4
三乙醇胺	3.6
丁基溶纤剂	1.5

表9-12 碱液除油配方

碱液	钢及铸铁件(g/L)		铝及其合金(g/L)
	一般油脂	大量油脂	
氢氧化钠	20~30	40~50	10~20
碳酸钠	—	80~100	—
磷酸三钠	30~50	—	50~60
水玻璃	3~5	5~15	20~30

表 9－13　乳化碱液除油配方

组成	配方(重量化)(%)		
	浸渍法	喷射法	电解法
氢氧化钠	20	20	50
碳酸钠	18	15	8.5
三聚磷酸钠	20	20	10
无水偏硅酸钠	30	32	25
树脂酸钠	5	—	—
烷基芳基磺酸钠	5	—	1
烷基芳基聚醚醇	2	—	—
非离子型乙烯氧化物	—	1	0.5

表 9－14　常用喷射磨料品种、粒径及喷射工艺

磨料名称	磨料粒径(mm)	压缩空气压力(MPa)	喷嘴直径(mm)	喷射角(°)	喷距(mm)
石英砂	3.2～0.63 0.8 筛余量不小于 40%	0.5～0.6	6～8	35～70	100～200
硅质河砂或海砂	3.2～0.63 0.8 筛余量不小于 40%	0.5～0.6	6～8	35～70	100～200
金钢砂	3.2～0.63 0.8 筛余量不小于 40%	0.35～0.45	4～5	35～70	100～200
钢线砂	线粒直径 1.0，长度等于直径，其偏差不大于直径的 40%	0.5～0.6	4～5	35～70	100～200
铁丸和钢丸	1.6～0.63 0.8 筛余量不小于 40%	0.5～0.6	4～5	35～70	100～200

表 9－15　各种磨料的使用次数及相对成本

磨料名称	相对成本	使用次数	每使用一次的相对成本	维氏硬度
砂	0.35	1	0.35	约 400
铁 渣	1	1	1	约 400
钢 渣	2	＜10	＞0.2	约 800
激冷铁丸	8	10～100	0.08～0.8	300～600
可锻铁丸	13	＞100	0.13	约 400
钢 丸	24	＞500	＜0.048	400～500
钢丝段	24	＞500	＜0.048	约 400

表 9－16 酸洗液的配比及工艺条件

序	材料名称	配比(g/L)	工作温度(℃)	处理时间(min)	备注
1	工业盐酸(d=1.18)	400～500	30～40	5～30	适用于钢铁除锈,速度较快
	乌洛托品	5～8			
	水	余量			
2	工业盐酸(d=1.18)	110～150	20～60	5～50	适用于钢铁及铸铁除锈
	工业硫酸(d=1.84)	75～100			
	食盐	200～500			
	KC缓蚀剂	3～5			
	水	余量			
3	工业硫酸(d=1.84)	180～200	65～80	25～30	适用于铸铁件除锈及清理大面积氧化皮。若表面有型砂时,可加2.5%的氢氟酸
	食盐	40～50			
	硫脲	3～5			
	水	余量			
4	工业磷酸(%)	7～15	80	除净锈为止	适用于锈蚀不严重的钢铁件
	水	余量			

表 9－17 钝化液配方及工艺条件

序	材料名称	配比(g/L)	工作温度(℃)	处理时间(min)
1	重铬酸钾	2～3	90～95	0.5～1
2	重铬酸钾	0.5～1	60～80	3～5
	碳酸钠	1.5～2.5		
3	亚硝酸钠	3	室温	5～10
	三乙醇胺	8～10		

三、施工机械要求

钢结构防腐涂料涂装的施工机械,见表9－18。

表 9－18　钢结构防腐涂料涂装施工机械的要求

<table>
<tr><th colspan="2">项目</th><th>内　容</th></tr>
<tr><td rowspan="3">主要施工机械设备</td><td>空气压缩机</td><td>安装现场一般用移动式空气压缩机，产气率为 3 m³/min、6 m³/min、10 m³/min。这种压缩机最高压力为 0.7～0.725 MPa。
空气压缩机使用注意事项：
(1)输气管应避免急弯，打开送风阀前，必须事先通知工作地点的有关人员。
(2)空气压缩机出口处不准有人工作。储气罐放置地点应通风，严禁日光曝晒和高温烘烤。
(3)压力表、安全阀和调节器等应定期进行校验，保持灵敏有效。
(4)发现气压表、机油压力表、温度表、电流表的指示值突然超过规定或指示不正常，发生漏水、漏气、漏电、漏油或冷却液突然中断，发生安全阀不停放气或空气压缩机声响不正常等情况应立即停机检修。
(5)严禁用汽油或煤油洗刷曲轴箱、滤清器或其他空气通路的零件。
(6)停车时应先降低气压</td></tr>
<tr><td>磨光机具</td><td>(1)风动砂轮机。
风动砂轮机用的砂轮、钢丝轮和布砂轮的规格，见表 9－19。
表 9－19 中的砂轮、钢丝轮及布砂轮主要是安装在风动砂轮机的主轴上。在风动砂轮机上安装平行砂轮，适用于清除铸件毛刺、磨光焊缝以及其需要修磨的表面。如以钢丝轮代替砂轮。则可清除金属表面的铁锈、旧漆层和型砂等。如以布砂轮来代替砂轮，还可以用来抛光、打磨腻子等。操作风动砂轮时要严格控制其回转速度。平行砂轮的线速度一般为 35～50 m/s，钢丝轮的线速度一般为 35～50 m/s，布砂轮的线速度不可超过 35 m/s。
(2)电动角向磨光机。
电动角向磨光机具是供表面磨削用的电动工具。由于这种砂轮机的轴线与电机的轴线成直角，所以特别适用于位置受限制不便用普通磨光机的场合。它还可以配多种工作头。如粗磨砂轮、细磨砂轮、抛光轮、橡皮轮、钢丝轮等，从而起到磨削、抛光、除锈等作用。
电动角向磨光机的结构。常用的 S1MJ 系列产品主要规格，见表 9－20</td></tr>
<tr><td>喷涂设备</td><td>1. 喷枪
(1)喷枪的种类。
喷枪按涂料供给的方式划分为吸上式、重力式和压送式三种。
①吸上式喷枪，如图 9－1 所示。涂料罐安装在喷枪的下方，靠环绕喷嘴四周喷出的气流，在喷嘴部位产生的低压而吸引涂料，并同时雾化。该喷枪的涂料喷出量受涂料黏度和密度的影响，而且与喷嘴的口径大小有关。其优点是操作稳定性好，更换涂料方便。缺点是涂料罐小，使用时要经常卸下加料。
②重力式喷枪，如图 9－2 所示。该喷枪的涂料罐安装在喷枪的上方，涂料靠自身重力流到喷嘴，并和空气流混合雾化而喷出。其优点是贮漆罐内存漆很少时也可以喷涂；缺点是加满漆后喷枪重心在上，稳定性差，手感较重。
③压送式喷枪，如图 9－3 所示。涂料是从增压嘴供给，经过喷枪喷出。加大增压箱的压力，可同时供给几支喷枪喷涂。这类喷枪主要用于涂料量大的工业涂装。
(2)常用的喷枪规格。
①PQ-1 型对嘴式喷枪，为吸上式喷枪。工作压力为 0.28～0.35 MPa，喷嘴口径为 2～3 mm。</td></tr>
</table>

续上表

项目		内　容
主要施工机械设备	喷涂设备	②PQ-2 型喷枪，亦称扁嘴喷枪，也属吸上式。工作压力为 0.3～0.5 MPa，喷嘴口径为 1.8 mm，喷涂有效距离为 250～260 mm。 ③GH-4 型喷枪，也为吸上式类型。工作压力为 0.4～0.5 MPa，喷嘴口径为 2～2.5 mm。 ④KP-10 型、KP-20 型、KP-30 型分别为重力式、压送式和吸上式类型。其工作压力均为 0.3～0.4 MPa，喷嘴口径都在 1.2～2.5 mm 之间。 (3)喷枪的选择。选择喷枪时，除作业条件外，主要从喷枪本身的大小和重量、涂料使用量和供给方式、喷嘴口径等考虑。 ①喷枪本身的大小和重量，从减轻操作者的强度来说，希望形小体轻为好。但枪体小，涂料喷出量少，运行速度慢，作业效率低。选择大型喷枪，可提高效率，但要与被涂物的大小相适应。 ②涂料的使用量和供给方式，涂料用量小、颜色更换次数多，当喷平面物体时，可选用重力式小喷枪，但不能仰面喷涂；涂料用量稍大，颜色更换次数多，特别是喷涂侧面时，宜选用容量为 1 L 以下的吸上式喷枪。如果喷涂量大，颜色基本不变的连续作业时，可选用压送式喷枪，用容量为 10～100 L 的涂料增压箱。若喷涂量更大时，可采用泵和涂料循环管道压送涂料。压送式喷枪重量轻，上下左右喷涂方便。但清洗工作较复杂，施工时要有一定技术和熟练程度。 ③喷嘴口径。喷嘴口径越大，喷出涂料量越多。对使用高黏度的涂料，可选用喷嘴口径大一些的喷枪，或选用可提高压力的略小口径的压送式喷枪；对喷涂漆膜外观要求不高，但要求较厚的涂料时，可选用喷嘴口径较大的喷枪，如喷涂厚浆型涂料；喷涂面漆时，因要求漆膜均匀、光滑平整，则用喷嘴口径较小的喷枪。 2. 无气喷涂装置 无气喷涂装置如图 9－4 所示，主要由无气喷涂机、喷枪、高压输漆管等组成。 (1)无气喷涂机。无气喷涂机按动力源，可分为气动型、电动型和油压型三种类型。 气动型无气喷涂机，最大特点是安全、容易操作。在易燃的溶剂蒸气的环境中使用，无任何危险。缺点是动力消耗大和产生噪声。 电动型无气喷涂机，其特点是移动方便，不需要特殊的动力源，电机要经常启动，可连续运转。缺点是不如气动型和油压型的喷涂机安全。 油压型无气喷涂机，优点是动力利用率高(约为气动的 5 倍)，无排气装置，噪音低，和气动型同样安全。整机易维护。缺点是需用油压源，油有可能混入涂料中，影响喷涂质量。 (2)无气喷枪。无气喷枪如图 9－5 所示。 无气喷枪分为手提式、长柄式和自动式三种．常用的喷枪型号、名称和规格，见表9－21。 选择喷枪时可考虑：密封性好，不泄漏高压涂料；枪机灵活，喷出或切断漆流能瞬时完成；重量要轻。 常用的几种气动无气喷涂机规格，见表 9－22。 电动无气喷涂机规格：GPD-Y 普通型和 GPD-YB 防爆型。 功率：1.1 kW；最大吐出量：2.8 L/min；常用压力：5～20 MPa；电源：50 Hz，380 V；外型尺寸：670 mm×440 mm×600 mm；重量：GPD-Y 型 63 kg，GPD-YB 型 72 kg。

续上表

项目		内　　容
主要施工机械设备	喷涂设备	(3)喷嘴。喷嘴是无气喷枪的最主要部件之一，它直接影响到涂料雾化优劣、喷流幅度和喷出量的大小。因此要求喷嘴孔的光洁度高和几何形状精确。喷嘴一般是用耐磨性能好的硬质合金加工制造的，比较耐磨。但由于受高速高压漆流的作用，仍易被磨损。 喷嘴的类型、规格很多，可与上述喷枪配套的有以下四种类型，即C型、P型、W型和Z型。各种类型喷嘴与相适用的涂料和型号见表9－23。 (4)高压输漆管。它也是无气喷涂装置的主要部件之一。一般要求耐高压(＞25 MPa)、耐磨、耐腐蚀和耐溶剂，轻便柔软。目前生产的高压输漆管为钢丝编织合成树脂管。常用的品种有：内径为 6 mm、8 mm 和 10 mm 三种。其工作压力分别为 48 MPa、48 MPa 和33 MPa。每根长为 10 m
其他施工机具设备	锉刀	锉刀的种类和规格较多，按形状不同，锉刀可分为齐头扁锉、尖头扁锉、方锉、三角锉、半圆锉、圆锉。根据锉刀的锉纹号数划分为：1 号为粗齿；2 号为中齿；3 号为细齿；4 号为双细齿；5 号为油光齿。锉刀的长度(不包括手柄长)分为：100 mm、125 mm、150 mm、200 mm、250 mm、300 mm、350 mm、400 mm、450 mm 共九种规格。其中齐头扁锉为 100 mm～450 mm，这种是油漆工常需用的。 在结构工程的油漆工作中，锉刀常用来除锈、锉毛刺、清洁焊缝等工作。根据加工部位的形状来选择锉刀规格、大小。对锉刀的维护，主要是防止损坏锉纹，在使用中要防止锉刀与其他物体相碰撞，不能用来当榔头使用；用完后应放回工具柜里的锉刀架上，不能与其他工具混杂堆放，以免撞坏锉齿
	漆刷	漆刷的各类很多，按形状可分为圆形、扁形和歪脖形三种；按制作材料可分为硬毛刷(猪鬃制作)和软毛刷(狼毫和羊毛制作)两种。漆刷一般要求漆刷前端整齐，手感柔软，无断毛和倒毛，使用时不掉毛，沾溶剂用甩动漆刷其前端刷毛不应分开。 刷涂底漆、调和漆和磁漆时，应选择扁形和歪脖形弹性大的硬毛刷。刷涂油性清漆时，应选用刷毛较薄、弹性较好的猪鬃或羊毛等混合制作的板刷和圆刷。涂刷树脂清漆或其他清漆时，由于这些漆类的黏度较小，干燥快，而且在刷涂第二遍时，容易使前一道漆膜溶解，因此应选用弹性好，刷毛前端柔软的软毛板刷或歪脖形刷
	砂布	用以清除金属结构表面的毛刺、飞边和锈斑，并使表面光滑。在工程中一般用来除锈，其规格见表9－24。卷状砂布主要用于对金属工件或胶合板的机械磨削加工，粒度号小的用于粗磨，粒度大的用于细磨。 常用砂布规格，见表9－24

表9－19　砂轮、钢丝轮和布砂轮直径规格

名称	直径 ϕ(mm)
平行砂轮	40～150 用于风动砂轮机 200、250、300、350、400 用于砂轮机
钢丝轮	70、100、105、125、150、200、250、300
布砂轮	60、100、110、150、200、250、300、350、360、410、460、510

表 9－20　电动角向磨光机产品规格

产品规格	S1MJ-100	S1MJ-125	S1MJ-180	S1MJ-230
砂轮最大直径(mm)	100	125	180	230
砂轮孔径(mm)	16	22	22	22
主轴螺纹	M10	M14	M14	M14
额定电压(V)	220	220	220	220
额定电流(A)	1.75	2.71	7.8	7.8
额定频率(Hz)	50～60	50～60	50～60	50～60
额定输入功率(W)	370	580	1 700	1 700
工作头空载转速(r/min)	10 000	10 000	8 000	5 800
净重(kg)	2.1	3.5	6.8	7.2

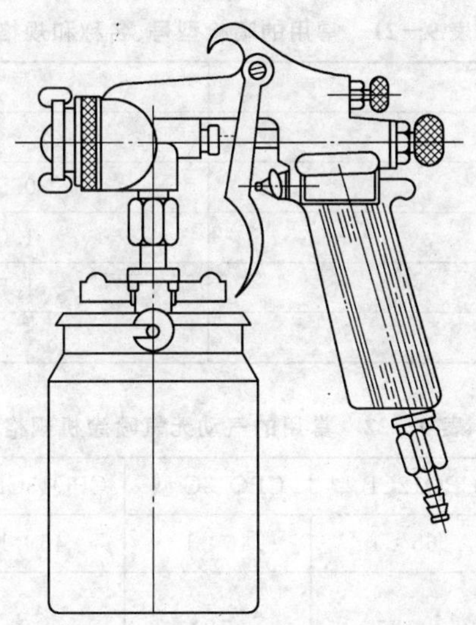

图 9－1　PQ-2 型吸上式喷枪

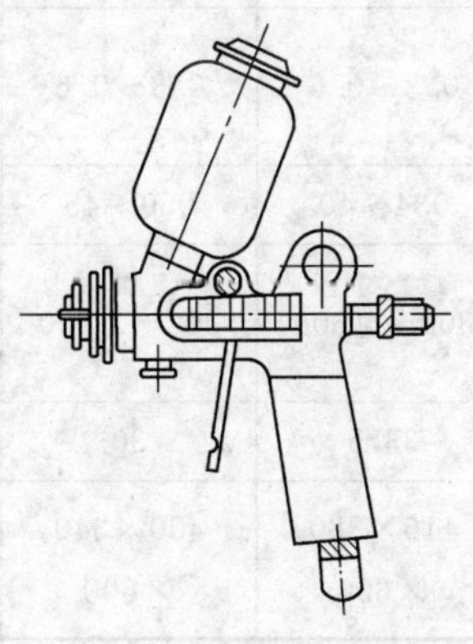

图 9－2　重力式喷枪

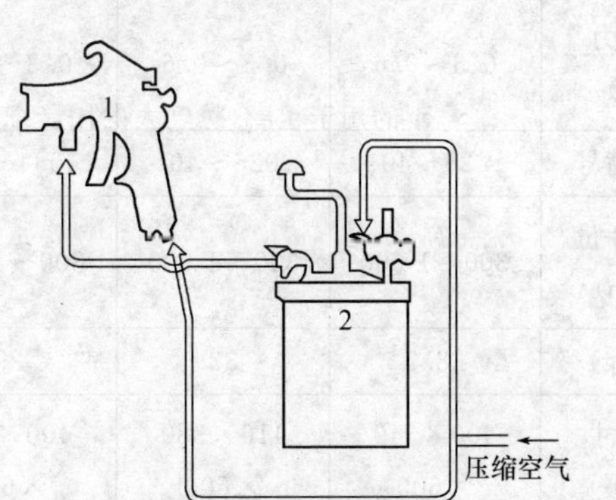

图 9－3　压送式喷枪

1－喷枪；2－油漆增压箱

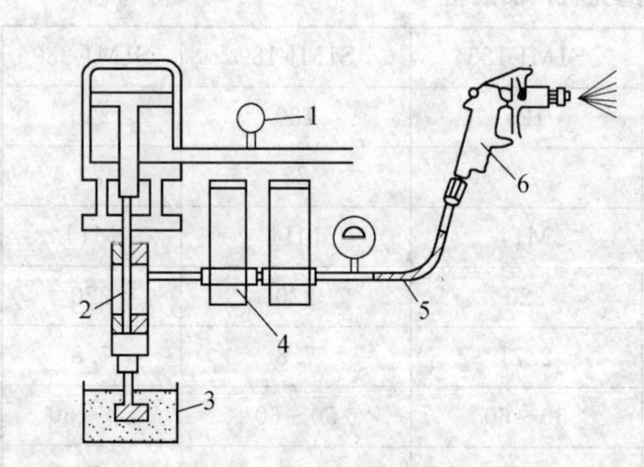

图 9－4 无空气喷涂装置图

1—动力源；2—柱塞泵；3—涂料容器；4—蓄压器；5—输漆管；6—喷枪

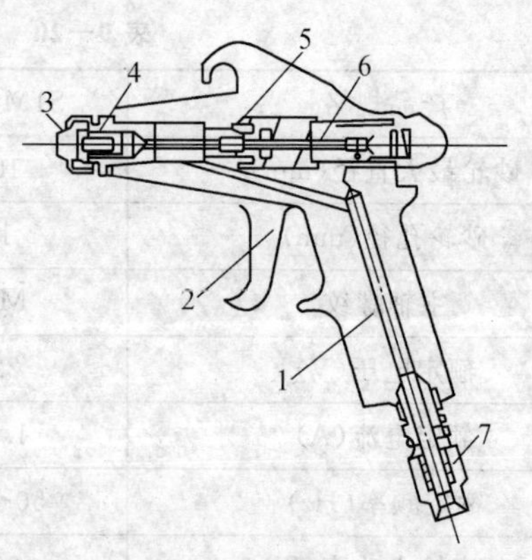

图 9－5 无气喷枪

1—枪身；2—扳机；3—喷嘴；4—过滤网；5—衬垫；6—顶针；7—自由接头

表 9－21 常用的喷枪型号、名称和规格

喷枪型号	名称与规格
SPQ	手提式无气喷枪
CPQ05	0.5 m 长柄式无气喷枪
CPQ10	1.0 m 长柄式无气喷枪
CPQ15	1.5 m 长柄式无气喷枪
ZPQ	自动式无气喷枪

表 9－22 常用的气动无气喷涂机规格

项目	CPQ12C 型	CPQ12CB 型	CPQ13C 型	CPQ13CB 型	CPQ14C 型	CPQ14CB 型
压力比	65∶1	65∶1	46∶1	46∶1	32∶1	32∶1
涂料喷出量(L/min)	13	13	18	18	27	27
进气压力(MPa)	0.3～0.6	0.3～0.6	0.3～0.6	0.3～0.6	0.3～0.6	0.3～0.6
最大喷嘴号	026～40	026～40	034～40	034～40	050～45	050～45
空气消耗量(L/min)	300～1 600	300～1 600	300～1 600	300～1 600	300～1 600	300～1 600
重量(kg)	28.5	33	29	33.5	30	34.5
外形尺寸(mm)	400×340×600	416×380×600	400×340×600	416×380×600	400×340×600	416×380×600

注：CPQ12C、CPQ13C 和 CPQ14C 为手提轻便式型；CPQ12CB、CPQ13CB 和 CPQ14CB 为小车移动式型。

表 9－23 喷嘴的类型与相适应的涂料

类别	适用的涂料	型号举例	
		最小型号	最大型号
C 型喷嘴	黏度较低，外观要求较高的涂料	03C10	38C60
P 型喷嘴	外观要求一般，厚浆型涂料	002P10	050P45
W 型喷嘴	乳胶和水性涂料	03W10	38W60
Z 型喷嘴	无机和有机富锌涂料	06Z15	38Z55

表 9－24 砂布规格

开关代号及标号		页状干磨砂布； 卷状干磨砂布
宽×长(mm)	页状	230×280
	卷状	50、100、150、200、250、230、300、600、690； 920×25 000、50 000
磨料/结合剂		粽刚玉(代号 A)/动物胶、合成树脂
磨料粒度 (括号内为习惯称号)		P8，P10，P14，P16，P20，P24(4 号)，P30($3\frac{1}{2}$号)，P36(3 号)，P40，P50($2\frac{1}{2}$号)，P60(2 号)，P70，P80($1\frac{1}{2}$号)，P100(1 号)，P120(0 号)，P150(2 号)，P180(3 号)，P220，P240(4 号)，W63(5 号)，W40(6 号)

四、施工工艺解析

钢结构防腐涂料涂装施工工艺解析见表 9－25。

表 9－25 钢结构防腐涂料涂装施工工艺解析

项目	内 容
结构检查	(1)防腐涂装工程应在钢结构构件组装、预拼装或钢结构安装工程检验批的施工质量验收合格后进行。 (2)涂装时构件表面不应有结露；涂装后 4 h 内应保护免受雨淋

续上表

<table>
<tr><th colspan="2">项目</th><th>内　容</th></tr>
<tr><td colspan="2">基面清理</td><td>(1)油漆涂刷前,应采取适当的方法将需要涂装部位的铁锈、焊接药皮、焊接飞溅物、油污、尘土等杂物清理干净。
(2)为了保证涂装质量,根据不同需要可以分别选用除锈工艺。油污的清除采用溶剂清洗或碱液清洗。方法有槽内浸洗法、擦洗法、喷射清洗和蒸汽法等。
(3)钢构件表面除锈方法根据要求不同可采用手工、机械、喷射、酸洗除锈等方法。见表 9－26。
(4)处理后的钢材表面不应有焊渣、焊疤、灰尘、油污、水和毛刺等。
(5)涂装工艺的基面除锈质量等级应符合设计文件的规定要求,用铲刀检查和用现行国家标准《涂装前钢材表面锈蚀等级和除锈等级》(GB/T 8923—1988)规定的图片对照检查</td></tr>
<tr><td>防腐涂料涂装</td><td>涂料涂装方法</td><td>(1)合理的施工方法,对保证涂装质量、施工进度、节约材料和降低成本有很大的作用。所以正确选择涂装方法是涂装施工管理工作的主要组成部分。见表 9－27。
(2)刷涂法操作工艺要求。
①油漆刷的选择:刷涂底漆,调和漆和磁漆时,应选用扁形和歪脖形弹性大的硬毛刷;刷涂油性清漆时,应选用毛刷较薄、弹性较好的猪鬃或羊毛等混合制作的板刷和圆刷;涂刷树脂漆时,应选用弹性好、刷毛前端柔软的软毛刷或歪脖形刷。
②涂刷时,应采用直握方法,用腕力进行操作;应蘸少量涂料,刷毛浸入油漆的部分为毛长的 1/3～1/2。
③对于干燥较快的涂料,应从被涂物一边按一定的顺序快速连续的刷平和修饰,不宜反复涂刷;动作应从上而下、从左自右、先里后外、先斜后直、先难后易的原则,使漆膜均匀、致密、光滑和平整;涂刷垂直平面时,最后一道应由上向下进行;刷涂水平表面时,最后一道应按光线照射的方向进行。
④刷涂完毕后,应将油漆刷妥善保管,若长期不用,须用溶剂清洗干净,晾干后用塑料薄膜包好,存放在干燥的地方,以便再用。
(3)滚涂法操作工艺要求。
①涂料应装入有滚涂板的容器内,将辊子的一半浸入涂料,然后提起在滚涂板上来回滚涂几次,使辊子全部均匀浸透涂料,并把多余的涂料排除。
②把辊子按 W 形轻轻滚动,将涂料大致的涂布于被涂物上,然后辊子上下密集滚动,将涂料均匀地分布开,最后使辊子按一定的方向滚平表面并修饰。
③滚动时,初始用力要轻,以防流淌,随后逐渐用力,使涂层均匀。
④辊子用后,应尽量排除涂料,或使用稀释剂洗净,晾干后保存备用。
(4)浸涂法操作工艺要求。
浸涂法就是将被涂物放入油漆槽中浸渍,经一定时间后取出吊起,让多余的涂料尽量滴净,再晾干或烘干的涂漆方法。</td></tr>
</table>

续上表

<table>
<tr><th colspan="2">项目</th><th>内　容</th></tr>
<tr><td rowspan="2">防腐涂料涂装</td><td>涂料涂装方法</td><td>适用于形状复杂的骨架状被涂物，适用于烘烤型涂料。建筑中应用较少，在此不赘述。
(5)空气喷涂法操作工艺要求。
①空气喷涂法是利用压缩空气的气流将涂料带入喷枪，经喷嘴吹散成雾状，并喷涂到被涂物表面上的一种涂装方法。
②进行喷涂时，必须将空气压力、喷出量和喷雾幅度等参数调整到适当程度，以保证喷涂质量。
③喷涂距离控制：喷涂距离过大，油漆易落散，造成漆膜过薄而无光；喷涂距离过近，漆膜易产生流淌和橘皮现象。喷涂距离应根据喷涂压力和喷嘴大小来确定，一般使用大口径喷枪的喷涂距离为200～300 mm，使用小口径喷枪的喷涂距离为150～250 mm。
④喷涂时，喷枪的运行速度应控制在30～60 cm/s范围内，并应运行稳定。
⑤喷枪应垂直于被涂物表面。如喷枪角度倾斜，漆膜易产生条状条纹和斑痕；喷幅搭接的宽度，一般为有效喷雾幅度的1/4～1/3，并保持一致。
⑥暂停时，应将喷枪端部浸泡在溶剂里，以防堵塞，用完后，应立即用溶剂清洗干净，可用木钎疏通堵塞，但不应用金属丝类疏通，以防损坏喷嘴。
(6)无气喷涂法操作工艺要求。
①无气喷涂法是利用特殊形式的气动或其他动力驱动的液压泵，将涂料增至高压，当涂料经由管路通过喷枪的喷嘴喷出后，使喷出的涂料体积骤然膨胀而雾化，高速地分散在被涂物表面上，形成漆膜。
②喷枪嘴与被涂物表面的距离，一般应控制在300～380 mm之间；喷幅宽度，较大物件300～500 mm为宜，较小物件100～300 mm为宜，一般为300 mm。
③喷嘴与物件表面的喷射角度为30°～80°。喷枪运行速度为30～100 cm/s。喷幅的搭接宽度应为喷幅的1/6～1/4。
④无气喷涂法施工前，涂料应经过过滤后才能使用。喷涂过程中，吸入管不得移出涂料液面，应经常注意补充涂料。暂停施工时，应将喷枪端部置于溶剂中。
⑤发生喷嘴堵塞时，应关枪，取下喷嘴，先用刀片在喷嘴口切割数下(不得用刀尖凿)，再用毛刷在溶剂中清洗，然后再用压缩空气吹通或用木钎捅通。
⑥喷涂结束后，将吸入管从涂料桶中提起，使泵空载运行，将泵内、过滤器、高压软管和喷枪内剩余涂料排出，然后利用溶剂空载循环，将上述各器件清洗干净。
⑦高压软管弯曲半径不得小于50 mm，且不允许重物压在上面。高压喷枪严禁对准操作人员或他人</td></tr>
<tr><td>涂装施工工艺及要求</td><td>(1)涂装施工环境条件的要求。
①环境温度：应按照涂料产品说明书的规定执行。环境湿度：一般应在相对湿度小于85%的条件下进行。具体应按照涂料产品说明书的规定执行。
②控制钢材表面温度与露点温度：钢材表面的温度必须高于空气露点温度3℃以上，方可进行喷涂施工。露点温度可根据空气温度和相对湿度从表9－28中查得。</td></tr>
</table>

续上表

<table>
<tr><th colspan="2">项目</th><th>内　容</th></tr>
<tr><td rowspan="2">防腐涂料涂装</td><td>涂装施工工艺及要求</td><td>(2)在雨、雾、雪和较大灰尘的环境下，必须采取适当的防护措施，方可进行涂装施工。
(3)设计要求或钢结构施工工艺要求禁止涂装的部位，为防止误涂，在涂装前必须进行遮蔽保护。如地脚螺栓和底板、高强度螺栓结合面、与混凝土紧贴或埋入的部位等。
(4)涂料开桶前，应充分摇匀。开桶后，原漆应不存在结皮、结块、凝胶等现象，有沉淀应搅起，有漆皮应除掉。
(5)涂装施工过程中，应控制油漆的黏度、稠度、稀度，兑制时应充分地搅拌，使油漆色泽、黏度均匀一致。调整黏度必须使用专用稀释剂，如需代用，必须经过试验。
(6)涂刷遍数及涂层厚度应执行设计要求规定。
(7)涂装间隔时间根据各种涂料产品说明书确定。
(8)涂刷第一层底漆时，涂刷方向应该一致，接槎整齐。
(9)钢结构安装后，进行防腐涂料二次涂装。涂装前，首先利用砂布、电动钢丝刷、空气压缩机等工具将钢构件表面处理干净，然后对涂层损坏部位和未涂部位进行补涂，最后按照设计要求规定进行二次涂装施工。
(10)涂层有缺陷时，应分析并确定缺陷原因，及时修补。修补的方法和要求与正式涂层部分相同</td></tr>
<tr><td>二次涂装的表面处理和后补</td><td>(1)二次涂装，一般是指由于作业分工在两地或分二次进行施工的涂装。另前道漆涂完后，超过一个月以上再涂下一道漆时，也应按二次涂装的工艺进行处理。
(2)对如海运产生的盐分，陆运或存放过程中产生的灰尘都要除干净，方可涂下道漆。如果涂漆间隔时间过长，前道漆膜可能老化而粉化(特别是环氧树脂类)，要求进行“打毛”处理，使表面干净和增加粗糙度，来提高附着力。
(3)后补漆和补漆，后补所用的涂料品种、涂层层次与厚度，涂层颜色应与原要求一致。表面处理可采用手工机械除锈方法，但要注意油脂及灰尘的污染。修补部位与不修补部位的边缘处，宜有过渡段，以保证搭接处的平整和附着牢固。对补涂部位的要求也应如此</td></tr>
<tr><td colspan="2">成品保护</td><td>(1)涂装所用涂料开启后应一次性用完，否则应密闭保存，与空气隔绝。
(2)钢构件涂装后，应加以临时围护隔离，防止踏踩，损伤涂层。
(3)钢构件涂装后，在 4 h 之内如遇大风或下雨时，应加以覆盖，防止沾染灰尘或水气，避免影响涂层的附着力。
(4)防腐涂装施工必须重视防火、防爆、防毒工作。
(5)构件涂装完毕后，应当禁止碰撞和堆放其他构件</td></tr>
<tr><td colspan="2">应注意的质量问题</td><td>(1)漏涂：构件的底面、边角或内凹处容易漏涂。应严格把关或检查。
(2)起泡、折皱等：漆类与溶剂不匹配使用，底面清理不洁，受潮等，应查找具体原因有针对性的解决。
(3)漆膜不均、厚薄不一：操作方法不当，未按操作规程操作。
(4)各类漆和溶剂都应专项回收处理，严禁乱倒乱撒，污染环境</td></tr>
</table>

表 9－26 各种除锈方法的特点

除锈方法	设备工具	优点	缺点
手工、机械	砂布、钢丝刷、铲刀、尖锤、平面砂轮机、动力钢丝刷等	工具简单、操作方便、费用低	劳动力强度大、效率低、质量差，只能满足一般的涂装要求
喷射	空气压缩机、喷射机、油水分离器等	工作效率高、除锈彻底、能控制质量、获得不同要求的表面粗糙度	设备复杂、需要一定操作技术，劳动强度较高、费用高、有一定的污染
酸洗	酸洗槽、化学药品、厂房等	效率高、适用大批件、质量较高、费用较低	污染环境、废液不易处理，工艺要求较严

表 9－27 常用涂料的方式方法

施工方法	适用涂料的特性			被涂物	使用工具或设备	主要优缺点
	干燥速度	黏度	品种			
刷涂法	干性较慢	塑性小	油性漆酚醛漆醇酸漆等	一般构件及建筑物，各种设备管道等	各种毛刷	投资少，施工方法简单，适于各种形状及大小面积的涂装；缺点是装饰性较差，施工效率低
手工滚涂法	干性较慢	塑性小	油性漆酚醛漆醇酸漆等	一般大型平面的构件和管道等	辊子	投资少、施工方法简单。适用大面积物的涂装；缺点是装饰性较差，施工效率低
浸涂法	干性适当，流平性好干燥速度适中	触变性好	各种合成树脂涂料	小型零件、设备和机械部件	浸漆槽、离心及真空设备	设备投资较少。施工方法简单，涂料损失少，适用于构造复杂构件；缺点是流平性不太好，有流挂现象、污染现场，溶剂易挥发
空气喷涂法	挥发快和干燥适中	黏度小	各种硝基漆、橡胶漆、建筑乙烯漆、聚氨酯漆等	各种大型构件及设备和管道	喷枪、空气压缩机、油水分离器等	设备投资较小，施工方法较复杂。施工效率比刷涂法高；缺点是消耗溶剂量大，有污染现象，易引起火灾

续上表

施工方法	适用涂料的特性			被涂物	使用工具或设备	主要优缺点
	干燥速度	黏度	品种			
雾气喷涂法	具有高沸点溶剂的涂料	高不挥发分，有触变性	厚浆型涂料和高不挥发分涂料	各种大型钢结构、桥梁、管道、车辆和船舶等	高压无气喷枪、空气压缩机等	设备投资较大，施工方法较复杂，效率比空气喷涂法高，能获得厚涂层；缺点是也要损失部分涂料，装饰性较差

表 9－28 露点换算表

大气环境相对温度(%)	环境温度(℃)									
	－5	0	5	10	15	20	25	30	35	40
95	－6.5	－1.3	3.5	8.2	13.3	18.3	23.2	28.0	33.0	38.2
90	－6.9	－1.7	3.1	7.8	12.9	17.9	22.7	27.5	32.5	37.7
85	－7.2	－2.0	2.6	7.3	12.5	17.4	22.1	27.0	32.0	37.1
80	－7.7	－2.8	1.9	6.5	11.5	16.5	21.0	25.9	31.0	36.2
75	－8.4	－3.6	0.9	5.6	10.4	15.4	19.9	24.7	29.6	35.0
70	－9.2	－4.5	－0.2	4.59	9.1	14.2	18.5	23.3	28.1	33.5
65	－10.0	－5.4	－1.0	3.3	8.0	13.0	17.4	22.0	26.8	32.0
60	－10.8	－6.0	－2.1	2.3	6.7	11.9	16.2	20.6	25.3	30.5
55	－11.5	－7.4	－3.2	－1.0	5.6	10.4	14.8	19.1	23.0	28.0
50	－12.8	－8.4	－4.4	－0.3	4.1	8.6	13.3	17.5	22.2	27.1
45	－14.3	－9.6	－5.7	－1.5	2.6	7.0	11.7	16.0	20.2	25.2
40	－15.9	－10.3	－7.3	－3.1	0.9	5.4	9.5	14.0	18.2	23.0
35	－17.5	－12.1	－88.6	－4.7	－0.8	3.4	7.4	12.0	16.1	20.6
30	－19.9	－14.3	－10.2	－6.9	－2.9	1.3	5.2	9.2	13.7	18.0

注：中间值可按直线插入法取值。

第二节 钢结构防火涂料涂装

一、验收条文

钢结构防火涂料涂装的验收标准，见表 9－29。

表 9－29 钢结构防火涂料涂装验收标准

项目	内容
主控项目	(1)防火涂料涂装前钢材表面除锈及防锈底漆涂装应符合设计要求和国家现行有关标准的规定。 检查数量：按构件数抽查 10%，且同类构件不应少于 3 件。 检验方法：表面除锈用铲刀检查和用现行国家标准《涂装前钢材表面锈蚀等级和除锈等

续上表

项目	内　容
主控项目	级》(GB/T 8923—1988)规定的图片对照观察检查。底漆涂装用漆膜测厚仪检查，每个构件检测5处，每处的数值为3个相距50 mm测点涂层干漆膜厚度的平均值。 (2)钢结构防火涂料的黏结强度、抗压强度应符合国家现行标准《钢结构防火涂料应用技术规程》(CECS 24—1990)的规定。检验方法应符合现行国家标准《建筑构件耐火试验方法》(GB/T 9978.1～9978.9—2008)的规定。 检查数量：每使用100 t或不足100 t薄涂型防火涂料应抽检一次黏结强度；每使用500 t或不足500 t厚涂型防火涂料应抽检一次黏结强度和抗压强度。 检验方法：检查复检报告。 (3)薄涂型防火涂料的涂层厚度应符合有关耐火极限的设计要求。厚涂型防火涂料涂层的厚度，80%及以上面积应符合有关耐火极限的设计要求，且最薄处厚度不应低于设计要求的85%。 检查数量：按同类构件数抽查10%，且均不应少于3件。 检验方法：用涂层厚度测量仪、测针和钢尺检查。测量方法应符合国家现行标准《钢结构防火涂料应用技术规程》(CECS 24—1990)的规定及《钢结构工程施工质量验收规范》(GB 50205—2001)附录F。 (4)薄涂型防火涂料涂层表面裂纹宽度不应大于0.5 mm；厚涂型防火涂料涂层表面裂纹宽度不应大于1 mm。 检查数量：按同类构件数抽查10%，且均不应少于3件。 检验方法：观察和用尺量检查
一般项目	(1)防火涂料涂装基层不应有油污、灰尘和泥砂等污垢。 检查数量：全数检查。 检验方法：观察检查。 (2)防火涂料不应有误涂、漏涂，涂层应闭合无脱层、空鼓、明显凹陷、粉化松散和浮浆等外观缺陷，乳突已剔除。 检查数量：全数检查。 检验方法：观察检查

二、施工材料要求

钢结构防火涂料涂装的施工材料要求，见表9－30。

表9－30　钢结构防火涂料涂装的施工材料

项目		内　容
产品分类和命名	产品分类	(1)钢结构防火涂料按使用场所可分为以下几类： ①室内钢结构防火涂料：用于建筑物室内或隐蔽工程的钢结构表面； ②室外钢结构防火涂料：用于建筑物室外或露天工程的钢结构表面。 (2)钢结构防火涂料按使用厚度可分为以下几类： ①超薄型钢结构防火涂料：涂层厚度小于或等于3 mm； ②薄型钢结构防火涂料：涂层厚度大于3 mm且小于或等于7 mm； ③厚型钢结构防火涂料：涂层厚度大于7 mm且小于或等于45 mm

续上表

项目		内容
产品分类和命名	产品命名	以汉语拼音字母的缩写作为代号，N 和 W 分别代表室内和室外，CB、B 和 H 分别代表超薄型、薄型和厚型三类，各类涂料名称与代号对应关系如下： 室内超薄型钢结构防火涂料——NCB； 室外超薄型钢结构防火涂料——WCB； 室内薄型钢结构防火涂料——NB； 室外薄型钢结构防火涂料——WB； 室内厚型钢结构防火涂料——NH； 室外厚型钢结构防火涂料——WH
技术性能	一般要求	(1)用于制造防火涂料的原料应不含石棉和甲醛，不宜采用苯类溶剂。 (2)涂料可用喷涂、抹涂、刷涂、辊涂、刮涂等方法中的任何一种或多种方法方便地施工，并能在通常的自然环境条件下干燥固化。 (3)复层涂料应相互配套，底层涂料应能同普通的防锈漆配合使用，或者底层涂料自身具有性能。 (4)涂层实干后不应有刺激性气味
	性能指标	(1)室内钢结构防火涂料的技术性能见表 9－31。 (2)室外钢结构防火涂料的技术性能见表 9－32

表 9－31　室内钢结构防火涂料技术性能

检验项目	技术指标			缺陷分类
	NCB	NB	NH	
在容器中的状态	经搅拌后呈均匀细腻状态，无结块	经搅拌后呈均匀液态或稠厚流体状态，无结块	经搅拌后呈均匀稠厚流体状态，无结块	C
干燥时间(表干)(h)	≤8	≤12	≤24	C
外观与颜色	涂层干燥后，外观与颜色同样品相比应无明显差别	涂层干燥后，外观与颜色同样品相比应无明显差别	—	C
初期干燥抗裂性	不应出现裂纹	允许出现 1～3 条裂纹，其宽度应≤0.5 mm	允许出现 1～3 条裂纹，其宽度应≤1 mm	C
黏结强度(MPa)	≥0.20	≥0.15	≥0.04	B
压强度(MPa)	—	—	≥0.3	C

续上表

检验项目		技术指标			缺陷分类
		NCB	NB	NH	
干密度(kg/m³)		—	—	≤500	C
耐水性(h)		≥24 涂层应无起层、发泡、脱落现象	≥24 涂层应无起层、发泡、脱落现象	≥24 涂层应无起层、发泡、脱落现象	B
耐冷热循环性(次)		≥15 涂层应无开裂、剥落、起泡现象	≥15 涂层应无开裂、剥落、起泡现象	≥15 涂层应无开裂、剥落、起泡现象	B
耐火性能	涂层厚度(不大于)(mm)	2.00±0.20	5.0±0.5	25±2	C
	耐火极限(不低于,以 I36b 或 I40b 标准工字钢梁作基材)(h)	1.0	1.0	2.0	A

注:裸露钢梁耐火极限为 15 min(I36b、I40b 验证数据),作为表中 0 mm 涂层厚度耐火极限基础数据。

表 9-32 室外钢结构防火涂料技术性能

检验项目	技术指标			缺陷分类
	NCB	NB	NH	
在容器中的状态	经搅拌后呈均匀细腻状态,无结块	经搅拌后呈均匀液态或稠厚流体状态,无结块	经搅拌后呈均匀稠厚流体状态,无结块	C
干燥时间(表干)(h)	≤8	≤12	≤24	C
外观与颜色	涂层干燥后。外观与颜色同样品相比应无明显差别	涂层干燥后,外观与颜色同样品相比应无明显差别	—	C
初期干燥抗裂性	不应出现裂纹	允许出现 1~3 条裂纹,其宽度应≤0.5 mm	允许出现 1~3 条裂纹,其宽度应≤1 mm	C
黏结强度(MPa)	≥0.20	≥0.15	≥0.04	B
抗压强度(MPa)	—	—	≥0.5	C
干密度(kg/m³)	—	—	≤650	C

续上表

检验项目		技术指标			缺陷分类
		NCB	NB	NH	
耐曝热性(h)		≥720 涂层应无起层、脱落、空鼓、开裂现象	≥720 涂层应无起层、脱落、空鼓、开裂现象	≥720 涂层应无起层、脱落、空鼓、开裂现象	B
耐湿热性(h)		≥504 涂层应无起层、脱落现象	≥504 涂层应无起层、脱落现象	≥504 涂层应无起层、脱落现象	B
耐冻融循环性(次)		≥15 涂层应无开裂、脱落、起泡现象	≥15 涂层应无开裂、脱落、起泡现象	≥15 涂层应无开裂、脱落、起泡现象	B
耐酸性(h)		≥360 涂层应无起层、脱落、开裂现象	≥360 涂层应无起层、脱落、开裂现象	≥360 涂层应无起层、脱落、开裂现象	B
耐碱性(h)		≥360 涂层应无起层、脱落、开裂现象	≥360 涂层应无起层、脱落、开裂现象	≥360 涂层应无起层、脱落、开裂现象	B
耐盐雾腐蚀性(次)		≥30 涂层应无起泡，明显的变质、软化现象	≥30 涂层应无起泡，明显的变质、软化现象	≥30 涂层应无起泡，明显的变质、软化现象	B
耐火性能	涂层厚度(不大于)(mm)	2.00±0.20	5.0±0.5	25±2	A
	耐火极限(不低于，以 I36b 或 I40b 标准工字钢梁作基材)(h)	1.0	1.0	2.0	

注：裸露钢梁耐火极限为 15 min(I36b、I40b 验证数据)，作为表中 0 mm 涂层厚度耐火极限基础数据。耐久性项目(耐曝热性、耐湿热性、耐冻融循环性、耐酸性、耐碱性、耐盐雾腐蚀性)的技术要求除表中规定外，还应满足附加耐火性能的要求，方能判定该对应项性能合格。耐酸性和耐碱性可仅进行其中一项测试。

三、施工机械要求

钢结构防水涂装的施工机械，参考第九章第一节“施工机械要求”的内容。

四、施工工艺解析

钢结构防火涂料涂装施工工艺解析见表9－33。

表9－33　钢结构防火涂料涂装施工工艺解析

项目		内　容
结构检查		(1)防腐涂装工程应在钢结构构件组装、预拼装或钢结构安装工程检验批的施工质量验收合格后进行。 (2)防火涂料涂装前钢材表面除锈底漆涂装已检验合格
基面处理		(1)清理基层表面的油污、灰尘和泥沙等污垢。 (2)涂装时构件表面不应有结露，涂装后4 h内应保护免受雨淋。 (3)施工前应对基面处理进行检查验收
防火涂料涂装	喷涂	一般采用喷涂方法涂装，面层装饰涂料可以采用刷涂、喷涂或滚涂等方法，局部修补或小面积构件涂装。不具备喷涂条件时，可采用抹灰刀等工具进行手工抹涂方法。 机具为重力式喷枪，配备能够自动调压的空压机，喷涂底层及主涂层时，喷枪口径为4～6 mm，空气压力为0.4～0.6 MPa；喷涂面层时，喷枪口径为1～2 mm，空气压力为0.4 MPa左右
	涂装准备	(1)一般采用喷涂方法涂装，机具为压送式喷涂机，配备能够自动调压的空压机，喷枪口径为6～12 mm，空气压力为0.4～0.6 MPa。 (2)局部修补和小面积构件采用手工抹涂方法施工，工具是抹灰刀等
	涂料配制	(1)单组分湿涂料，现场采用便携式搅拌器搅拌均匀；单组分干粉涂料，现场加水或其他稀释剂调配，应按照产品说明书的规定配比混合搅拌；双组分涂料，按照产品说明书规定的配比混合搅拌。 (2)防火涂料配制搅拌，应边配边用，当天配制的涂料必须在说明书规定时间内使用完。 (3)搅拌和调配涂料，使之均匀一致，且稠度适宜。既能在输送管道中流动畅通，而喷涂后又不会产生流淌和下坠现象
	涂装施工工艺及要求	(1)喷涂应分若干层完成，第一层喷涂以基本盖住钢材表面即可，以后每层喷涂厚度为5～10 mm，一般为7 mm左右为宜。 (2)在每层涂层基本干燥或固化后，方可继续喷涂下一层涂料，通常每天喷涂一层。 (3)喷涂保护方式、喷涂层数和涂层厚度应根据防火设计要求确定。喷涂时，喷枪要垂直于被喷涂钢构件表面，喷距为6～10 mm，喷涂气压保持在0.4～0.6 MPa。喷枪运行速度要保持稳定，不能在同一位置久留，避免造成涂料堆积流淌。喷涂过程中，配料及往喷涂机内加料均要连续进行，不得停顿。 (4)施工过程中，操作者应采用测厚针检测涂层厚度，直到符合设计规定的厚度，方可停止喷涂。喷涂后，对于明显凹凸不平处，采用抹灰刀等工具进行剔除和补涂处理，以确保涂层表面均匀。

续上表

<table>
<tr><th colspan="2">项目</th><th>内 容</th></tr>
<tr><td rowspan="2">防火涂料涂装</td><td>涂装施工工艺及要求</td><td>(5)质量要求。
①涂层应在规定时间内干燥固化,各层间黏结牢固,不出现粉化、空鼓、脱落和明显裂纹。
②钢结构接头、转角处的涂层应均匀一致,无漏涂出现。涂层厚度应达到设计要求;否则,应进行补涂处理,使之符合规定的厚度</td></tr>
<tr><td>薄涂型钢结构防火涂料涂装工艺及要求</td><td>(1)底层涂装施工工艺及要求。
①底涂层一般应喷涂 2～3 遍,待前一遍涂层基本干燥后再喷涂后一遍。第一遍喷涂以盖住钢材基面 70％即可,二、三遍喷涂每层厚度不超过 2.5 mm。
②喷涂保护方式、喷涂层数和涂层厚度应根据防火设计要求确定。
③喷涂时,操作工手握喷枪要稳定,运行速度保持稳定。喷枪要垂直于被喷涂钢构件表面,喷距为 6～10 mm。
④施工过程中,操作者应随时采用测厚针检测涂层厚度,确保各部位涂层达到设计规定的厚度要求。
⑤喷涂后,喷涂形成的涂层是粒状表面,当设计要求涂层表面平整光滑时,待喷涂完最后一遍应采用抹灰刀等工具进行抹平处理,以确保涂层表面均匀平整。
(2)面层涂装工艺及要求。
①当底涂层厚度符合设计要求,并基本干燥后,方可进行面层涂料涂装。
②面层涂料一般涂刷 1～2 遍。如第一遍是从左至右涂刷,第二遍则应从右至左涂刷,以确保全部覆盖住底涂层。面层涂装施工应保证各部分颜色均匀、一致,接槎平整</td></tr>
<tr><td colspan="2">成品保护</td><td>(1)钢构件涂装后,应加以临时围护隔离,防止踏踩,损伤涂层。
(2)钢构件涂装后,在 24 h 之内如遇大风或下雨时,应加以覆盖,防止沾染灰尘或水汽,避免影响涂层的附着力。
(3)涂装后的钢构件应注意防止磕碰,防止涂层损坏。
(4)涂装前,对其他半成品做好遮蔽保护,防止污染。
(5)做好防火涂料涂层的维护与修理工作。如遇剧烈震动、机械碰撞或暴雨袭击等,应检查涂层有无受损,并及时对涂层受损部位进行修理或采取其他处理措施</td></tr>
<tr><td colspan="2">应注意的质量问题</td><td>(1)底漆与防火涂料应匹配使用,不同性质的底漆与涂料禁止混淆使用。
(2)必须使用与涂料配套的溶剂。
(3)涂料使用,应尽量一次性用完,否则应密闭保存,与空气隔绝。
(4)涂料与溶剂都应专项回收处理,严禁乱倒乱撒,污染环境</td></tr>
</table>

参考文献

[1] 中国建筑工业出版社．新版建筑工程施工质量验收规范汇编[M]．第 2 版．北京：中国建筑工业出版社，中国计划出版社，2003.

[2] 北京市建设委员会．建筑安装分项工程施工工艺规程[S]．北京：中国市场出版社，2004.

[3] 中国建筑第八工程局．建筑工程施工技术标准[S]．北京：中国建筑工业出版社，2005.

[4] 北京建工集团有限责任公司．建筑分项工程施工工艺标准[S]．北京：中国建筑工业出版社，2008.

[5] 北京建工集团有限责任公司．建筑设备安装分项工程施工工艺标准[S]．北京：中国建筑工业出版社，2008.

[6] 中华人民共和国国家质量监督检验检疫总局，中华人民共和国住房和城乡建设部．GB 50205—2001 钢结构工程施工质量验收规范[S]．北京：中国计划出版社，2001.

[7] 中华人民共和国住房和城乡建设部．JG/T 224—2007 建筑用钢结构防腐涂料[S]．北京：中国标准出版社，2007.